①

②

③

彩图 1 半球型的制作(1)

④

⑤

⑥

彩图 2 半球型的制作(2)

①

②

彩图 3 椭圆形的制作(1)

— 1 —

③

④

彩图 4　椭圆形的制作(2)

⑤

⑥

彩图 5　椭圆形的制作(3)

①

②

彩图 6　三角形的制作(1)

③

④

⑤

⑥

彩图 7　三角形的制作(2)

⑦

⑧

彩图 8　椭圆形的制作(3)

彩图 9　L形插花作品(1)

彩图 10　L形插花作品(2)

彩图 11　L形插花作品(3)

⑪正　　　　　　　　　　　　　⑪反

彩图 12　L 形插花作品(4)

彩图 13　半球形插花作品　　　　　　彩图 14　椭圆形插花作品

彩图 15　讲台用花插花作品

彩图 16　花束制作
（整理花材和叶材）

彩图 17　花束制作
（确定绑扎点,并开始制作花束）

彩图 18　花束制作
（按螺旋结构排列不同花材）

彩图 19　花束制作
（按照设计,花材排列好,组成了不同的色块）

彩图 20　花束制作(绑扎点位置形成圆柱,使作品形成立体空间感)

彩图 21　花束制作(绑扎的手法)

彩图 22　花束制作(绑扎后的效果)

彩图 23　花束制作(用塑料纸进行包装)

彩图 24　花束制作(包装后的效果)

彩图 25　花束制作(用手揉纸进行包装,更美观大方)

彩图 26　常用礼仪花束类型

彩图 27　落地大花篮的类型

彩图 28　庆典花束的类型

彩图 29　盛花花坛　　　　　　　　　　彩图 30　模纹花坛

彩图 31　造型花坛

彩图 32　造景花坛

彩图 33　大型容器花卉

彩图 34　花柱

彩图 35　隔离栏杆悬挂花槽

彩图 36　摆放花器的支撑架

彩图 37　观花盆栽　　　　　彩图 38　观果盆栽　　　　　彩图 39　观叶盆栽

彩图 40　直立式盆栽　　　　彩图 41　悬垂式盆栽　　　　彩图 42　腾柱式盆栽

彩图 43　营养钵　　　　　　　　　　　彩图 44　塑料盆

彩图 45　砂　盆

彩图 46　彩釉陶盆 　　　　　　　　彩图 47　瓷　盆

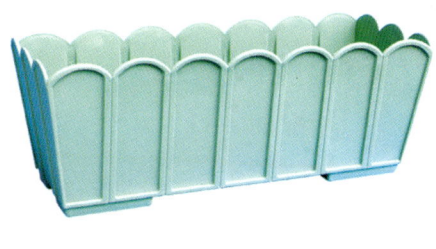

彩图 48　塑料花盆

— 11 —

彩图 49 玻璃钢花盆

彩图 50 竹木器花盆

彩图 51 石器花盆

图 52 花　境

观光农业系列教材——

花卉生产与应用技术

主　编　石爱平　刘克锋
参编者　王顺利　杨树明
　　　　吴雅琴　侯芳梅
　　　　王红利

气象出版社
China Meteorological Press

内容简介

花卉是园林绿化、美化应用的重要植物材料,要使花卉在应用中达到所需要的观赏效果,就必须掌握花卉的习性与环境特点、花卉栽培应用技术。本书就是针对广大园林专科学生、花卉爱好者和初学者对花卉培养及应用的需要,吸纳了本行业在花卉应用及生产栽培实践中的经验编写的。本书第一章讲述了花卉的涵义与分类、我国花卉栽培的历史与现状、花卉的作用;第二章分别介绍了花卉生长发育规律、环境因子及花卉栽培设施;第三章介绍了各种花卉的繁殖技术;第四章介绍了不同条件下的花卉生产技术;第五章分别介绍了切花应用技术、花坛应用技术、室内盆花应用技术、绿地花卉应用技术;第六章分别介绍了一些一二年生花卉、宿根花卉、球根花卉、木本花卉的栽培及应用技术;附录介绍了花卉生产与应用技术实训。

图书在版编目(CIP)数据

花卉生产与应用技术/石爱平,刘克锋主编. —北京:气象出版社,2010.8
(观光农业系列教材)
ISBN 978-7-5029-5028-6

Ⅰ. ①花… Ⅱ. ①石… ②刘… Ⅲ. ①花卉-观赏园艺-高等学校:技术学校-教材 Ⅳ. ①S68

中国版本图书馆 CIP 数据核字(2010)第 160385 号

出版发行:	气象出版社		
地　　址:	北京市海淀区中关村南大街46号	邮政编码:	100081
总 编 室:	010-68407112	发 行 部:	010-68409198
网　　址:	http://www.cmp.cma.gov.cn	E-mail:	qxcbs@263.net
责任编辑:	方益民	终　　审:	章澄昌
封面设计:	博雅思企划	责任技编:	吴庭芳
责任校对:	赵　瑗		
印　　刷:	北京奥鑫印刷厂		
开　　本:	750 mm×960 mm　1/16	印　张:	18.75
字　　数:	367 千字	彩　插:	6
版　　次:	2010 年 8 月第 1 版	印　次:	2010 年 8 月第 1 次印刷
印　　数:	1—4000	定　价:	40.00 元

本书如存在文字不清、漏印以及缺页、倒页、脱页等,请与本社发行部联系调换

出 版 说 明

　　观光农业是新型农业产业,它以农事活动为基础,农业和农村为载体,是农业与旅游业相结合的一种新型的交叉产业。利用农业自然生态环境、农耕文化、田园景观、农业设施、农业生产、农业经营、农家生活等农业资源,为日益繁忙的都市人群闲暇之余提供多样化的休闲娱乐和服务,是实现城乡一体化,农业经济繁荣的一条重要途径。

　　农村拥有美丽的自然景观、农业种养殖产业资源及本地化农耕文化民俗,农民拥有土地、庭院、植物、动物等资源。繁忙的都市人群随着经济的发展、生活水平的提高,有强烈的回归自然的需求,他们要到农村去观赏、品尝、购买、习作、娱乐、疗养、度假、学习,而低产出的农村有大批剩余劳动力和丰富的农业资源,观光农业有机地将农业与旅游业、生产和消费流通、市民和农民联系在一起。总而言之是经济的整体发展和繁荣催生了新兴产业,观光农业因此应运而生。

　　《观光农业系列教材》经过专家组近一年的酝酿、筹谋和紧张的编著修改,终于和大家见面了。本系列教材既具有专业性又具有普及性,既有强烈的实用性,又有新兴专业的理论性。对于一个新兴的产业、专业,它既可以作为实践性、专业性教材及参考书,也可以作为普及农业知识的科普丛书。它包括了《观光农业景观规划设计》《果蔬无公害生产》《观光农业导游基础》《观赏动物养殖》《观赏植物保护学》《植物生物学基础》《观光农业商品与营销》《花卉识别》《观赏树木栽培养护技术》《民俗概论》等十多部教材,涵盖了农业种植、养殖、管理、旅游规划及管理、农村文化风俗等诸多方面的内容,它既是新兴专业的一次创作,也是新产业的一次归纳总结,更是推动城乡一体化的一个教育工程,同时也是适合培养一批新的观光农业工作者或管理者的成套专业教材。

　　带着诸多的问题和期望,《观光农业系列教材》展现给大家,无论该书的深度和广度都会显示作者探索中的不安的情感。与此同时,作者在面对新兴产业专业知识尚存在着不足和局限性。在国内出版观光农业的系列教材尚属首次，无论是从专业的系统性还是从知识的传递性都会存在很多不足，加之各地农业状况、风土人情各异及作者专业知识的局限性，肯定不能完全满足广大读者的需求，期望学者、专家、教师、学生、农业工作者、旅游工作者、农民、城市居民和一切期待了解观光农业、关心农村发展的人给予谅解，我们会在大家的关爱下完善此套教材。

丛书编委会再次感谢编著者，感谢你们的辛勤工作，你们是新兴产业的总结、归纳和指导者，你们也是一个新的专业领域丛书的首创者，你们辛苦了。

由于编著者和组织者的水平有限，多有不足，望得到广大师生和读者的谅解。

本套丛书在出版过程中得到了气象出版社方益民同志的大力支持，在此表示感谢。

《观光农业系列教材》编委会
2009 年 4 月 26 日

《观光农业系列教材》编委会

主　任：刘克锋
副主任：王先杰　张子安　段福生　范小强
秘　书：刘永光
编　委：马　亮　张喜春　王先杰　史亚军　陈学珍
　　　　周先林　张养忠　赵　波　张中文　范小强
　　　　李　刚　刘建斌　石爱平　刘永光　李月华
　　　　柳振亮　魏艳敏　王进忠　郝玉兰　于涌鲲
　　　　陈之欢　丁　宁　贾光宏　侯芳梅　王顺利
　　　　陈洪伟　傅业全

前　言

　　《花卉栽培与应用技术》一书主要针对广大园林专科学生、花卉爱好者和初学者对花卉培养及应用的需要，吸纳了本行业在花卉应用及生产栽培实践中的经验，结合花卉在园林绿化、室内外装饰等方面的应用，分别介绍了我国花卉栽培的历史、现状及花卉的作用；花卉生长与环境条件、花卉繁殖、生产及应用技术；各类花卉生产与应用技术及技术实训。本书以通俗易懂的语言进行编写，并配有一些花卉照片，以利读者看懂明了，并进行参考应用，全书包括六章及附录；第一章绪论由石爱平、刘克锋编写；第二章花卉生长发育和环境因子由王顺利编写；第三章花卉繁殖技术由杨树明编写；第四章花卉生产技术由吴雅琴编写；第五章花卉应用技术由吴雅琴、侯芳梅、石爱平编写；第六章花卉生产与应用各论由石爱平、刘克锋、王红利编写；附录花卉生产与应用技术实训由王顺利编写。

　　由于编者水平有限，缺点与错误之处在所难免，敬请广大读者批评指正。

著　者

2010 年 2 月

目录

出版说明
前言
第一章　绪论……………………………………………………（1）
　第一节　花卉的含义与分类……………………………………（1）
　第二节　我国花卉栽培的历史与现状…………………………（6）
　第三节　花卉的作用……………………………………………（10）
第二章　花卉生长发育和环境因子………………………………（13）
　第一节　花卉生长发育…………………………………………（13）
　第二节　环境因子………………………………………………（24）
　第三节　花卉栽培设施…………………………………………（34）
第三章　花卉繁殖技术……………………………………………（40）
　第一节　花卉播种繁殖技术……………………………………（41）
　第二节　扦插繁殖技术…………………………………………（60）
　第三节　嫁接繁殖技术…………………………………………（65）
　第四节　压条繁殖技术…………………………………………（72）
　第五节　分生繁殖技术…………………………………………（76）
　第六节　组织培养繁殖技术……………………………………（78）
　第七节　促进营养繁殖的方法…………………………………（83）
第四章　花卉生产技术……………………………………………（85）
　第一节　露地花卉的生产技术…………………………………（85）
　第二节　盆栽花卉的栽培管理…………………………………（89）
　第三节　切花的栽培管理………………………………………（96）

第四节　花期控制栽培技术…………………………………………(100)
　　第五节　保护地栽培………………………………………………(104)
第五章　花卉应用技术……………………………………………(131)
　　第一节　切花应用技术……………………………………………(131)
　　第二节　花坛应用技术……………………………………………(135)
　　第三节　容器花卉应用技术………………………………………(140)
　　第四节　绿地花卉应用技术………………………………………(152)
第六章　花卉生产与应用各论……………………………………(179)
　　第一节　一、二年生花卉…………………………………………(179)
　　第二节　宿根花卉…………………………………………………(202)
　　第三节　球根花卉…………………………………………………(224)
　　第四节　木本花卉…………………………………………………(237)
附录　花卉生产与应用技术实训…………………………………(270)
　　实训一　花卉的识别………………………………………………(270)
　　实训二　花卉栽培设施的构造及其环境调控……………………(272)
　　实训三　花卉栽培基质配制及消毒………………………………(273)
　　实训四　花卉种子识别及质量评价………………………………(275)
　　实训五　一、二年生花卉播种育苗技术…………………………(277)
　　实训六　分株育苗技术……………………………………………(280)
　　实训七　扦插育苗技术……………………………………………(281)
　　实训八　仙人掌类嫁接技术………………………………………(283)
　　实训九　盆花栽培技术……………………………………………(284)
　　实训十　水仙雕刻及水养技术……………………………………(286)
参考文献……………………………………………………………(289)

第一章 绪 论

第一节 花卉的含义与分类

花的字面含义为种子植物的繁殖器官,卉是草的总称。自然界千姿百态,多彩艳丽,气味芬芳的花草被人们用于观赏的目的进行栽培,这些花草通称"花卉"。随着人类生产的发展,文化与科技的进步,用于观赏的花卉范围扩展为:一切具有一定观赏价值的孢子蕨类植物和种子植物中的草本、木本、藤本植物。"木本花卉"由此产生。所以狭义的花卉仅指有观赏价值的草本植物,如露地草花一串红、菊花等,温室花卉仙客来、君子兰等。而广义的花卉包括具有观赏价值的乔、灌木及藤木植物、草本(含草坪植物)及其他地被植物。如玉兰、丁香、月季、常春藤、菊花、二月兰、结缕草等。观赏部位涉及根(根的形态、着生部位)、枝干(枝干的形态、树皮的形态、色彩)、叶(叶形、叶色)、花(花形、花色、花香)、果(果形、果色)。

我们的祖国幅员广大,地理环境多样,气候差异万千,形成既因南北的跨度而分布着热带、亚热带、温带、寒温带花卉,又有因海拔、生态因素而生成的高山花卉、岩生花卉、沼泽花卉、水生花卉等,为花草树木的生长和繁衍提供了优越的自然条件。全国有3万多种高等植物,约六分之一具有观赏价值。

我国是世界上最大的植物种质资源库,是许多名花异卉的故乡,也是世界上花卉种类和资源最丰富的国家之一,世界各国名贵观赏花木多原产于中国。从表1-1可看出原产于我国的一部分花卉属的原种数量占世界各属总数的百分比。正是大量利用这些种质资源,在世界花卉育种方面,许多当代名贵花卉如香石竹、月季、杜鹃、山茶的优良品种及金黄色的牡丹花均与中国原种参加选育有关。

表 1-1　原产于我国的部分花卉梗概

中　名	拉丁属名	世界总数	国产数	百分比(%)
山　茶	Camellia	220	195	88.6
报　春	Primula	450	390	86.7
乌　头	Aconilum	100	70	70.0
菊　花	Dendranthema	50	35	70.0
蔷　薇	Rosa	150	100	66.7
中国兰花	Cymbidium	40	25	62.5
飞燕草	Delphinium	250	150	60.0
百　合	Lilium	100	60	60.0
龙　胆	Gentiana	400	230	59.5
杜　鹃	Rhododendron	800	460	57.5
芍　药	Paeonia	33	15	45.5
凤　仙	Impatiens	500	150	30.0
秋海棠	Begonia	500	90	18.0
石　斛	Dendrobium	600	60	10.0

(仿:北京林业大学园林系花卉教研组编《花卉学》)

我国各地著名传统花卉种类繁多,如长春君子兰,丹东杜鹃,菏泽牡丹,河南鄢陵的腊梅,云南的山茶和杜鹃,西南红山茶,福建兰草,漳州水仙,峨眉山的珙桐、报春花,台湾省台东、高雄的蝴蝶兰等声名卓著,对海内外花卉爱好者具有极大的吸引力。

花卉的种类繁多,为了便于研究和利用,人们提出了多种分类方法,如依据其性状习性、观赏器官、经济用途、栽培方式、自然分布等进行划分。

一、依据生物学特性和生长习性分类

此种分类法是以花卉植物的性状为分类依据,不受地区和自然环境条件的限制。

1.草本花卉

在自然条件下能正常生长开花结实的花卉常称为露地草花,而那些原产于热带、亚热带在南方露地生长的草花,在北方需在温室内栽培才能正常生长开花结实的花卉常称为温室花草。草本花卉是指花卉基部为革质茎,枝柔软。按其生长发育周期,又可分为一、二年和多年生草花。

(1)一、二年生草花

①一年生草花。一年内完成生长周期,即春季播种,夏、秋季开花,花后结籽,一

般秋后种子成熟、冬季枯死的草本植物。如鸡冠花、凤仙花、百日草、半支莲等,有些二年生或多年生南方花卉,由于在北方不耐寒常作为一年生草花栽培。

②二年生草花。二年内完成生长周期,即秋季播种,次春开花,夏秋季结实,然后枯死,如蒲包花、金盏菊、三色堇、石竹、雏菊等。这些草本植物有些生长周期不满两年,但要跨年度生长,如瓜叶菊。有些为多年生草花但作两年生栽培,如金鱼草。严格地讲,多年生草花作两年生栽培,仍然应归为多年生草花。

(2)多年生草花　个体寿命超过两年,能多次开花结实的草花。常依据地下部分的形态变化分为宿根草花和球根草花。

①宿根草花。地下茎或根系发达,形态正常。寒冷地区冬季地上部枯死,根系在土壤中宿存,第二年春季又从根部重新萌发出新的茎叶,生长开花反复多年,如菊花、芍药、荷兰菊、玉簪、蜀葵、耧斗菜等。

②球根草花。地下茎或根发生变态呈球状或块状。入冬地上部分枯死,而地下的茎根仍保持生命力,可以秋季挖出贮藏,第二年栽植,连年发芽、展叶、开花。按形态特征又分为球茎类、鳞茎类、块根类、块茎类、根茎类。球茎类地下呈球形或扁球形,外皮革质,内实心坚硬,如仙客来、小苍兰、唐菖蒲;鳞茎类地下茎呈鳞片状,纸质外皮或无外皮,常见的有水仙、郁金香、百合、朱顶红等。块根类是由主根膨大呈块状,外被革皮,如大丽花、毛茛等;块茎类是地下茎呈不规则的块状或条状,如马蹄莲、晚香玉等;根茎类是地下茎肥大呈根状,上有明显的节,有横生分枝,如美人蕉、鸢尾、荷花等。

2. 木本花卉

木本花卉茎部为木质,茎、干坚硬。按其树干高低和树冠大小等,又可为乔木、灌木及藤本花卉。一般以灌木为主,如月季、牡丹、杜鹃、扶桑、一品红等。乔木花卉植株高大,主干明显,如玉兰、桃花、樱花等;藤本花卉茎秆细长,常向上攀缘生长,如金银花、凌霄、紫藤等。

3. 多浆(肉质)类植物

多浆植物自成一类,科属较多。植株茎叶肥厚,肉质状,茎叶常退化为针刺或羽毛状,多形奇特。常见的有仙人掌科的昙花、蟹爪兰、令箭荷花等,凤梨科的小雀舌兰等。

4. 水生类花卉

水生类花卉大多属于多年生,终年生长于水中或在沼泽地。常见的有荷花、睡莲、菱角、慈姑、水葱、菖蒲等。

二、依据观赏器官分类

1. 观花类

以观赏花色、花形为主。由于开花时节不同,还可分为春季开花型,如迎春、樱花、芍药、牡丹、梅花、春鹃等;夏季开花型,如茉莉、扶桑、栀子、丁香、夏鹃等;秋季开花型,如扶桑、木芙蓉、菊花、桂花等;冬季开花型,如腊梅、茶花、一品红、水仙等。还有许多花可在几个季节开,如月季、扶桑。也有一些花通过人工日照、低温处理可以在其他季节开花,如三角梅、郁金香、百合等。

2. 观果类

以观赏果实形状、颜色为主。如佛手、金橘、代代花、石榴、火棘等。

3. 观叶类

以观赏叶色、叶形为主。如龟背竹、花叶芋、文竹、肾蕨、万年青、朱蕉等。

4. 观茎类

以观赏茎枝形状为主。如佛肚竹、光棍树、山影拳、虎刺梅等。

5. 观芽类

以观芽为主。如银芽柳等。

三、依据经济用途分类

1. 观赏用型

可分为花坛花卉、盆栽花卉、切花花卉、庭园花卉等。

2. 香料用型

花卉在香料工业中占有重要的地位。如栀子、茉莉、玫瑰等。

3. 熏茶用型

如茉莉花、白兰花、代代花等。

4. 医药用型

以花器、花茎、花叶、花根用药,种类很多。

5. 食用型

如百合、黄花菜、菊花脑等。

四、依据自然分布分类

可分为热带花卉、温带花卉、寒带花卉、高山花卉、水生花卉、岩生花卉、沙漠花卉。

五、依据花卉原产地分类

1. 中国气候型（又称大陆东岸气候型）

此气候特点是冬寒夏热，年温差较大，夏季多雨。如百合、山茶、杜鹃等。

2. 欧洲气候型（又称大陆西岸气候型）

特点是冬季气候温暖，夏季温度不高，四季有雨。此类花有三色堇、雏菊、矢车菊等。

3. 地中海气候型

以地中海沿岸气候为代表，冬季最低温度为6～7℃，夏季温度为20～25℃。夏季气候干燥，秋春降雨。多年生花卉常成球根型态。如唐菖蒲、风信子、郁金香、鸢尾、水仙等。

4. 墨西哥气候型（又称热带高原气候型）

周年温度为14～17℃，温差小；降雨因地而别。或雨量充沛或集中夏季。此类型花耐寒差、喜夏季冷凉。如大丽花、晚香玉、万寿菊、云南山茶等。

5. 热带气候型

周年高温、温差小，雨量大，分为雨季和旱季。亚洲、非洲、大洋洲热带著名花卉有鸡冠花、变叶木等；中美洲、南美洲热带著名花卉有紫茉莉、竹芋、美人蕉等。

6. 沙漠气候型

周年降雨量很少，气候干旱，多为不毛之地，只有多浆类植物分布，如芦荟、仙人掌、霸王鞭等。

7. 寒带气候型

冬季长而寒冷，夏季短而凉爽，夏季风大，植株矮小。此类花卉有细叶合、龙胆、雪莲、点地梅等。

栽培花卉可以振奋人的精神，增添生活色彩，烘托节日气氛，提高生活质量。我国有几千年的花卉栽培历史，在《诗经》中就有有关青年男女采花赠花的记载。尽管解放前后我国花卉栽培及研究受到阻碍，但改革开放以来，我国花卉栽培生产逐步走向产业化。自1984年"中国花卉协会"成立以来，拟订了花卉科研"七五"规划、"八五"规划方案，至1994年10月间花卉生产面积增加了近6倍，全国花卉生产面积达7.5万hm²。目前广东省的花卉栽培生产专业化、多元化、集约化正逐步完善，云南省的花卉业也发展很快。我国花卉栽培生产正快速走向世界。

第二节 我国花卉栽培的历史与现状

一、我国花卉栽培历史

我国不仅是一个花卉资源丰富的国家，而且人民对一些花卉的认识较早，栽培历史极为悠久。在新石器早期的河姆渡文化中（距今约7 000年）就已有花文化的萌芽。出土的陶制品上刻画着盆栽植物图案，画面是一个长方形陶盆，陶盆的上面种植了一棵五叶植物。说明了当时先民们对植物美的认识和栽培应用。从这幅画中可以看出，我国花卉盆栽历史以及植物人工栽培的历史比文字记载更为悠久。历史记载的诗吟词赋与著书中则稍晚地反映出来。如《诗经》中就有"桃之夭夭，灼灼其华，之子于归，宜其室家""维士与女，伊其相谑，赠之以芍药"的记载。《离骚》中有"制黄荷以为衣兮，集芙蓉以为裳""朝饮木兰之坠露兮，夕餐秋菊之落英"，说明了我国在春秋战国时期就已有对一些花卉的认识、喜爱并栽植的习惯。据《西京杂记》所载，秦汉时期所植名花异草更加丰富，所搜集的果树、花卉已达2 000余种，其中梅花已有很多品种，如侯梅、朱梅、紫花梅、同心梅、胭脂梅等。魏晋时期的《南方草木状》是我国最早的一部地方花卉园艺书籍，其中记载了如茉莉、睡莲、菖蒲、扶桑、紫荆等各种奇花异木的产地、形态、花期。北魏农学家贾思勰《齐民要术》中提到种藕："春初掘藕根节头，著鱼池泥中种之，当年即有莲花。"《魏王花木志》书中提到山茶、辛夷、紫丁香等10余种花木，且偏重形状、习性介绍，偏重观赏植物的姿、香、态介绍。随着唐代、宋代，花卉的种类和栽培技术进一步发展，花卉专著不断出现。如唐朝的王庆著有《园林草木疏》记录观赏植物数以百计，共21卷。表明花木栽培由以经济、实用为主，逐渐转向以观赏、美化为主。然而花木栽培、观赏因为囿于宫室及贵族之家，故未能广为流传。宋朝的范成大晚岁退居石湖，买地划为范村，艺梅栽菊，并撰成《范村梅谱》《石湖菊谱》；王贵学嗜兰成癖，搜求50余品，并成《兰谱》。还有王观的《芍药谱》、陈思的《海棠谱》、欧阳修的《洛阳牡丹记》、刘蒙的《菊谱》等。其中《兰谱》《菊谱》等不仅记载了品种分类，而且花卉的营养条件、繁殖栽培与人工选择以及改进花卉品种之途径已被人们所重视。到明代花卉栽培达到高潮，在著作方面不仅限于花卉专类书籍，综合性的著作亦较多，并且较前比较，花卉种类及品种有显著增加，栽培技术及选种、育种亦有进一步的发展。如专谱、专著有张应文的《兰谱》,杨端的《琼花谱》,史正志、黄省曾、张应文等的《菊谱》,高濂的《草花谱》等。栽培的著作有程羽文的《花小品》《花历》;宋诩的《花谱》,吕彦匡的《花史》,王路的《花史左编》,王象晋的《群芳谱》等,其中《花史左编》与《群芳谱》是明代篇幅长且有影响的两部著作。花卉专类书籍,综合性的著作中记载有大量播种进行选择以育成新品种的技术。栽培技术上,栽培管理方法多有论述,嫁接方法有广泛的应用。继明代之后,清朝初期的花卉栽培依然盛行,专谱、专籍颇多,其中专著有陆廷灿的《艺菊志》、李奎的《菊谱》、赵学敏的《凤仙谱》等。论述花卉栽培的著作中,《花镜》是花木类的巨著,清陈溟子酷爱读书与种花,他在继承前人研究和莳花艺术的基础上,于康熙二十七年(公元1688年)写成。《花镜》的问世,可认为是我国最早的花卉园艺学的诞生。还有徐寿全的《品芳录》《花佣月令》,百花主人的《花尘》、刘灏的《广群芳谱》。

我国劳动人民在几千年长期的生产实践中培育出许多新的花卉栽培品种。如芍药,在宋朝,据周师原记载有41个品种;菊花,在明朝,据李时珍记载已有300多个品种;云南山茶,明代《云南通志》《滇中茶花记》等记载:"云南山茶种类有七十二种";在清朝,陈溟子的记载有88个品种;据赵学敏在《凤仙谱》中记载,清朝凤仙花的品种就达到233种;兰花,清代《植物名实图考》载有兰花30种,绝大部分为云南产,其中兰属兰花共18种,所附图画又多取自大理,其他属(6个属)兰花10余种。清末以来直至解放前夕,由于遭受帝国主义的侵略、列强的压迫,已无力维护国家主权、国家资源,我国丰富的花卉资源及名花品种屡被搜刮、掠夺。从19世纪开始,大量的中国花卉资源开始外流。如英国的罗伯特·福芎(Roberr Fortune)、E. H. 威尔逊(Ernest Henry Wilson)、F. K. 瓦特(Frank Kingdon Ward)等一些植物学家足迹遍及我国各地,在100多年来集中地引走了中国数千种园林植物。在英国的一些专业园中,如墙园、牡丹园、芍药园、岩石园、蔷薇园、杜鹃园等收集了全世界该属植物28种,其中11种和变种来自中国。绚丽多彩的中国园林植物大大丰富了英国植物园的植物种类,增添了英国公园中四季的园林色彩。这个时期我国广大人民在官僚地主的直接剥削下,生活困苦,民不聊生,花卉事业日渐衰退,旧有良种多有散失。但在这一时期内,帝国主义者在我国沿海各大城市安家落户,为了满足他们自己的需要,国外的大批草花及温室花卉也输入我国。

二、我国花卉事业的现状

从清末到解放前的旧中国,由于封建地主、官僚军阀的统治,西方列强的掠夺,广大人民生活在水深火热之中,饥餐露宿,食不果腹,谈不上对花卉的喜爱,花卉实际上只为剥削者服务。解放后,花卉栽培开始走向为广大人民生活和生产服务的道路。在各级党和政府的关怀支持下,花卉事业蓬勃发展。1958年毛泽东主席提出改造自然环境，逐步实现大地园林化，种植观赏植物，美化全中国的伟大号召，给广大的园林工作者以极大的鼓舞。为了迎接中华人民共和国建国10周年，各地园林部门发动群众试验，终于在国庆取得"百花齐放、满园春色、姹紫嫣红"的盛况，表达了各地人民对新中国成立10周年的热烈庆祝，对美好生活的期盼，所得经验在花卉科学技术的研究上也具有重要的价值。1960年7月的第一次全国花卉科学技术会议和1961年12月的第一次梅花学术座谈会，进一步明确了花卉植物的意义，确定了花卉生产化、大众化、科学化、多样化的发展方向，更进一步促进了花卉生产事业和科学研究的发展。"文化大革命"的十年浩劫，将花卉定为封资修的玩物，事业摧残殆尽。直到党的十一届三中全会后，花卉事业才得到复苏，再度发展。1978年7月举办了一次唐菖蒲品种鉴定会议。1979年举办了牡丹学术会议。几次专类花卉会议在我国花卉事业的历史上是首创。1980年5月在成都召开了全国花卉种质资源座谈会，为我国花卉种质资源的调查、整理、保护及利用进行了充分的讨论。它标志着我国花卉事业在新的历史时期正在阔步前进。1984年11月成立了"中国花卉协会"。在这20多年里协会在制定花卉科研规划方案，起草花卉资源调查提纲，筹建花卉生产基地；研究花卉行业的发展方向和布局，制订花卉的发展规划，研究花卉生产的方针政策、疏通协调产供销、内外贸部门关系，组织安排花卉行业的国际交往；协调、推动花卉科研与花卉生产的关系，组织技术工人培训等方面做了不少工作，动员协调各方面的力量，合理利用和开发我国丰富的观赏植物资源，把资源变成财富。从此，花卉事业在党和政府的直接关怀下蓬勃发展。各地花农专业户的兴起正逐步改变着我国的农业结构。据2006年的统计，全国花卉栽培面积72.2万 hm^2，其中设施栽培面积4.9万 hm^2（含遮阴棚）；花卉企业56 383户，花农141.7万户。

随着改革开放，中国花卉产业异军突起，近10多年的发展已成为世界最大的花卉生产国，出口花卉销售额逐年递增。2001—2006年之间花卉产品出口金额增长较快，2006年出口花卉销售额达1.05亿美元，比2001年增长了201.3%（表1-2）。在国内花卉消费不断增大的同时，一些大型花卉生产企业瞄准国际市场扩大出口。2007年全国花卉产业出口近1.3亿美元，比2006年增长25.54%。形成了以广东、福建、海南等地为主的观叶植物出口基地；以云南、辽宁等地为主的切花出口基地；以浙江为主的切叶切枝出口基地。

但是，在快速发展中，我国花卉产业普遍存在着花卉企业实力弱、生产规模小、分散的小生产与统一的大市场难以对接、无法面对市场价格大起大落的现象；我国花卉行业总体科技含量不高，涉及科技研发、技术推广、人才培养等问题，新品种选育、开发及推广力度不大，花卉生产用种（种苗、种球）长期依赖进口，科技人才也较缺乏；生产圃地管理混乱，栽培技术落后，对新品种的保护认识不足，品种更新慢、退化速度快，产品质量参差不齐，无力开发新的品种，缺乏质量保证，包装不合规范，难以提升产业总体水平；物流不畅，设施落后，运输价格居高不下，提高花卉成本；缺少国际贸易经验及外贸人才，欠缺应对国际贸易壁垒的经验，且由于出口持续性差、商业诚信差等原因，无力建立稳定的销售渠道，是造成出口能力弱的原因。这些现象已得到政府和不少花卉科研单位的重视，正积极开展新技术、新品种、新设备的引进和培训，以利我国花卉生产技术的发展和生产设备的改进。

表1-2　2001—2006年我国花卉出口金额对照表　　　单位：千美元

年份	根茎	活植物及接穗	切花	切叶	合计
2001	818	12 194	5 402	16 495	34 909
2002	1 349	17 687	6 542	17 484	43 062
2003	1 434	22 382	10 108	15 378	49 302
2004	885	31 494	16 579	15 371	64 329
2005	1 717	38 886	20 520	15 977	77 100
2006	1 514	47 987	32 955	22 735	105 191
增长率(%)	85.1	293.5	510.1	37.8	201.3

注：增长率是2006年出口金额相对于2001年出口金额的增长率。表中数据来源于历年《中国海关统计年鉴》。

最近几年针对以上问题，政府和花卉科研、企业及营销单位都在研究发展现代花卉产业、花卉产品出口的发展策略。

1. 增强花卉产业的核心竞争力

大力发展花卉合作社，引导、鼓励合作社与大企业联合，全面提升花卉产业现代化技术管理水平，实现花卉企业温室化、工厂化、专业化生产，利用温室设备现代化，针对专一优质花卉进行流水作业、连续生产和大规模生产，提高产量，节省用地，增加产值。

2. 完善市场体系，增强花卉业的出口竞争力

遵循出口贸易规律，确立花卉产业的对外经贸战略，引进全面质量管理机制，保证花卉产品质量，实现产业化；提高商业诚信度，保证花卉的出口持续性；加强品牌塑造、行业标准制定和形象宣传；促进产业与国际接轨，积极推行国际认证体系以消除绿色贸易壁垒，提高对外销售的市场交涉力。

3. 加强市场体系配套能力，搞好物流体系建设和行业服务

协调以解决花卉产业在流通环节上的瓶颈。花卉物流体系建设和行业服务配套业包括两大类，一类是从事花卉产业配套的生产资料生产，如生产花肥花药、温棚等方面的供给；另一类是花卉的销售与运输的环节，加强市场交易主体及配套设施的建设，要科学合理地组织交易活动，提供相应的配套设施和服务，最大限度地保证买卖

双方的利益,引导买卖双方接受和适应现金交易方式,逐渐与国际花卉营销体系接轨,拍卖、直销、连锁和电子商务一体化。

4. 科研结合生产需要

我国花卉业在价值链上攀升靠着研究开发能力的真正强大。花卉科研一是要研究实用技术,各科研机构的研究方向、目标必须与生产市场相结合,重视良种繁育,培育优质花卉品种,缩小品种的更新周期,利用组培提高品种质量、种苗扩繁。在育种方面采用了单倍体、多倍体、一代杂种及辐射育种等新技术。掌握品种资源愈多,愈能利用创新品种的优势。重视知识产权保护,加强新品种的研发,提升产业核心竞争力,占据国际花卉销售市场。为了延长切花供应期,很多国家进行了切花保鲜和贮藏的研究;为了减少运输途中的损失及增强竞争力,还开展了对切花包装运输、盆花保鲜等方面的研究及轻质无臭无毒的栽培介质生产,突破中国花卉业以国内低层次消费市场为主,以数量、价格优势为主要市场竞争手段的局面。二是加强应用,提高大多数花农的科技意识,采用先进技术提高产品质量;科研院所、技术创新者与技术推广要与应用相结合,直接服务于花农。三是加强人才培养,建立一支高水平的懂花卉生产技术、善于经营管理、外语水平较高的外向型人才群体。

5. 科学有效的规划,将为我国花卉业的发展提供可循依据

为花卉业提供未来发展战略和不同时段的发展目标,为我国各地作出花卉生产的空间布局、时间顺序、产业结构、服务管理等方面的依据,使我国花卉业的整个建设过程及布局更具合理性和可操控性,符合全球化及国际竞争的要求。

第三节　花卉的作用

一、花卉对环境的美化作用

花卉种类繁多,展现出花卉形态各异、色彩丰富、香气迷人。各种花卉的花朵在形态上差异很大,有些花大、多瓣,组成各种端庄秀美、雍容华贵的花形,如牡丹、芍药、莲花、茶花、月季等;有些花小、瓣少且组形简单,给人以朴素、明了的花型,如五角星状的茑萝、梅花、杏花等,如十字星状的丁香、连翘、山梅花等,如拎包状的蒲包花、荷包牡丹,如大佛艳苞包裹着简单肉穗花序的马蹄莲、白鹤芋、花烛等,如开花像飞鸟般的鸽子树,开花像富贵天堂鸟的鹤望兰,开花像瓶刷子的红千层,开花像拖鞋的兜兰,像炮仗般的炮仗花等等,给人带来种种情趣。花卉的色彩几乎包括了色彩变化的所有区域,是环境景观设计中色彩的主要来源之一。赤橙黄绿青蓝紫在交叉作用中

形成万紫千红的色彩,绿化、彩化是花卉色彩应用的具体形式,掌握花卉的色彩,就有了描绘景观的画笔。不同花香形成不同空气清新的环境,浓香四溢的丁香、夜来香、白兰花,甜香迷人的桂花、玫瑰,幽幽清香的春兰,给人以连连遐想。同时因花卉开放期不同,形成了季相的差别,在花卉设计中设计者对不同地域的花卉季节变化的形、色、味,进行春、夏、秋、冬不同季节的季相设计,形成花开花落的动态景观美。花卉在园林中主要景点、公园等重要空间作为重要的植物素材,应用球根花卉和一二年生花卉、花木布置花坛及装点广场、道路、建筑、草坪。在应用中,一二年生花卉和球根花卉及低矮的花灌木主要用于园林中花坛、花境、花丛等花卉景观,并对裸露地面的覆盖,应用大花木在绿地中可形成独特的景观。室内小型空间的点缀依赖于丰富多彩的花卉,可利用绿植、盆花、花篮、插花进行角、台、桌、几的装饰。在人际交流中,花卉是交流的媒介、服装的装饰,如鲜花做的胸花、花束、花圈等。因此,花卉对环境的装饰具有画龙点睛的效果。

二、花卉对改善环境的作用

花卉能够利用自己的生长发育活动改善人类的生存环境,其主要表现在花卉叶片的光合作用,能吸收二氧化碳,增加空气中的氧气,改善空气质量;通过活植物体的蒸腾作用增加空气湿度,利用叶片减少太阳光的反射,降低空气温度;有些花卉在生长中能够吸收一些有害气体,花卉叶表面可以吸附一些空气中的灰尘,起到滞尘作用,以减少大气污染,并从体内释放一些杀菌素而净化空气;栽培花卉能够覆盖地面,其根系能固持土壤,涵养水源,减轻了水土流失,并减少地面扬尘,提高环境质量。

三、花卉对人类心理、生理、精神的调节与改善作用

人们在生活中,经常利用植物的栽培可以创造一个健康、舒适的环境,起到缓解压力和紧张情绪的作用。根据临床心理学、环境心理学、社会学和行为学等学科的研究人员研究人类与植物接触的关系时,发现在植物面前,人的脑电波活动明显增强,大脑处于高度活跃、放松的状态;观赏植物有利于人们提神醒脑、减轻压力,并能产生健康的情绪,会出现血压降低的现象。人们在自然环境中通过从事园艺或欣赏植物等活动,可以使心情舒畅、缓解压力、镇静情绪和促进康复,得到情绪的平复和精神的安慰,提高工作效率,更好地完成工作任务。还可以促进血液循环以及保护关节;在清新的空气和浓郁的芳香中增添乐趣,从而达到治病、健康和益寿的目的,这称为园艺疗法。在社区、公园及医院专门开辟的绿地均可用于园艺疗法,让患者特别是一些老年患者、残疾人及精神病患者从事园艺活动,以争取早日恢复健康。利用花卉的多种颜色来调节和改善人体生理机能的治疗法,利用花香对人心理和生理的有益作用

进行治疗(均是园艺疗法的重要内容),花木丛中绿色地带的空气离子较多,对患有原发性高血压、神经衰弱、心脏病的人,能起到良好的辅疗功效。

花卉给人以视觉美的享受,同时还包含着丰富的文化内涵,对陶冶性情具有重要作用。中国的花文化更是具有悠久的历史和丰富的内涵。

四、花卉的经济效益

在农业产业中花卉业是重要的组成部分,作为商品具有较高的经济效益,并且花卉生产发展还带动着三类花卉配套工业发展,一类是从事花卉产业配套的生产资料生产,如栽培基质、肥料、农药、容器、塑料、包装材料及温室大棚等花卉生产设施、园艺器械;另一类是花卉产品加工业,如干花制作、特种花卉加工等;再一类是花卉产品一级销售市场、花店和物流运输等许多相关产业链的发展。许多花卉除观赏效果以外,还具有药用、香料、食用等多方面的实用价值与综合效益。

第二章　花卉生长发育和环境因子

第一节　花卉生长发育

　　花卉的生命周期是从种子萌发起,经过一年或者多年的生长,开花或结果,直到死亡的整个时期,这是花卉生命活动的总周期,也称花卉生命周期,它反映了花卉个体发育的全过程。

　　生长是指植物重量和体积的增加,它是通过细胞的分生、增大和能量积累的量变体现出来的。发育是指植物结构和功能从简单到复杂的变化过程。它是通过细胞分化导致根、茎、叶的形成,由营养体向生殖器官——花器、果实形成的质变体现出来的。

　　花卉生长和发育是两个既相关又有区别的概念。生长是细胞分裂与增大,造成植物体重量和体积的增加,是一切生理代谢的基础;而发育是花卉的性成熟,是细胞分化中质的变化,是植物器官和机能经过一系列复杂质变以后产生的与其相似个体的现象。发育必须在生长的基础上进行,没有生长就不能完成发育。换句话说,没有生活物质的形成和细胞的增殖以及营养体的发展,就没有生殖器官的形成和发育。同时,植物发育的特性也影响生长的特性。如果没有完成发育进程中的生理变化,植物就只能继续进行营养生长,不能通过有性世代再生与自己相似的后代。事实上,生长和发育之间的关系就是植物营养生长和生殖生长之间的辩证关系。两者相辅相成,不可分割,互为基础。

　　园林花卉多种多样,不同类型的花卉所要求的环境条件及它们本身的差异决定了对外界环境条件的要求极为不同。只有充分了解了每一种花卉的生态习性及对环境的要求,才能够创造和应用相应的栽培技术措施,达到人们观赏花卉的预期目的。

在花卉生产中,光照处理、温度处理、生长调节剂处理及其他处理技术被广泛应用,以达到人们对花卉的观赏要求。这些都是在充分了解了花卉生长发育特点的基础上所采取的措施,从而使花卉的观赏价值和经济价值可以被人工调控。所以,了解和掌握花卉的生长发育规律是园林从业者的必要基础。

一、花卉个体发育规律

花卉种类繁多,但同其他植物一样,无论是从种子到种子或从球根到球根,花卉在整个一生中既有生命周期的变化,也有年周期的变化。在个体发育中多数种类也同样经历种子休眠和萌发、营养生长和生殖生长三大时期(无性繁殖的种类可以不经过种子时期)。上述各个时期或周期的变化,基本上都遵循着一定的规律性,如发育阶段的顺序性和局限性等等。花是观赏植物的主要观赏器官,那千奇百怪、万紫千红的花是怎样发育而来的呢?植物学告诉我们,植物的完全花是由花萼、花瓣、雄蕊、雌蕊等四轮构成的生殖器官。植物生理学告诉我们,成年植物花的诱导需要一定的光、温周期,如二年生花卉大多需要经过低温的春化作用才能开花,多数菊花品种需要短日照处理才能开花。这些都是开花生理研究的结果,而且大多是关于外因对开花的影响。植物在花的诱导至花器官形成的过程中到底发生了什么样的变化,这就是植物发育生物学研究的内容。植物发育生物学是以传统的植物胚胎学为基础,结合现代分子生物学,尤其是分子遗传学而形成的,近年取得了许多研究成果,花发育的分子遗传机理是其中最显著的,至今仍是植物分子生物学研究的热点。花发育的研究离不开同源异型突变,其过程包括花序的发育、花芽的发育、花器官的发育和花型的发育。

对于一般的花卉植物来说,首先是给花卉种子创造一个适宜萌发的环境条件,种子萌发,长出根和芽,继而长出茎和叶子;在适宜的条件下,幼苗会向高生长,可能出现分枝,叶片数量和叶面积会增大;再经过一段时期,在一定的条件下将出现花蕾,然后开花,花凋谢后结果,产生新的种子。此过程即为个体发育过程。

一般来说,花卉的生长过程遵循下列过程:

$$\boxed{\text{种子萌发}} \rightarrow \boxed{\text{幼苗生长}} \rightarrow \boxed{\text{开花}} \rightarrow \boxed{\text{结实}} \rightarrow \begin{cases} \boxed{\text{死亡}} \\ \boxed{\text{休眠}} \end{cases}$$

在适宜的温度、水分、光、土壤等条件下,发育成熟的植物种子都会萌发,胚根向下、胚轴向上生长,最后在土壤中形成根系,地面长出茎和叶。根是重要的营养吸收器官,影响地上生长状况。地下根系在土壤中的分布情况决定于该物种根系的类型、繁殖方法和根系环境条件。根在土壤中的生长还具有向水性和向肥性,因此栽培管理中肥水的供给情况造成根际环境不同也会影响根在土壤中的分布。幼苗生长阶段,地上最明显的形态变化是茎伸长和增粗或是产生分枝。营养生长的另一特征是叶片数量增多,叶面积增大。无论是整株植物还是各部分器官,生长都经历着慢—快—慢的变化历程,这种周期性的规律称为生长大周期,又称生长的"S"曲线。这是植物生长的固有规律,但有的花卉表现明显,而有的花卉不太明显。

由于花卉种类繁多,原产地的生态环境复杂,常形成众多的生态类型,其生长发育过程和类型以及对外界环境条件的要求也比其他植物繁多而富于变化。不同种类花卉的生命周期长短差距甚大。一般花木类的生命周期从数年至数百年,如牡丹的生命周期可达300～400年之久;草本花卉的生命周期短的只有几日,如短命菊,长的有一年、二年和数年的,如翠菊、万寿菊、凤仙花、石竹、蜀葵、毛地黄、金鱼草、美女樱、三色堇等。经过长期栽培和人工选育结果,产生出许多品种间差异较大的发育类型。有的品种对春化、光照阶段要求严格,有的并不严格。如菊花中夏菊为中性植物,而秋菊为短日照植物。

花卉同其他植物一样,在年周期中表现最明显的有两个阶段,即生长期和休眠期的规律性变化。但是,由于花卉种和品种极其繁多,原产地立地条件也极为复杂,同样年周期的情况也多变化,尤其是休眠期的类型和特点有多种多样:一年生花卉由于春天萌芽后,当年开花结实而后死亡,仅有生长期的各时期变化,因此年周期即为生命周期,较短而简单。二年生花卉秋播后,以幼苗状态越冬休眠或半休眠,而在春季开花,夏季天气炎热时则死亡。多数宿根花卉和球根花卉则在开花结实后,地上部分枯死,地下贮藏器官形成后进入休眠越冬,如萱草、芍药、鸢尾以及美人蕉。对于原产于地中海地区的秋植球根花卉,如郁金香、风信子等则在休眠期完成花芽分化,在低温季节形成根系,待春季到来地上部迅速生长并开花,而当夏季来临则又进入休眠,子球开始花芽分化准备来年开花。对于许多常绿性的多年生花卉,在适当的环境条件下,几乎周年色泽保持常绿而无休眠期,如绿萝、龟背竹、橡皮树等。

植物的实生苗在具有开花潜能之前的这段时间称为花前成熟期或幼年期。幼年期持续时间因花卉种和品种、环境条件以及栽培技术的不同而有很大差异。对于一、二年生草本花卉来说,花前成熟期较短,只要达到一定的生长量,在合适的条件下就可以进行花芽分化,例如凤仙花、百日草、万寿菊、鸡冠花等在自然条件下一般经过2～9个月左右即可开花。而对于一些宿根花卉、球根花卉以及木本的花卉来说,花前成熟期较长,并且差异较大。例如芍药从播种到第一次开花约需2～3年的时间,而朱顶红、牡丹从播种到第一次开花大约需要4年左右的时间。在花卉生长中如何缩短花前成熟期成为花卉促成栽培的一项重要技术。

纵观各种花卉的生长发育规律和过程,生长是一种量的变化,而发育则是一种质的变化。对于花卉这些多细胞有机体来说,不同器官之间通过植物体内的营养物质和信息物质的相互传递和竞争而具有生长相关性。

首先,花卉的地上部与地下部之间具有生长相关性,二者既互相联系又互相制约,一方的正常生长发育均以另一方的正常生长发育为前提。例如切花菊生产中,抹除侧芽将减少对根际营养的需求而促进主花枝的发育。目前植物限根生长技术日益受到生产者的关注。由于植物只有一部分根系处在最适宜的环境中,从而发挥正常的功能来满足植物生长的营养需求,因此采用限根栽培将根系限制在局部范围内,有利于根系的高效吸收和限制生长,从而增强施肥效率。在盆栽花卉生产中,可以利用该技术调节花卉的株型、花期和开花量。

其次,花卉的营养生长和生殖生长之间也具有相关性。一般花卉在营养生长阶段营养充足、生长旺盛,则生殖生长期花朵质量高,果实和种子品质好。但如果营养生长过于旺盛,则因消耗了过多的养分,反而使生殖生长受到抑制,花期推迟。

此外,花卉的花色常常和其他器官的颜色具有一定的相关性。例如凤仙花的肉质茎浅绿色,则开花时花色较浅,若肉质茎呈晕红褐色,则花色紫红色。王升等研究了月季花色与幼嫩芽、叶的相关性,结果表明,月季的白色系、黄色系、橙色系、粉色系的品种,其嫩叶倾向于绿色,而朱红色系、蓝色系、深红色系的品种,其嫩叶等倾向于红色,复色系的品种介于红、绿两色之间,极少数为红色,无纯绿色的嫩芽与嫩叶。了解花色与器官颜色之间的相关性,为花卉生产实践、花卉育种及选种、花卉在园林中的绿化美化应用,提供了识别和选择的科学依据。

二、花卉花芽分化规律

开花是高等植物个体发育的中心环节,也是植物从营养生长转向生殖生长、实现世代交替的关键环节。花卉的花芽分化关系到花卉的品质和价值。通常根据观赏器官的不同,花卉分为观花类、观果类、观叶类、观茎类、观根类和观芽类。通常观花类的花卉,其观赏价值和经济价值主要体现在花部形状上。观果类花卉,其观赏价值和经济价值主要体现在果实或种子的性状上,而这些又是建立在花器官的形成与发育的基础之上的。因此掌握花卉的花芽分化规律,对于调控花卉的开花周期进行周年生产、周年供应市场具有重要的实践意义,对于花卉制种和育种也具有重要的指导意义。随着观光农业的兴起,通过调控植物的花期从而营造大尺度生态景观的技术也得到了深入的研究和应用。

1. 花芽分化的理论

成花诱导的过程是花卉的分生组织从营养型转化为生殖型的过程。而花诱导到花分化启动是花芽形成和发育的关键阶段,也是花卉生长发育的临界期。随着植物生理学科的发展,对成花机理的研究越来越深入。目前普遍接受的观点有碳氮比学说和成花素学说。随着分子生物技术的飞速进步,目前已经从分子水平对花卉开花的遗传调控机理有了更加深入的认识。

(1)碳氮比学说　该学说认为植物体内碳水化合物的积累是花芽分化的基础,而决定植物花芽分化的关键是植物体内碳水化合物与含氮化合物的比例。当碳水化合物含量比较多而含氮化合物比较少时,则促进花芽分化;而当植物体内碳氮比低于一定的比例时,则阻碍花芽分化。该学说得到了许多试验的证实。在菊花、康乃馨等花卉的生产中,经常需要疏掉一部分花蕾,以便养分能集中供应少数花朵,从而获得高品质的花朵。

(2)成花素学说

有的学者提出植物在营养生长过程中,叶片在合成碳水化合物和含氮化合物的同时,也合成一种成长激素,称为成花素。当成花素达到一定浓度时,能诱导碳水化合物贮藏在生长点细胞的原生质中,引发花芽形成,这就是成花素学说。从该理论提出之时起,科学家一直认为植物中存在这种叫做成花素的物质,但是却从未实际发现和观察到成花素的存在。在这个学说的基础上,随着植物生物学的发展先后提出了不同的假说,分别将成花素推测为某种代谢产物;某种激素;一定比例的几种激素;激素与代谢产物的混合物;某种成花抑制物等。

经过植物生物学家长达70年的奋斗,通过不断的观察试验,逐步明确了成花控制的调控因子,最后通过分子遗传学手段弄清了成花素的本质。获得突破性进展的是在2007年,日本奈良工业科技大学Shimamoto研究小组发现了决定植物在何时开花的激素——成花素。研究小组用水稻试验发现,成花素是由促进水稻开花的遗传基因Hd3a制造的蛋白质。Hd3a蛋白质原本只有叶子才能制造,在通道部分以及茎部顶端几乎观测不到。研究小组在遗传基因中植入荧光使其发光,然后与Hd3a遗传基因结合后导入水稻中,使本来要经过50~60天的时间才能开花的水稻在15~20天的时间即可开花;并且通过荧光发现植入的遗传基因Hd3a不仅存在于叶和茎等植物通道部分,在形成花茎最顶端也存在,从而证明Hd3a蛋白质参与了植物开花的过程。该项研究成果在进一步揭示成花素的形成和运转机制方面迈出了重要的一步,对于开发鲜花生长剂以及增加农作物收成的药剂方面具有重要意义。该研究成果刊载于2007年5月份的Science上,与此同时,同一期的Science上还发表了利用相似技术在模式植物拟南芥上获得的相似成果。该项成果由德国科隆马克斯·普朗克研究所的乔治·库普兰和伦敦帝国学院的科林·特恩布尔领导的小组发现,一种被称为FT的基因所产生的蛋白质可以激发植物开花。研究人员利用基因工程把FT基因的蛋白质加入到拟南芥的绿色荧光蛋白质标记中,随后把一种缺乏FT基因从而不能开花的突变茎嫁接到这种带有标记的作物上。结果发现,发光的FT蛋白质进入突变的茎,并促使其开花。在全球变暖导致气候带向两极移动的趋势下,这一发现对科学家帮助作物适应不同纬度也具有重要的意义。经过同源分析,两个研究小组的成花素基因 FT 和 Hd3a 是同源基因。

经过科学家一系列设计精巧的试验证实了 FT 蛋白在开花植物中是普遍存在和必需的,而且 FT 蛋白的高保守性使其在不同的植物,不同光周期类型中具有相似的结构或性质。至此科学界一致认为,FT 蛋白就是人们大半个世纪以来要找的成花素。

2. 影响花芽分化的因素

植物开花的过程受到内部和外部因子的影响与调节。内因主要是花卉本身的遗传特性,体内化学物质的变化;外因主要是环境因子,包括温度、光照、水分和养分等。花卉在内因和外因的共同作用下,通过花卉体内的信号传导,诱导相关基因表达,进而调节花卉生理生化代谢的过程,从而达到控制花卉成花的作用。

目前对成花调控方面研究较多的环境因子是温度和光照。

(1) 光周期作用　光周期是指一日的日照长度,每天光照与黑夜交替称为一个光周期。光周期现象是生物体适应自然光照的明暗和长度变化节律而发生的各种生理反应现象。在植物的生长发育中,光周期起着非常重要的作用。不仅影响着植物的分枝习性、球根花卉地下器官(块茎、球茎、块根等)的形成以及器官的衰老、脱落和休眠,还控制着某些植物的花芽分化和开花。根据成花转变对光周期的反应,将植物分为长日性植物、短日性植物和日中性植物。

① 长日性植物。是指植物在生长发育过程中,只有当日照时间超过一定数值才能进行成花诱导形成花芽,否则植物只进行营养生长,不能进行生殖生长转化的植物,也称为长日照植物。一般长日照植物要求每天的日照时间至少 14 小时。例如一些二年生的秋播花卉瓜叶菊、紫罗兰、雏菊、金鱼草、虞美人、花毛茛等在冷凉的气候条件下进行营养生长,在春天长日照条件下开花。

② 短日性植物。是指植物生长发育过程中,只有当日照长度短于一定数值时才能进行成花诱导形成花芽,否则在长日照条件下,植物只能进行营养生长,也称为短日照植物。一般短日照植物开花要求日照长度在 8~12 小时。这类植物的自然花期通常是秋季。如大多数的一年生花卉波斯菊、牵牛花等和秋天开花的多年生花卉菊花、一品红等。

③ 日中性植物。这类植物对日照长度没有特殊的要求,在任何光照条件下,只要其他条件适合均能开花。这类植物开花受自身发育状态的控制。如非洲菊、扶桑、月季等。

植物的叶片接受光周期诱导,并将这些信号转变为可以传递的生物信息。研究发现,经光周期诱导后叶片内出现相关蛋白和核酸的变化。现在已经证明,光在植物由营养生长转向生殖生长过程的作用与光敏色素和隐色素有关。

不同的植物对光周期的反应不同,对于同一个种不同的品种,其对光周期的反应也存在差异。这与植物的起源和原产地密切相关。一般认为短日照植物起源于低纬度地区(南方),而长日照植物起源于高纬度地区(北方)。了解植物的光周期不仅对于植物的引种驯化非常重要,还使人工控制花期,实现花随人意、四季开放成为可能。

利用光周期调控花期的技术在花卉的周年生产中应用越来越广泛,其中研究最为深入并且目前技术体系最为成熟的是在菊花上的应用。培育光周期不敏感型菊花新品种将为我国花卉产业带来非常大的经济效益。

(2)春化作用 有些植物需要足够长时间的低温条件才能促进花芽形成和花器官的发育,否则不能开花或延迟开花、开花不良等,这种现象称为低温春化。一般萌动的种子或者幼苗能够感受低温。使植物通过低温春化的这种低温刺激和处理过程叫做春化作用。不同的植物对低温值和低温的持续时间要求不同,即使同一种的不同品种之间也存在较大的差异。根据要求的低温值不同可将植物分为冬性植物、春性植物和半冬性植物三种类型。

①冬性植物。是指需要在0~10℃的低温下持续50天左右的时间完成春化作用的植物。一般此类植物在温度越低、越接近0℃时需要持续的时间越短;在温度较高时,需要低温持续的时间较长。秋播花卉或者多年生作二年生栽培的花卉,如紫罗兰、雏菊、瓜叶菊、毛地黄等,在秋季播种后,需要在冬季低温来临前积累一定的生长量,以幼苗的状态度过低温完成春化。如果秋季播种比较晚,冬季低温来临前没有达到一定的生长量,则幼苗较小,容易受到冻害,并且开花时植物比较低矮。如果在春季气温回暖时再播种,则当年不能正常开花。因此秋播比春播开花品质好,如果春播的话要尽早进行。此外一些在早春开花的多年生花卉,如芍药、牡丹等也需要通过春化诱导花芽分化。

②春性植物。指在较高的低温范围内(通常为5~12℃),持续较少的时间(一般为5~15天)即可完成春化作用的植物。一年生花卉和秋季开花的多年生草花属于春性植物。

③半冬性植物:介于冬性植物和春性植物之间的植物类型。这类植物春化作用时对低温的要求不严格,3~15℃均可,通过春化阶段的时间是15~20天。

由于植物在生长过程中受到环境因子的影响是一种综合作用,因此花卉在花芽分化过程中对温度和光照的要求也是相互关联的。如菊花是典型的短日照植物,而菊花花芽分化需要的温度是18℃左右,有的品种在温度低于15℃时,即使在短日照条件下也不会进行花芽分化。一般对春化要求比较严格的植物,对光周期的反应也比较敏感,这是因为在花卉的原产地,长日和高温、短日和低温是两对相伴的条件。因此,许多长日照植物如果没有经受足够的低温,即便在长日照条件下,也不会开花或者开花延迟、品质下降。这是由于高温阻碍了植物花芽发育的过程。此外,温度和光照之间在某种程度上具有一定的补偿作用。如短日照在某种程度上可以代替某些植物的低温要求。同样,低温在某种程度上也可以代替光照的要求。因此运用光周期和春化作用调节花期时,需要根据具体的花卉种类将这两个因素综合起来进行研究和探索。

(3)生长调节物质　植物生长调节剂目前已经广泛应用于花卉生产中用于控制花期。IAA(indoleacetic acid 吲哚乙酸)等生长素在短日条件下大幅度抑制菊花开花;赤霉素可使一些需低温诱导成花的植物在常温下开花,使一些短日照植物在长日下开花。

3. 花卉花期调控技术

(1)调节光照

①长日照处理技术。通常用于温室花卉生产。即在冬季短日照条件下,采用人工辅助补光的措施,促使长日照花卉提前开花或延迟短日照花卉开花的方法。从能源利用和处理效果来看,生产中最有效的方法是在半夜辅助加光1~2小时,以中断暗期,达到调控花期的目的。

利用菊花对日长反应的敏感性,采用增加光照或遮光处理,可以使菊花在一年之中任何时候均能开花,以满足人们周年对菊花切花的需求。

②短日照处理技术。此方法即当花卉营养生长达到商品花卉的要求时,利用黑色塑料膜进行遮光,使其在花芽分化和花蕾形成过程中人为地满足所需短日照条件,从而达到调控花期的目的。此方法适用于长日照花卉延迟开花或短日照花卉提前开花。如对典型的短日照植物菊花从下午5时至次日上午8时进行遮光处理,一般连续处理60天左右(因品种而异)即可开花。采用该方法时需注意,由于遮光处理阻碍了花卉生长环境的空气流通,容易导致环境的相对湿度比较大,因此发生病虫害的风险大大提高。

③遮光延长开花时间的技术。在花卉开花期间,适当降低环境的光照强度,如利用遮阳网或者直接将植株移至光照较弱处,均可延长开花时间。如对大型盆栽花卉高山杜鹃、比利时杜鹃、牡丹等花期适当遮光,可延长花朵的观赏寿命。在减弱光照的养护期间,注意通风、降低环境相对湿度,以免引起落花落蕾。

④昼夜颠倒法。对于夜晚开放的花卉,如昙花,从花朵绽放到凋谢最多维持3~4小时,许多人无缘睹此芳容。因此在昙花现蕾以后,花蕾长至7 cm左右时,白天将昙花遮黑幕或者置于暗室中,使其完全不见光照,而到晚上7时至第二天上午6时放置在光照下,连续处理4~5天,即可改变昙花夜间开放的习性,使之白天开花,并适当延长了开花时间,使人们在白天能欣赏到昙花开放的美景。

(2)调节温度　在日照条件合适的前提下,温度是影响花卉开花时间的主要因素。

①加温。对于需低温春化的花卉,可以提前贮藏在冷凉的条件下,待低温量积累到其要求时,可移置温室内提高温度加速开花。例如牡丹在河南洛阳的自然花期是5月份,而广东地区的生产者利用加温调控技术,使牡丹的花期提前到春节,创造了不菲的经济价值。有的生产者利用我国南北方地区温差,将在北方寒冷冬季已通过自然低温处理的花卉运至南方,利用其自然高温,打破休眠,提前开花,节省了生产成本。对于一些热带花卉,在寒冷的冬春时节,增加温度可抑制休眠,防止受冻,并提早开花。如杜鹃、绣球花等经加温处理后,能提早花期。

②降温调控花期。二年生花卉属于耐寒、半耐寒的花卉种类,需要经过低温春化后才能在高温条件下开花。北京地区生产二年生花卉需待植株达到一定的生长量以后,将其放到冷室中进行低温处理,满足春化的要求。如果没有冷室,可人工建造简易的阳畦,每日早晚加盖草帘、棉被等覆盖物保温,晴天时掀开覆盖物进行阳光照射,注意晴天中午进行短暂的通风,以免空气相对湿度过大而引发病害。

大部分秋植球根花卉需要冷藏处理才能生产高品质的鲜花。但是不同的种类需要的低温和低温持续的时间不同。在一些国家或地区,郁金香在自然条件下可获得足够的低温,至春天长到一定高度后开花,无需人工低温处理。但有研究表明,若在正常冬天之前的较早阶段低温处理鳞茎,可使其提早开花。于是种球商为了使鳞茎适应不同的栽培地区和栽培目的,对其做了不同的处理,这就产生了人们常听说的5℃郁金香球、9℃郁金香球以及未经处理的郁金香常温球。5℃球是郁金香的干鳞茎在5℃或2℃的低温贮藏室内处理后的种球,一般盆栽后在低于9℃条件下储藏2周,再升高温度,种球很快开花。还可在生长期的任何时候将室温降低到5℃左右维持数天,可延迟花期。9℃球则是干鳞茎在9℃的低温贮藏室内得到部分低温处理后的种球,它在盆栽后还需至少6周的冷处理,才能转入温室作促成栽培;而常温球则是未经任何冷处理的干鳞茎,它只有在种植后得到充分的低温处理(至少12周),才能开花。需要注意的是冷藏前逐步降温、结束冷藏后缓慢升温,以免温度条件变化剧烈而导致种球代谢紊乱,影响开花期和鲜花品质。

此外,低温处理可使花卉植株进入休眠状态,一般在2~4℃低温条件下,大多数球根花卉的种球可以较为长期贮藏,以推迟花期。当需要开花时,进行促成栽培,即可达到控制花期的目的。

(3)栽培管理技术

①调整播种期。根据花卉在当地气候条件和栽培水平下,从播种到开花所需天数,按期播种,即可在预定时间开花。对于一、二年生草本花卉多以种子繁殖为主,直接按期播种即可;而需扦插繁殖的部分草本花卉如四季海棠、一串红、菊花等花期控制依据就是扦插繁殖开始到扦插开花所需时间;球根花卉如郁金香、风信子、百合、唐

菖蒲等多在冷库中贮存,冷藏时间满足花芽完全成熟后,从冷库中取出种球,放在高温环境中进行促成栽培。从开始栽培至开花所需日数即是球根花卉播期调节控花法所需掌握的重要依据。

②水肥管理。植物的营养生长和生殖生长具有相关性。对于部分木本花卉在环境条件不利于其生存时,如干旱、病虫危害等,为繁衍后代会加速完成开花、结果等繁殖后代的进程,这是其自然进化过程中的一种生存策略。生产者可根据这种现象采取控水措施,以加快生育进程,达到提前开花的目的。如梅花、杜鹃等木本花卉经常采用的"扣水",可以促进花期提前。开花后继续控制少浇水,可延续不断开花。此时若浇水过多,则迅速转为营养生长而不再开花。此外,球根花卉如百合、郁金香、风信子等种球冷藏时,应尽量减少种球含水量,除利于贮藏外,还可提早花芽分化。如种球在采收时含水量比较高,则储藏后开花较晚。在水分控制的同时,还必须控制施肥种类与用量。尽量少施或不施氮肥,增施磷、钾肥,促进花芽分化,达到调控花期的目的。

③修剪技术。该技术是果树栽培中很重要的一项管理,目的是促进结果枝更新,提高果实的质量和产量。而花卉中的修剪技术专指用以促使花卉开花,或再度开花为目的的修剪。例如一些草本花卉如天竺葵、金盏菊、一串红等开花后及时剪除花残枝,然后再加强肥水管理,可促其重新抽枝、发叶、开花。不断剪除月季花残花,可让月季花不断开花。对于一些木本观赏植物如红枫、元宝枫等,由于其幼嫩叶片为鲜红色,因此可在8月中旬修剪老枝、去除老叶,然后加强肥水管理,待到"十一"左右可获得满株红叶的植株,观赏价值极高。

(4)植物生长调节剂

①促进开花。赤霉素可促进紫罗兰、矮牵牛等长日照花卉在短日照条件下开花。赤霉素可代替低温处理,打破休眠,促进开花。如用100 mg/L赤霉素每周喷洒杜鹃1次,连喷5次,可有效控制杜鹃花不同花期达5周,并保持花大色艳。此外,萘乙酸(NAA)、2,4-二氯苯氧乙酸(2,4-D)、苄基腺嘌呤(BA)均有打破花芽及贮藏器官休眠的作用。

②延迟开花。利用植物生长调节剂延迟开花或延长花期已广泛应用于木本花卉植物中。如用1000 mg/kg丁酰肼(B9)喷洒杜鹃蕾部,可延迟杜鹃开花达10天;采用萘乙酸及2,4-D处理菊花,也可延迟花期,达到调控花期的目的。

(5)气体调节　在花卉生长发育过程中,人为增加不同成分的气体,可改变或影响植株体内生理生化反应及代谢过程,从而达到打破休眠、提早开花的目的。如采用烟熏法可打破郁金香、小苍兰、洋水仙等球根花卉的休眠;用大蒜挥发出的气体处理唐菖蒲球茎4小时,可缩短唐菖蒲的休眠期,比未处理的球茎提前开花,花的质量也好。

三、花芽分化的类型和过程

花卉的种类和品种不同,其花芽分化的时间和进程也不同。此外花芽分化还与多种外界环境因素相关。

1. 花芽分化的类型

通常花卉植物的花芽分化类型分为以下几种。

(1)夏秋分化类型 该类型的花卉在每年的6—9月份进行花芽分化,秋季休眠前主要的花器官完成,寒冷的冬季完成性细胞的形成。因此该类花卉待到第二年春季温度上升时开花。例如早春或春天开花的一些花木类,如牡丹、梅花、榆叶梅、西府海棠等。球根花卉的花芽分化也属于该类型。一般秋植球根进入炎热的夏季后,地上部全部枯死,进入休眠的状态,花芽分化在此休眠期内完成。由于秋植球根花卉大多属于地中海气候类型,因此休眠期内温度不宜过高,最适合花芽分化的温度是18℃。春植球根花卉的花芽分化也是在夏季进行,不同的是在球根花卉的生长期内进行。

(2)冬春分化型 该类型的花卉在每年的冬春温度较低时进行花芽分化,并且从花芽分化到开花期时间短而连续进行。一些原产于温带地区的木本花卉如柑橘类,还有一些二年生花卉和春季开花的宿根花卉,例如报春花、三色堇、鸢尾等都属于该类型。

(3)当年一次分化的开花类型 该类型花卉在当年生的枝条上或花茎的顶端形成花芽,开花期通常在夏秋季节。例如一些花灌木如木槿、紫薇以及某些宿根花卉如萱草、菊花、蜀葵等。

(4)多次分化类型 该类型花卉在一年中能够产生多次分枝,当主茎生长到一定长度时即开始形成花芽。在顶花芽形成的过程中,其他花芽又相继从各级侧枝的枝顶端发生。如月季、茉莉、康乃馨等四季开花的花木及宿根花卉都可以在花芽分化和开花过程中,仍然进行持续的营养生长,开出更多的花朵。对于一年生花卉,其花芽分化时期比较长,只要营养生长积累了足够的生长量,就可以进行花芽分化,并且在整个夏秋高温季节持续开花。

(5)不定期分化类型 该类型花卉进行花芽分化的主要因素是自身养分的积累,只要达到一定的叶面积即可进行花芽分化,但是与一年生的多次分化类型花卉不同的是,该类型只进行一次花芽分化,如凤梨科和芭蕉科的某些种类。

2. 花芽发育的过程

花芽发育是植物的茎尖分生组织从营养型转向为生殖型的过程。从形态发生的角度来看,高等植物成花的过程分为四个阶段:花序分生组织的形成(花序发育)、花分生组织的形成(花芽发育)、花器官原基的形成(花器官发育)和花器官发育成熟(花型发育)。在花序分生组织形成之前需要经过必要的成花诱导,即花卉首先进行营养生长从花前成熟期发育到花熟态或称感受态,之后能够感受环境因子包括温度、光照和生理调节物质的诱导。植物在遗传因子和环境作用下顶端分生组织转化为花序分生组织,然后由花序分生组织产生一系列的花序,根据花序的增殖潜力可分为有限花序和无限花序。花分生组织是产生花器官原基的部位,与花序分生组织结构相同,但是功能不同。当花原基分成产生不同器官的同心区域后,在每个区域中细胞进一步平周分裂即产生花器官原基。花原基在各部分分化的过程中不是同步进行的,顺序一般是从外向内,依次形成萼片原基、花瓣原基、雄蕊原基和雌蕊原基,并伸长发育。由于在花发育过程中,各器官原基发育不完全或者发育顺序有所变化,所以有些花卉的花器官发生变异或者缺少某一部分,例如我们看到的美人蕉鲜艳的花瓣实际是瓣化的雄蕊,而天南星科植物如红掌、白鹤芋、马蹄莲等则观赏的是鲜艳的佛焰苞。在菊花的头状花序中,一般边花是舌状花,通常缺少雄蕊,属于雌性花;而中心花是管状花,属于两性花。

　　了解和掌握花卉的花芽分化规律和花芽分化的过程,对于花卉植物的栽培养护以及商品花卉生产具有重要的意义。例如对于多次分化类型生产者可以据此采取适当的技术促进多次开花,提高花卉品质;对于不定期开花类型可以据此推断花期,调整生产计划;特别是对于一些木本花卉来说,可以据此安排修剪的季节,并调整修建手段,达到枝繁叶茂、花多花艳的目的。

第二节　环境因子

　　环境因子是指构成环境的各种要素。环境因子中一切对生物的生长、发育、生殖、行为和分布有直接或间接影响的因子称为生态因子。生态因子中生物生存不可或缺的因子称为生物的生存因子,如对花卉来说,光照、温度、水、肥料、空气等是其生存因子。通常根据生态因子的性质将其分为气候因子、土壤因子、地形因子、生物因子和人为因子。

　　花卉的生长发育是花卉的基因在环境条件综合作用下的客观表达。基因决定着花卉的生长发育规律,环境在一定程度上影响着花卉基因的表达。例如若想让花朵开得更大,除了可以进行多倍体育种,让花朵增大以外,还可以通过栽培措施,创造适合花卉生长发育的环境条件,让花卉营养生长更好,枝繁叶茂,花朵也会更大。花卉长期生长在同样的环境条件下会在形态和生理代谢方面发生一定程度的变化以适应环境。例如长期生长在弱光下的花卉比长期生活在强光下的花卉,其叶片较薄、光补偿点较低等。

在花卉生产中,是否能满足花卉生长发育所需要的环境条件是栽培成功与否的关键。不同的花卉种类因其原产地的不同而有很大的差异,对于同一种花卉长期生存在不同的自然生态条件或人工培育条件下,会发生趋异适应,产生不同的生态型。正因为此,人类花园中的花卉种类才丰富多彩,四季能观赏到不同的花开放。世界各地还有许多的野生花卉等待人类去开发和利用。中国之所以被称为世界"园林之母",其重要原因是中国的生态环境多样化,因此花卉种质资源极为丰富。在花卉栽培生产中,只有了解花卉的原产地环境条件才能理解花卉的生态习性,而只有掌握了花卉的生态习性,才能以此为依据通过调节各种环境因子(温度、光照、水分、营养和空气等)来满足花卉生长发育的需要,从而使花卉充分表现出其观赏特点。

一、气候因子

气候因子是花卉赖以生存的环境因子,主要包括温度、光照、湿度、降雨量和大气运动等因子。这些因子并不是孤立的对花卉生长发育产生作用,而是作为一个整体,相互关联,综合起来影响花卉的生长发育。在这些因子之中,在花卉的某个生长发育阶段某个或某几个因子具有决定性作用,则这个或这些因子为花卉此阶段的主导因子。例如菊花开花阶段的主导因子是光照,只有满足一定的短日照条件,菊花才能进行花芽分化。而牡丹开花前需要足够的低温打破休眠之后才能开花,因此此阶段牡丹的主导因子是温度。虽然这些因子之间是综合起来对花卉的生长发育产生作用,但是这些因子之间是不可代替的,并且在一定范围内具有一定的补偿作用。例如花卉在进行光合作用时,光照和 CO_2 浓度是同等重要且不可代替的,但是在一定范围内,可以通过增加 CO_2 浓度来弥补光照的不足。此外在花卉生长发育过程中,如果某一个环境因子不足或过量都会影响其他生态因子的作用,限制花卉的生长发育,则这个因子就是花卉的限制因子。在花卉栽培生产中,一旦找到花卉生长发育的限制因子,就意味着在众多复杂的生态因子中找到了影响花卉生长发育的关键性因子。而改善生态环境中的限制因子是花卉栽培生产成功的最经济、最有效的途径。

1. 花卉与温度

温度是花卉生长发育的重要条件,是决定花卉种类分布的主要因素之一。花卉只有在一定的温度范围内才能进行正常的体内生物代谢过程。

温度决定着花卉的分布。花卉的原产地不同,对温度的要求不同,即花卉生长发育所需的温度三基点(最高温、最低温和最适温)不同。一般原产于热带的花卉,其生长发育的最低温在18℃左右;原产于温带的花卉其生长发育的最低温在10℃左右,而原产于寒带或者高山地区的花卉其生长发育的最低温接近0℃。

花卉不同的生长发育阶段,其温度三基点也不相同。例如一般种子萌发阶段需要的温度较高,而幼苗阶段需要的温度往往较低,有利于炼苗;待花卉生殖生长时需要的温度又比营养生长时需要的温度较高,尤其是花卉在进行花芽分化时对温度变化最为敏感。

温度的节律性变化影响花卉生长发育规律。多数植物在变温条件下比恒温条件下生长更好,这时因为白天温度高,光合作用强,夜间温度低,可降低呼吸消耗的速率,因此昼夜温差有利于花卉有机物质的积累。然而近年来,有生产者利用该现象有意缩小昼夜温差,从而实现花卉的矮化生长。此外多种花卉种子在昼夜变温的条件下萌发更快。例如千屈菜在同等光照条件下,20℃恒温时发芽率低于20℃与15℃每12小时交替变温时的发芽率。温度的季节变化决定了花卉的年生长发育周期。例如原产于温带的花卉大多在春季随着气温的升高,开始萌发、生长、开花、结实,随着秋季温度降低时开始落叶、生长停止进入休眠,利用这些花卉进行造景具有明显的色彩变幻,形成丰富的季相;而原产于热带的花卉一年之中大部分时间都能生长,有些花卉虽然具有短暂的休眠期,但在休眠期间仍然保持枝叶翠绿,因此缺少四季明显的变化。

空气与栽培基质的温差影响花卉的生长,尤其是扦插时花卉生根的速度。一般花卉在扦插繁殖时,提高栽培基质的温度比空气温度高5℃左右,能够促进花卉生根,对于一些较难生根的木本花卉尤其适用。目前在北京观光园区用于搭建绿色长廊的葡萄等,可以在早春铺设有地热线的扦插床上提早扦插,促进葡萄提前生根定植,从而早日形成景观。

花卉根据对温度的适应可分为耐寒性花卉、半耐寒性花卉和不耐寒性花卉三种。一般耐寒性花卉可在华北和东北地区露地越冬,如菊花、鸢尾、玉簪、萱草等宿根花卉和金鱼草、三色堇等二年生花卉。不耐寒性花卉大多原产于热带和亚热带地区,包括露地栽培时需要在无霜期完成生活史的一年生花卉,例如紫茉莉、凤仙花、茑萝等;也包括温室花卉,如蟹爪兰、红掌、马蹄莲等。根据花卉原产地不同,不耐寒性花卉又可以分为低温温室花卉、中温温室花卉和高温温室花卉,这是由花卉生长的温度三基点不同所决定的相应的越冬保护方式。低温温室花卉生长期的温度在5~8℃,温度过高则生长不良,开花品质不好,甚至不开花;在北京地区可以在阳畦或冷室内越冬,如紫罗兰、瓜叶菊等。中温温室花卉生长期要求温度在8~15℃,如天竺葵、仙客来等,而高温温室花卉生长期要求温度在15℃以上,如凤梨类、竹芋类花卉等。半耐寒性花卉多原产于温带偏南地区,介于耐寒花卉和不耐寒花卉之间。

花卉的耐寒性与耐热性具有一定的负相关关系。通常耐寒性越强的花卉,其耐热能力越差,而耐寒性较差的花卉,一般耐热能力较强。这一点可以从一年生花卉与二年生花卉的生长发育规律上得到验证。一年生花卉一般在春季播种,炎夏生长旺盛,在寒冷的冬季来临之前死亡;而二年生花卉一般在秋季播种,冬春开花,而在炎夏来临之前死亡。

2. 花卉与水分

水分是花卉的重要组成部分,一般花卉的含水量可达 60%～80%左右。花卉生长发育所需要的矿质营养元素是溶解在水中,经根毛吸收后,在蒸腾拉力的作用下,随着水分在体内运输而发挥作用的。花卉的光合作用是在水分参与下进行的。花卉生长发育的其他过程也是在一定的水环境中才能发生的,花卉还需要一定量的水分才能保持花朵开放。

水分是决定花卉分布的关键因素之一。花卉的原产地不同,其生长发育所需要的水分不同,花卉形态特点也不相同。通常根据花卉对水分的需求量不同可以分为水生花卉和陆生花卉两大类。水生花卉是园林造景中不可或缺的一类植物材料,是水景园的主体。通常分为挺水类型,如荷花、千屈菜;浮水类型,如睡莲、芡实;漂浮类型,如浮萍等;沉水类型,如水族箱内种植的各种观赏水草等。水生植物一般都具有发达的通气组织,如荷花的根状茎(俗称藕)具有发达的通气孔,凤眼莲具有膨大的叶柄等。陆生植物又根据对水分的需求量不同分为旱生植物、中生植物和湿生植物三种类型。旱生植物对水分的需求量最少,如仙人掌、绯牡丹、仙人指等,这类植物具有能够大量储存水分和能减少蒸腾作用的变态的茎叶,根系发达,并且具有与干旱环境相适应的生态习性和生理生化响应机制。例如昙花之所以在夜晚开放,是与昙花原产于干旱的沙漠地区紧密相关的。一方面花朵开放需要一定的水分膨压,昙花夜晚开放有利于保持花瓣水分,减少因白天烈日照射下的蒸发;另一方面昙花需要一些昆虫传粉,而这些昆虫具有白天炎热时减少活动,夜间气温下降后再出来活动的习性。湿生花卉是适合在潮湿环境中生长的花卉,不能忍受长时间的干旱,例如凤梨类、蕨类和热带兰类花卉等。大部分植物属于中生花卉,对于水分的需求介于旱生花卉和湿生花卉之间。在花卉的园林应用中,应该充分考虑具体的花卉种类对水分的特殊需求,并充分利用园林造景所形成的小气候环境以满足这种需求。

同一种花卉在不同的生长发育时期对水分的需求也不相同。一般种子萌发需要较多的水分,有利于种皮软化、种子营养物质由凝胶状态转化为溶解状态,酶促反应在一定的水环境中进行,有利于胚根伸出。幼苗时由于根系还不发达,根系分布较浅,对水分比较敏感,需要及时浇水。随着成长,根系逐渐发育完全,抗旱能力增强,需要给予适当的水分促进旺盛的营养生长,但是水分过多容易造成花卉徒长,破坏株型,延迟开花。有时水分过多时,容易造成花卉根系缺氧而窒息,从而产生诸如叶片萎蔫等类似干旱的症状。花卉花芽分化时,适当减少灌水能促进提前开花。花卉授粉和种子成熟时需要水分更少,从而保证花粉正常散开,种子充实饱满。

种子成熟采收以后,需要适当的晾晒以减少种子内水分含量,否则种子生活力下降。种子储藏时要求环境干燥,但是一些球根花卉储藏时对水分的需求却有差异。例如唐菖蒲、郁金香、风信子等需要储藏在干燥通风的环境中,而美人蕉、大丽花等却需要储藏在湿润的沙土中。

花卉病虫害的发生与空气湿度有很大关系。一般环境湿度较大时,易发生病害。尤其是我国北方冬季在温室内进行花卉生产时,生产者往往为了保持室内温度而通风不够,造成室内空气相对湿度很高,一些真菌病害容易爆发,例如菊花白锈病。而花卉栽培中如果生长环境干旱,则蚜虫、蓟马、温室白粉虱等虫害危害严重。因此按照一定的密度,及时除杂草,控制花卉生长环境合适的温湿度对于预防病虫害的发生具有重要的意义。

3. 花卉与光照

阳光是花卉合成有机物的能量源泉,花卉的生长发育离不开阳光。阳光对花卉的影响主要表现在光照强度、光照长度和光质三方面。

(1) 光照强度 是指单位面积上太阳光辐射量的大小,直接影响花卉的光合作用。在一定范围内,光照强度越大则光合作用的效率越高,但当达到一定强度时若继续增加光照强度,则光合效率开始下降,这时的光照强度成为光饱和点。花卉在进行光合作用的同时还在进行呼吸作用,光照强度的大小决定着二者之间的平衡。花卉开始进行生长和进行净光合生产所需要的最小光照强度称为花卉的光补偿点。

此外,光照强度对花卉的组织和器官分化、各器官生长发育速度具有决定性作用。如花卉叶片的薄厚、茎节间的长短、分枝角度和数量、花色的鲜艳程度等,这就是光对花卉的形态建成作用。在温室内进行盆花生产时,需要每隔一定时间转换花盆方向,以使盆花保持良好的株型。一般光照较弱时,植物的色素形成较差,细胞纵向生长,胞内碳水化合物较多,植物表现为黄化现象。强光条件下,花卉生长健壮,有利于花青素的形成,花色鲜艳,果实色泽好。在观光采摘园区,生产者有时在苹果表面贴上不同文字或图案,利用光照强度对花青素合成的影响,使苹果表面表现出预期效果,提高了苹果的观赏价值和经济价值。此外,光照强度通过影响叶绿素、类胡萝卜素和花色素苷的含量及比例,从而影响叶片的成色。例如元宝枫随着光照强度的减弱,叶色由紫红色逐渐转变为绿色,在全光照条件下,元宝枫叶片中的可溶性糖和花色素苷积累最多,彩叶表达最为充分。因此从秋叶观赏角度来看,元宝枫最好种植在全光照条件下,不宜种植在大树遮阴处或建筑物的北面。

光照强度影响花卉的开花时间。有些花卉需要在强光下才能开花,例如半枝莲在晴天的中午开花最旺盛,而在傍晚或者阴天时不开花。月见草、晚香玉等一般在傍晚时分开花,并且花香馥郁,而牵牛花则在黎明时分开放。

根据花卉对光照强度的适应,可分为阴生花卉、中生花卉和阳生花卉三种。一般阴生花卉不能忍受强烈日光直射，需要生长在适度遮阴的环境中。这些花卉在园林中可用于林下或者建筑物北面的绿化和美化。目前北京地区园林中应用比较多的有玉簪、荚果蕨等。凤梨科、蕨类、兰科花卉以及许多天南星科花卉也属于阴生花卉，可以用在室内客厅、布置会场等。阳生花卉不能忍受遮阴，需要在完全光照下才能生长良好，一般高山花卉、肉质多浆植物和大多数的露地一、二年生和宿根花卉都属于阳生花卉。这些花卉若家庭种植时，需要放置在有阳光直射的阳台上，否则开花不良，甚至不开花。中生花卉对光照强度的需求介于阴生花卉和阳生花卉之间，适宜生长在光照充足的环境下，但是轻微遮阴时也能生长良好。例如萱草、桔梗、楼斗菜等宿根花卉。这类花卉在园林中适应性强，应用广泛。

（2）光照长度　是指白昼的持续时间或者太阳的可照时数。光照长度对花卉的影响主要是光周期对花卉花芽分化的影响，此部分内容已经在前面进行了详细阐述，这里不再重复。

另外，光照长度还影响某些植物的营养繁殖。例如长日照条件下，有利于某些花卉的地上营养繁殖器官的生长，例如落地生根叶缘的小植株、虎耳草的匍匐茎、禾本科植物的分蘖等。而短日照条件下，有利于某些花卉地下营养繁殖器官的生长，例如大丽花的块根、秋海棠的块茎等。

日照长度能够影响原产于温带的花卉越冬休眠。现代生物学方法证明，日照缩短是越冬的木本花卉进入生理休眠的诱导因子。这些花卉在接收到短日照信号之后，其体内会发生一系列的生理代谢变化，以增强植物的耐寒性和抗冻性。

（3）光质　是指组成太阳光的不同波长的光谱成分，这些成分的波长在150～4 000 nm之间，其中在400～760 nm之间的为可见光，即红、橙、黄、绿、青、蓝、紫。不同的光质成分对花卉的光合作用、色素形成、向光性、形态建成的诱导等影响不同。花卉光合作用的光谱范围就在可见光范围内，其中绿色光很少被叶绿素吸收利用，因此称为生理无效辐射，而其他可见光成分称为生理有效辐射。试验证明，红橙光有利于碳水化合物的合成、促进种子萌发、花卉高生长；蓝紫光和青光对植物伸长有抑制作用，使植物矮化，促进禾本科植物分蘖；青光诱导花卉的向光性；红光与远红光是引起花卉光周期反应的敏感光质，紫外线能够促进色素成分合成。

4.花卉与空气

空气是花卉生长发育不可或缺的环境因子之一。花卉一方面吸收环境中的二氧化碳，在太阳光的照射下进行光合作用，释放出氧气；另一方面吸收空气中的氧气，消耗自身合成的营养物质，进行必要的生理代谢，释放出二氧化碳。通常一、二年生花卉在幼年期旺盛生长，呼吸作用强烈，各种生理代谢活动旺盛，对氧气的需求量增加；而在开花结实期，呼吸强度更大。对于多年生花卉来说，以春季发芽和秋季开花时需要的氧气最多,而夏季略低,冬季休眠期更低。因此在花卉生产中应该经常通风,保持空气新鲜,这是花卉正常生长发育的基础。

土壤中的空气也会影响花卉的生长发育。当土壤过于紧实或表土板结时会引起土壤中氧气含量减少,从而抑制花卉根系的发育,长时间会引起根系功能下降,花卉生长不良。

在花卉生产中注重通风对于调节小气候环境具有重要意义。在夏季加强通风能够降低花卉生长环境的温度,而冬季加强通风能够降低温室内空气的相对湿度。降温降湿对于减少花卉病虫害的发生具有积极的作用。

随着人们生活水平的提高,装修房屋已成为每个家庭的普遍现象。在房屋建造和装修过程中大部分材料能够释放出有毒气体,例如甲醛、氨气、苯系物、总挥发性有机化合物等。一些花卉对室内不同有害气体有解毒、吸收、积累、分解和转化的作用。常见的对甲醛具有较强吸收作用的有常春藤、龙舌兰、绿萝、绿巨人、吊兰、虎尾兰、龟背竹等;对氨气具有较强的吸收作用的有散尾葵、绿萝、孔雀竹芋、马拉巴栗等;能够吸收苯的花卉有吊兰、月季、一叶兰、常春藤等;能够吸收甲苯的花卉有花烛、肾蕨、菊花、垂叶榕等;对二甲苯有吸收作用的花卉有吊兰、虎尾兰、散尾葵、常春藤、菊花、垂叶榕等;能够吸收三氯乙烯的花卉有花叶万年青、白鹤芋、袖珍椰子、常春藤、芦荟等。

此外,还有一些花卉对某些污染气体非常敏感,一旦污染气体超过一定浓度,这些花卉就会出现病状。例如向日葵、波斯菊、百日草等对二氧化硫非常敏感,秋海棠、向日葵等对氮氧化物非常敏感。这些敏感的花卉可以作为监测大气污染的指示作物。

二、营养与栽培基质

营养物质是花卉正常生长发育的必要基础。了解某一种花卉种类生长发育所需的营养物质种类以及花卉对营养物质的特殊要求,对于生产出品质好、价值高的花卉至关重要。了解各种营养物质对某一种花卉种类的作用及花卉的需求量,对于解决花卉生长发育过程中的各种生长不良的问题,制定正确的栽培养护管理规程具有重要的意义。

花卉生产中营养物质主要来源于花卉生长发育的各种栽培基质和生产中施用的各种肥料。随着科学技术的不断进步,人们对花卉这种商品的需求量越来越多,要求也越来越多样化,栽培基质也倾向于洁净、绿色和环保。因此栽培基质一方面要能够满足花卉生长发育的要求,另一方面也要来源广泛、洁净、环保,使花卉产业走高科技、可持续发展的道路。

1. 花卉与营养

花卉需要的主要营养元素有碳、氢、氧、氮、磷、钾、硫、钙、镁、铁等。其中碳、氢、氧、氮是构成有机成分的主要元素。氧和氢可以从水中大量获得,碳可以从空气中吸收,因此自然条件能够基本满足花卉生长发育所需,不需要人为补充。氮素是花卉生长发育的生命元素,而土壤中天然存在的氮元素大部分不能直接被花卉吸收利用,因此需要在栽培养护中,通过施肥加以补充。磷、钾、硫、钙、镁、铁天然存在于土壤和水中,但是数量因不同的土壤质地和水质而差异较大。磷元素和钾元素是花卉生长发育需求量比较多的营养元素,因此需要人工施肥进行补充。

除了上述 10 种大量元素以外,花卉生长发育还需要一些微量元素,例如硼、锰、锌、铜、钼等,这些元素在花卉体内含量很少,但也是花卉生长发育所必需的,如果供应不足,则会导致花卉生理失调,阻碍花卉正常生长发育。对于微量元素,在花卉栽培中经常通过根外追肥的方式进行补充,效果好,见效快。

下面简要介绍主要元素对花卉生长发育的作用。

(1)氮　主要作用是促进花卉营养生长。对于一年生花卉来说,旺盛的营养生长阶段需要氮素最多;对于二年生花卉和宿根花卉来说,在春季生长初期即需要大量的氮素。花卉因观赏器官的不同对氮素的需求量也不相同。一般观花的花卉在营养生长期需要的氮素较多,有利于花卉枝叶旺盛,为开花结实积累更多的营养,而在生殖生长期则需要的氮素较少,否则容易枝叶徒长,抗性下降,花期延迟,种实不充实。对于观叶的花卉来说,常绿观叶植物常年需要的氮素比较多,有利于保持枝叶翠绿,株丛丰满;彩叶观叶植物则需要适当控制氮素供应,否则容易使彩叶变成绿叶,降低观赏价值。

(2)磷　主要作用是提高花卉的抗性,促进花卉生殖生长。一般在花卉的幼苗期适当补充磷元素,能够促进花卉根系发育、增强茎秆韧性、抗倒伏、抗病虫等。在花卉开始花芽分化之后增施磷元素,有利于提前开花、种子充实饱满。球根花卉需要的磷元素较多,有利于球根发育。

(3)钾　主要作用是提高花卉光合效率,冬季温室中光线不足时,可起到一定的补偿作用。促进花卉根系发育,尤其是球根花卉的地下器官发育。增强花卉抗性。

(4)钙　主要作用是改良土壤的酸碱度,促进根系发育。一般黏重土施用石灰后可以变疏松。

(5)硫　主要作用是促进土壤中微生物的活性,通过微生物的新陈代谢增加花卉对其他元素的吸收。例如豆科根瘤菌的活性增加,会增加豆科植物对氮素的吸收。

(6)铁　是合成叶绿素的主要元素。一般在石灰质或者碱土中,由于铁容易变成不可结合态而容易使花卉出现缺铁现象。

(7)镁　是合成叶绿素的主要元素,还会影响花卉对磷元素的吸收。

(8)硼　主要作用是促进根系发育和形成豆科根瘤菌,提高开花品质和种实成熟度。

(9)锰　是维持叶绿素结构的重要元素,调节花卉生理过程的氧化还原反应,促进种子萌发。

肥料是花卉生长发育所需营养物质的主要来源,可以分为有机肥料和无机肥料两大类,可以作为基肥或者追肥施用。

有机肥料主要包括鸡粪、牛粪、厩肥、饼肥、骨粉、麻酱渣等。有机肥在施用之前均须充分腐熟,否则易烧根。鸡粪是完全肥料,可以作基肥也可作追肥。目前市场上应用较多的是膨化鸡粪。牛粪是缓效肥料,一般用作基肥,肥效持久。也可利用牛粪的浸提液作追肥用。厩肥也是全养分肥料,最大特点是有机质含量丰富,能够使土壤疏松、通透性增强,从而改善花卉的立地条件。一般在露地花卉种植和草坪建植时应用较多。饼肥、麻酱渣是植物榨油后的残渣,最大的特点是氮含量很高,可作基肥或者浸提液作追肥。

无机肥料,即化肥。可以作基肥也可作追肥。长期施用会导致土壤板结、土壤的通透性下降,从而影响花卉的生长发育。目前市场上化肥种类繁多,有固体肥,也有液体肥。在使用之前必需认真阅读说明书,做到安全正确施用。化肥按照主要成分可分为氮肥、磷肥、钾肥和微肥。氮肥一般在花卉营养生长期施用,常见的有尿素、硝酸铵、硝酸钙、硫酸铵等。磷肥常见的种类有磷酸铵、磷酸二氢钾、过磷酸钙等。可在花卉种植前混施在栽培基质中作基肥或者溶解后喷施作根外追肥。在花蕾形成前喷施磷肥能提高开花品质。钾肥常见的有硫酸钾、氯化钾和硝酸钾等,可作基肥或者追肥,适用于球根花卉。但是某些球根花卉对氯元素敏感,所以忌用氯化钾。微肥是以提供微量元素为主的化肥,常见的有硼肥、铁肥、锰肥、钼肥、铜肥和锌肥等。

随着对越来越多的花卉种类需肥特性研究的深入,肥料生产工艺不断地被开发与升级,目前出现了专门针对某一种花卉生长需求的专用肥,受到许多家庭养花爱好者的欢迎。此外,市场上近几年出现的新型肥料还有缓释肥和控释肥等。缓释肥是指施入土壤中养分释放速率远小于速溶性肥料,呈缓慢释放的肥料,具有缓效性或长效性。通常在化肥颗粒表面包上一层很薄的疏水物质制成包膜化肥,水分可以进入多孔的半透膜,溶解的养分向膜外扩散,不断供给花卉。广义的控释肥包括能延长养分释放期的一切缓释肥,而狭义的控释肥是指通过某种调控机制或措施,预先设定肥料在花卉生长季节的释放模式,使其养分释放规律与花卉养分吸收相一致或基本一致,以达到提高肥效的一类特种化肥。

目前市场上销售的花卉种子中有一部分是包衣种子,即在种子外面裹有"包衣物质"层的花卉种子,在"包衣物质"中含有肥料、杀菌药剂和保护层等,包衣种子可促进出苗,提高成苗率,使苗的生长整齐健壮,也更适于机械化播种。种子包衣技术是现代种子加工的新技术之一。

2. 花卉与栽培基质

栽培基质是花卉生长发育的立地条件。栽培基质不仅具有固定支持花卉的作用,还担负着供给花卉水分、养分和空气的任务。一般花卉生产中优良的栽培基质应该具有疏松肥沃、富含腐殖质、保水保肥、通气透水、酸碱度合适的特点。花卉栽培基质的调制对于花卉根系发育和营养吸收具有重要的作用,从而从根本上影响花卉的生长发育。尤其是盆花生产时由于根系生长发育的空间限制,基质的好坏就成为盆花生产成败的关键因素。

通常花卉种类不同,对栽培基质的要求各异。就基质的酸碱度来说,大多数花卉在中性基质中生长良好,而南方的花卉多喜偏酸性栽培基质,北方的花卉多喜偏碱性栽培基质。八仙花在酸性基质中花色偏蓝色,而在碱性基质中花色偏红色。就基质质地来说,仙人掌多肉质植物喜大粒河沙,球根花卉喜沙土,宿根花卉较耐黏重土。

花卉生产中常用的栽培基质有如下几种。

(1)园田土 菜园或者肥沃的农田土壤,由于具有良好的团粒结构,并且肥力通常较高,因此是调制栽培基质的主要原料之一,可以增加并保持其他基质的营养成分。

(2)河沙 极少或者不含营养,但是排水透气性好,特别适合仙人掌及多肉质植物生长。还可用于花卉扦插繁殖的基质。可改善其他栽培基质的透气性,因此与其他基质进行调配,可用于盆花生产。

(3)草炭 质地松软,透气透水,保水保肥,并且含有较多的胡敏酸,对促进插穗形成愈伤组织和生根具有促进作用。草炭的pH值为酸性,因此可用于北方栽培酸性花卉的主要基质。草炭是目前世界上花卉生产中应用最为广泛的栽培基质,可用于工厂化育苗、中高档盆花生产、建造屋顶花园、建植草坪等。但是草炭是有限的天然资源,过量开采会破坏沼泽地的生态环境,目前许多国家已经相继颁布了禁止开采草炭的法规,因此开发替代草炭的有机栽培基质成为目前花卉栽培中的热点和难点之一。

(4)腐叶土 是由枯枝败叶堆腐而成的具有疏松多孔结构、富含腐殖质的酸性栽培基质。与其他栽培基质混配,可增加基质的通透性和保水保肥能力,用于盆花生产。

(5)针叶土 是由针叶树种的枯枝败叶长期风化形成的一种强酸性栽培基质,具有一定的肥力,通气透水能力强。通常用来调节北方土壤的碱性园田土。

(6)河泥及塘泥 养分含量高,富含腐殖质,黏重。与其他栽培基质混合可增加养分含量和黏重性。适用于一些喜黏重土壤的花卉生长。

(7)水苔　是由苔藓植物干燥而成的,具有疏松、吸水的优点,保水能力强,但又可避免由基质积水造成的花卉烂根。常用于喜湿花卉和附生花卉栽培。目前在蝴蝶兰栽培中应用尤其广泛。

(8)蛭石　是一种高温膨化的矿物。具有质地轻、容重低、孔隙度大的特点。有一定的保水性和通透性,具有较强的与离子交换的能力,因此对于花卉营养吸收具有促进作用。

(9)珍珠岩　是灰色火山岩高温膨化的轻质团聚体。具有质地轻、通透性好的优点,常与其他栽培基质混合种植花卉,也是花卉无土栽培的优良基质。

(10)陶粒　是页岩高温膨化的产物,具有较大的空隙,保持适当水分和空气含量,达到固定花卉、透气透水的作用。常用于花卉无土栽培。

随着花卉生产的工厂化和规模化发展,在现代大型温室中无土栽培技术逐渐取代了传统的土壤栽培技术,越来越多的适于无土栽培的基质不断被开发出来。研究证明,花卉根系周围几毫米内的微域环境对于花卉根系的生长发育具有重要作用。这个微域环境,即根际环境内的有效养分能直接被根系吸收和利用。根际环境的水分和通气能直接影响根系对养分的吸收和根际微生物的活动。因此无论采用何种栽培基质以及栽培基质如何配比,其最终的目标都是根据花卉自身的生长发育规律,创造最适的根际环境,从而促进花卉健康生长。

第三节　花卉栽培设施

花卉栽培设施是现代化花卉生产必不可少的条件之一。由于花卉种类繁多,产地各异,因此对生产环境的要求也不尽相同,对于同一种花卉在不同季节开花,同样需要人工创造合适的环境才能得以实现。因此花卉栽培设施的目标就是根据花卉习性,人为创造适宜的环境以保护不同类型的花卉生长发育。而人工建造的能够达到这一目标的各种建筑和设备,包括温室、塑料大棚、温床与冷床、荫棚、风障及其内部自动化、信息化的设备、各种机械装置、机具和容器等,均称为花卉栽培设施。

花卉栽培设施能够使花卉在不适宜的季节或者不适宜的地点进行正常的生长发育,能够实现花卉周年生产,供应市场,丰富人们的生活。同时花卉生产设施对环境的调节能力较强,增加了生产成本,栽培养护的技术要求比较高,需要与露地栽培结合起来进行,在制定生产计划时要考虑生产与销售两个环节的配合,以保证生产者获得最大的收益。

一、温室

温室是花卉栽培设施中最重要的一种形式,包括由砖石和混凝土组成的框架、大面积透光的覆盖材料、调控环境能力较强的内部控制系统和各种生产附属设施四部分。保温性、透光性和耐久性是衡量温室性能的主要指标。随着人们对花卉生态习性的了解越来越多,科学技术发展的水平越来越高,温室目前已经成为世界上重要的花卉栽培设施。温室的建造也越来越多地趋向于规模化、现代化、信息化和智能化。花卉生产规模化和工厂化已经成为当今世界花卉生产的主流。

1. 温室的类型

(1)根据温室的用途分类

①生产性温室。以花卉生产栽培为主,追求低投入、高产出,注重使用功能,而不要求外形是否美观。温室内往往大面积种植同一种花卉种类,对环境条件要求比较一致,因此温室内的环境易于调控。适用于一般的花卉生产单位使用。

②教学科研温室。以满足教学和科研的要求为主,具有一定的生产和示范功能,需要外形适当美观。温室内通常收集保存多种花卉种类,对环境条件要求差异较大,因此要求温室对环境的调控能力强。适用于高校、科研院所等教学和科研单位使用。

③观赏性温室。通过各种花卉种类的配植,营造出各种景观,以满足游客游玩、欣赏的需求,同时还具有展示和示范作用。温室内通常收集多种花卉种类,对环境条件要求差异比较大,因此要求温室对环境的调节能力强。在外形上还要求美观、有创意,具有一定的艺术性,适用于公园、植物园、科技示范园、高等院校、观光园区等场所。近几年在观光园区兴起的生态餐厅就是观赏性温室的拓展及开发。

(2)根据温室的加温方式分类

①日光温室。也称为不加温温室,只利用太阳辐射来加温和保温的温室。此类型温室在北方一般为东西走向,采光好,防寒保温能力强,适用于种植一些比较耐寒的花卉种类。在特别寒冷的天气,可以通过人工加热暂时补充热量。

②加温温室。除了利用太阳辐射来加温和保温以外,温室内还配有各种加热设施,通过热蒸汽、热水、烟道或者电热等方式以提高和保持温室内温度。通常适用于种植不耐寒的花卉种类。

(3)根据温室内温度分类

①低温温室。温室内保持 5～12℃,一般用于耐寒的二年生草花生产或者保护不耐寒的花卉越冬。

②中温温室。温室内保持 12～18℃,一般种植原产于亚热带的花卉和对温度要求较低的热带花卉。

③高温温室。温室内保持18~30℃,一般种植原产于热带的花卉和一些花卉的促成栽培。

(4)根据温室建筑形式分类

①单栋温室。即单个独立的温室。通常根据屋顶的形式分为单屋面温室、双屋面温室和不等屋面温室三种类型。单屋面温室北面为墙体,屋顶是一个向南倾斜的透光面。双屋面温室通常为南北方向延长,屋顶是东西方向两个相等的透光屋面。不等屋面温室的屋顶是由两个透光的屋面组成,南面屋顶较北面屋顶宽,通常二者保持3∶2到4∶3的比例。

②连栋温室。由同样建筑形式或结构的单栋温室相互连接而成的大型温室,称为连栋温室,由于其内部环境相互畅通,因此温度、光照分布均匀,对外界环境变化的缓冲能力强,但是供暖和降温的耗能比较大。此外连栋温室的空间大,便于机械操作,内部配有自动控温、控湿的装置和人工灌溉设备,是世界上应用最广泛、现代化程度最高的温室类型。

温室的类型很多,除了上述几种分类方法外,还有根据温室覆盖材料分为玻璃温室、塑料温室和硬质塑料板温室;根据温室建筑材料分为砖土结构温室、木结构温室、钢结构温室、钢木混合结构温室、铝合金结构温室、钢铝混合结构温室等。生产单位在建造温室时,需要根据当地气候条件、生产的花卉种类和习性以及资金预算进行选择。目前市场上有许多公司专门经营温室工程建设咨询、温室规划设计、温室建造和温室相关配套设备的系统集成等。花卉产业具有较长的产业链条,温室建造是花卉产业链上的一个环节。产业链条上的专业化分工越细,则产业发展的基础越雄厚、优势越明显,产业也会越成熟。

2. 温室内环境调控

(1)温度调节

①加温系统。目前温室内最常用的采暖方式是利用热水加温。由于水的比热容很大,因此此种加温方式使温室内温度稳定、均匀,系统紧急故障时24小时内不会对植物造成大的冷害或冻害。其原理是利用锅炉把水加热后通过供热管道和散热设备增加温室内温度。由于系统复杂,设备多,因此一次性投资大。此外也有利用热风加温的方式。供热系统是由热源、空气换热器、风机、送风管等组成。此种方式温度分布均匀,调节温度速度快;但是运行费用较高,温室较长时,风机单侧送风压力不够时,容易造成室内温度分布不均匀。对于繁殖温室常用的临时加温措施是在苗床或者扦插床的下面铺设电热线,利用电加热。此方法操作简单、效果明显,但是电能消耗较大。在我国北方地区的一些简易温室内,常采用烟道加热的方式对温室供暖。在有地热资源的地区,可以利用当地的温泉对温室加温。

②保温系统。实验证明,温室内的热量通过覆盖材料损失的比例很大。因此温室内温度达到花卉生长发育的要求,一方面需要加温设备对温室内空气加热,另一方面需要一定的保温措施对温室内热量进行保持,不仅能够提高供热效率,同时降低了能耗,节约生产成本。目前应用较多的保温设备有:在温室透光面以外加盖保温被、草苫、纸被等。通常在傍晚时覆盖,待到翌日早晨开始升温时再掀开。与保温被相配的机械设备是卷帘机,该设备的使用大大降低了劳动强度,提高了工作效率。在连栋温室内设置内保温幕是重要的节能措施。由于内保温幕保温性能较好,能够人工、机械或者自动开启控制,操作方便,因此应用日益广泛。许多保温幕本身兼具遮阳与保温双重功能,因此不仅可以在冬季保温,在夏季还有遮阳降温的作用。保温幕常用的材料有无纺布、聚乙烯薄膜和真空镀铝薄膜等。在临时育苗时还可在温室内搭建小拱棚,提高育苗床的温度。

③降温系统。温室在建造时已经设置了通风口,因此一般的温室内主要是利用通风口自然通风,从而降低室内温度。此外在温室透光面外部或者温室内顶部搭建一层遮阴网,通过降低光强,减少太阳辐射,来达到降低温室内温度的目的。在建造比较现代化的温室内,尤其是连栋温室内,通常设置有水帘和强制通风系统、喷雾系统等,在炎热夏季降温效果显著,但是造价较高,耗能较大。

(2)光照调节

①补光系统。温室内补光的目的有两个:延长光照时间或者增加光照强度。一般对于短日照花卉,例如菊花,在周年生产时,秋冬季节需要延长光照时间,以保证在花芽分化前达到一定的生长量。对于大多数喜光花卉,如果生长季节连续阴天或者温室覆盖材料的老化引起透光率降低等,需要增加光照强度以满足花卉生长发育的需光量。通常温室内利用电光源补充光照。常用的有日光灯(荧光灯)、白炽灯、高压钠灯、金属卤化灯等。此外,在冬春季节由于太阳高度角和温室自身结构的原因,白天温室内光照分布不均匀,尤其是北侧光照较弱。温室内北侧生长的花卉长势弱、开花不良,并且由于向光生长的原因,大部分花卉会倾向于温室南面生长,因此影响花卉的株型,降低花卉观赏品质。因此,为了增加光照强度还可以在温室的北墙上粘贴镀铝镜面反光膜,不仅能够改变和调节温室内部光照不均匀的分布,还能通过反射光改善温室内部的温度差异。

②遮光系统。遮光系统主要的目的是缩短温室内光照时间。通常利用完全不透光的材料,如黑布、黑色塑料薄膜等,搭建在温室的顶部和四周,或覆盖在目标花卉周围的支架上,临时创造一个完全黑暗的环境。通常用于短日照花卉,例如菊花,在长日照季节对花芽分化诱导。

③遮阴系统。遮阴系统的主要目的是降低温室内光照强度。一般在温室透光面外部或者温室内顶部搭建一层遮阴网,降低光强,同时减低温室内温度。常用的是各

种遮光率不同的遮阴网。一般的温室均设置有遮阴网。在夏季生产喜阴性花卉时，必须在一定的遮阴环境下进行。

(3) 水分调节

①灌溉系统。是温室内主要的增加水分和空气相对湿度的系统。灌溉方式可以分为人工浇灌、漫灌、喷灌和滴灌等。人工浇灌方式适用于小型温室，通常浇水不均匀，造成水肥浪费。一般不同的花卉对水分要求不同，例如盆花类、观叶花卉、鲜切花生产等，忌浇水不均匀和叶面积水，否则不仅生长一致性差，影响温室使用效率，还容易造成各种叶斑病，影响花卉观赏品质。温室内地栽花卉生产有时采用漫灌。这种方式对畦面的平整性要求严格，否则同样会导致浇水不均匀，还会造成水肥浪费，特别容易传染一些土传病害。在鲜切花生产中应用较多的是喷灌，而在盆花生产中应用较多的是滴灌。这两种方式更方便人工控制水肥的供应量，提高了水肥的利用效率，并且保持供应均匀，花卉生长一致性好，品质高，不容易诱发土传病害。

②降低湿度。温室内水分过多，空气相对湿度较大时，很容易发生病害。因此要根据花卉的生态习性对温室内湿度进行及时调整。温室内降低湿度的主要方法是利用各种通风系统，例如通风窗、通风口、排风扇等。

二、其他栽培设施

1. 塑料大棚

塑料大棚是用塑料薄膜覆盖的建筑空间，是现代化温室常用的配套花卉生产设施。一般在北方可用于温室花卉生长期的春季提前和秋季延后生产。而在南方则用于温室花卉的越冬栽培。温室具有较强的温度、光照调控能力，具有必要的调控设备，因此温室内温度稳定，受外界环境影响小。而塑料大棚无保温、加温设备，其热量主要来源于太阳辐射，棚内温度直接受外界环境影响，季节差异明显，昼夜变化较棚外环境变化大。

在北方，塑料大棚通常为南北走向。有单栋塑料大棚，也有连栋塑料大棚。棚顶形状有拱圆形和屋脊形。骨架材料可分为竹木结构、钢筋混凝土结构、钢架结构、钢竹混合结构等。

2. 冷床

冷床是用土或者砖垒成，利用太阳辐射来保持温度的一种花卉保护设施，又称为阳畦。通常由风障、畦框、床面、覆盖物组成。根据结构不同分为抢阳阳畦和槽子畦两种类型。抢阳阳畦的北框高而南框低，风障向南倾斜，可使畦内在冬季接受更多的阳光。而槽子畦的南北两框接近等高，框高而厚，整体看起来近似槽形，多在太阳高度角较大的春季使用。冷床的覆盖物通常由透光的塑料薄膜或者玻璃等覆盖后，再覆盖一层草苫、棉被等不透明覆盖物。一般不透明的覆盖物在傍晚盖上,翌日早春开始升温时掀开。而透明覆盖物只定期在晴天中午掀开一段时间通风后立即盖好。一般秋季播种的二年生草花、早春播种的一年生草花等为了调节花期以适应园林应用的需要时使用。也可在冷床中进行常绿木本花卉的扦插繁殖。

3. 温床

温床是在冷床的基础上,在床底铺设加温设施,如电热线、酿热物等,来提高床温的花卉保护设施。利用电热线加温具有升温快、地温高、温度均匀的特点。由于电热温床调节温度灵敏、使用时间不受季节的限制,同时又能根据不同花卉种类和不同天气状况通过仪表自动调节控制温度和加温时间,因此广泛用于温室、大棚等培育喜温性花卉幼苗以及快速扦插繁殖月季、葡萄等。酿热物温床是利用好氧性微生物分解粪污(马粪、羊粪、牛粪等)有机质时产生的热量来加温。酿热物的碳氮比、初始含水量等对发酵过程热量产生具有决定性作用。

4. 荫棚

荫棚是花卉生产中提供遮阴环境的保护设施。常与温室、塑料大棚配套使用。其作用是遮挡阳光,从而达到降低温度、减少蒸发、增加湿度的目的。通常用于温室内半阴性花卉的夏季栽培养护,某些花卉的夏季软枝扦插及播种,部分露地栽培花卉也需要设荫棚加以保护。一般荫棚内地面铺有炉渣、沙砾等,以利排水并减少泥水溅污花卉枝叶。荫棚一般东西延长,由钢筋混凝土柱、木柱或者钢柱搭建,通常高2.5 m,宽5 m左右,骨架上覆塑料薄膜,薄膜上盖苇帘、草帘等遮阴物,东西两侧应下垂至距地面60 cm处。对于露地花卉栽培或者鲜切花栽培,可搭建临时荫棚。对于中高档温室盆花栽培,如杜鹃、兰花等可以搭建永久性荫棚。

第三章　花卉繁殖技术

花卉繁殖是指花卉植物个体的繁衍后代，保存种质资源的手段。花卉种类繁多，繁殖方法各异，概括起来主要有两大类型。

第一，花卉的有性繁殖。有性繁殖，也称种子繁殖，是雌雄两配子结合形成种子而培育成新个体的方法。其优点为：种子便于贮藏和运输；播种操作简单，在短时期内能获得大量植株；种子繁殖的后代生命力强，寿命长；可以提供无病毒的植株。其缺点为：异花授粉植物用种子繁殖易发生变异，不易保持优良特性；有许多木本花卉，用种子繁殖后要度过漫长的"幼年期"才能开花，如牡丹，从播种后到开花，差不多要5年时间。

第二，花卉的无性繁殖。无性繁殖，也称营养繁殖，是利用植物营养体（根、茎、叶、芽）具有再生能力的特性进行繁殖的方法。其生理基础为：再生能力；分生能力；亲和力。其优点为：解决不结实植物的繁殖问题，如一些多倍体植物；保持种或品种的优良特性（因为无性繁殖后代不发生变异）；无性繁殖较种子繁殖大大缩短开花年限。因此这种繁殖方法被广泛应用。其缺点为：长期营养繁殖致使生活力降低（长期扦插、嫁接的，如杨树、柳树出现早期枯梢、树干空心等）；长期营养繁殖的植物容易积累病毒（如唐菖蒲、百合）。常用繁殖方法有：扦插繁殖；嫁接繁殖；压条繁殖；分生繁殖。

此外对于很多蕨类植物，除采用营养繁殖外，也可采用成熟孢子繁殖。而以植物细胞具有全能性理论为基础发展起来的组培快繁技术目前也在生产上得到广泛应用。

第一节　花卉播种繁殖技术

一、花种生产

1. 花卉种子的生产概况

我国草花种子生产比较落后,可以说在1978年以前基本上是传统农业自给型的种子生产;1978年后农业部提出种子"四化一供"(种子生产专业化、加工机械化、质量标准化、品种布局区域化和有计划供应良种)工作方针后,对草花种子生产有很大的促进作用。据不完全统计,我国自产草花种子100多种,其中绝大多数为常规种子。按照种子或植株的起源,生产上的花卉常规种子可分为自交系品种、无性系品种等,目前有20多种花卉有自交系品种,如美女樱、福禄考、鸡冠花、紫菀、香雪球等。我国对一串红、长春花、旱金莲、金盏菊等种类的自交系品种都有不同程度的选育。通过分株、分球或扦插繁殖,生产上使用的草花无性系品种至少有10多种,如藿香蓟、秋海棠、彩叶草、菊花、大丽花等。其他木本盆花如倒挂金钟、天竺葵、五色梅也是。

从我国花卉进出口总体情况看,进口大于出口。近几年随着我国花卉业的蓬勃发展,出现了花卉种子的进口热潮。有人调查国内45家花卉种子经营公司后发现,56%的公司纯经营进口种子,20%的公司兼营国内外种子,只有24%的公司经营国内种子。进口种子主要来自英国、美国、荷兰、日本、法国、比利时等国家。

根据中国林木种子公司及有关企业多年出口情况统计显示,虽然花卉种子的出口量逐年增长,但出口量仍比较低。出口花卉种子的种类主要有波斯菊、睡莲等。我们应吸取国外经验,大力开发我国丰富的花卉资源,不断提高种子品质,疏通出口渠道,充分挖掘我国花卉种子出口创汇的巨大潜力。

杂种优势利用是20世纪以来作物育种最突出的成就之一。早在1909年已经育成了四季秋海棠的F_1代杂种,50年代日本把杂种优势成功地用于矮牵牛、金鱼草、三色堇、天竺葵、藿香蓟等花卉。70—80年代美国在培养百日草、万寿菊、金鱼草、藿香蓟、三色堇、半支莲、秋海棠F_1代杂交栽培品种中收到显著效果后,F_1代花卉种子生产及应用得到迅猛发展与普及。我国自70年代开始引进三色堇、矮牵牛、万寿菊等花卉的杂种一代。F_1代品种的丰富程度和生产水平是花卉种业水平的集中体现。我国在F_1代品种选育方面,研究工作时断时续,70年代开始引种,通过引种和委托制种,掌握了一些F_1代制种技术和亲本材料,积累了F_1代育种经验。目前在万寿菊、孔雀草、矮牵牛、三色堇、天竺葵、金鱼草、仙客来等F_1代种子生产方面都取得了初步成功。目前北京、甘肃、深圳、包头、云南、湖南、浙江的大专院校和园林部门均开始进行花卉 F_1 代育种及种子生产技术方面的研究,这些工作为我国草花种子生产专业化、质量标准化奠定了基础。

获得原种后,要把原种繁育1~4世代供生产使用,称良种繁育或良种生产。良种繁育不仅是发展园林植物品种事业的一个重要组成部分,同时也是良种选育工作的继续和扩大。但良种繁育绝非单纯的种苗繁殖,它是运用遗传育种学理论与技术,在保持不断提高良种种性和生活力的前提下,迅速扩大良种数量,提高良种品质的一整套科学的种苗生产技术。但由于各种因素的影响,花卉在繁育过程中发生退化劣变,如不少引进的三色堇品种开始花大色艳、花瓣质地厚实,经几年栽培后植株衰弱、花小、色杂、无光泽、瓣薄等,失去观赏价值。这样的例子在草花种植中屡见不鲜。故保持良种种性或典型性是草花良种繁育工作的关键。花卉的良种繁育技术在品种保纯、防止退化中同样具有重要地位。良种繁育技术包括防杂保纯措施,先进的栽培管理措施,利用低温、低湿条件贮藏原种等,这些技术与措施的保证可使品种的优良性状得以充分体现,保持品种应有的种性和典型性。

引起品种退化的原因是多种多样的。良种退化虽然在某些情况下可以恢复,但确是一件复杂而困难的事。防止品种退化问题应以预防为主,既要有针对性又必须采取综合措施才能收到良好的效果。我国从20世纪开始发展起来的组织培养技术已应用在多种草花上,在草花的快繁、保纯、脱毒等方面做了不少工作,取得了巨大的经济效益。近年来中国科学院遗传与发育生物学研究所刘敏等在花卉转基因工程与花卉空间诱变育种等方面进行了大量试验,已经在花型、株型、生长发育、香味、采后保鲜等方面取得了重要进展。据不完全统计,目前已获得转化体系和转化植株的花卉有菊花、石斛兰、郁金香、矮牵牛、月季、香石竹、唐菖蒲、仙客来、麝香百合、草原龙胆、金鱼草、向日葵、火鹤等。

总之,我国的良种繁育工作虽然有了一定发展,但与国外先进国家的良种繁育体系与程序相比还有很大差距。我们应借鉴发达国家花卉良种繁育的经验,重点抓好高级良种繁育体系的建设,继续生产和保存保证原种的纯度和质量,合理利用良种,重视良种繁育技术,实现种子生产的现代化。

21世纪是生物技术的时代,建立在一系列遗传理论,如达尔文的进化论、孟德尔的颗粒遗传理论等基础上的现代花卉繁育手段必将对我国花卉良种繁育工作产生深远的影响。随着新技术应用领域的不断拓展,花卉良种繁育工作必将取得更大进步。

2. 花种生产技术

(1)引种驯化

①引种驯化的概念。引种是指把植物从原来的自然分布区引入到其自然分布区

以外的地区进行栽培。植物引种到新地区以后,如果原产地与引种地的自然条件基本相似,或由于引种植物适应范围较广,以致植物并不需要改变其遗传特性,只需采取简单的措施就能使植物适应新的环境,并能正常生长发育,这种情况一般属于简单的引种。如果植物原分布区和引种地区的自然条件差别较大,或引种植物的适应范围较窄,只有通过采取人工措施改变引种植物的遗传特性,才能适应新的环境,这种情况下的引种,称为驯化。

引种驯化包含两个方面的内容,一是从外地或外国引入本地区所没有的花卉,二是将野生花卉进行家化培养。引种驯化是迅速而经济地丰富城市园林绿化植物种类的一种有效方法,与其他育种方法相比,它所需要的时间短,见效快,节省人力、物力。花卉种子生产所需的原种有许多是直接从国外引进的。

②影响引种驯化成败的主要因素

1)生态环境:一般来说,从生态环境相似的地区引种容易成功。花卉中的一、二年生草花由于生长季节短,虽然各地自然条件不同,但通过调整生长期,改进栽培措施,完全有可能将热带、亚热带的花卉引种到温带甚至寒带栽培。多年生的花灌木不仅必须经受栽培地区全年各种生态条件的考验,还要经受不同年份生态条件变化的考验,而花灌木生长的这些条件又不易受人为控制和调整,因此,引种不同气候带的花灌木,特别要注意了解其原产地的生态条件,注意引进原产地和引种地的生态条件相差不太大的种类。

2)主导生态因子:在综合生态因子中,总有某一个或几个生态因子起决定性作用。因此,找到影响引种花卉适应性的主导因子,对引种成败极为关键。对花卉引种影响较大的主要生态因子有温度、日照、降水和湿度、土壤酸碱度及土壤结构等。

a.温度。温度对花卉的分布、生长发育起着重要作用。在引种时首先应考虑年平均温度、最高温度、最低温度、季节交替特点等。

b.日照。纬度不同,光照时间、光照质量不一样。一般纬度由高到低,生长季日照时间由长变短;相反,纬度由低到高,生长季的日照时间由短变长。

c.降水和湿度。水分是花卉生长发育的必要条件。降雨量和空气湿度在不同的地区相差悬殊。我国自东南向西北降雨量逐渐减少。据中国科学院北京植物园观察,许多南方花灌木不是在最冷的时候冻死,而是在初春干风袭击下因生理脱水而死。黄河流域各省引种的毛竹,凡是湿度比较大又注意引水灌溉的地区都获得了成功。

d.土壤酸碱度及土壤结构。土壤酸碱度、土壤微生物对引种的成败也具有一定的影响。引种时,若两地的土壤酸碱度差异较大时,常使花卉生长不良,导致引种失败。有些豆科花卉的根部组织与菌类共生,成为其生长发育的必要条件。

3)生态类型:所谓生态类型是植物在特定环境的影响下,形成对某些生态因子的特定需要和适应能力。同一种花卉如果长期生活在截然不同的生态环境中,常常形成不同的生态类型。它们可能在生物学特性、形态特征与解剖结构上各具特点,而表现出不相同的抗旱性、抗寒性、抗涝性、抗病虫性等。假如我们向冬春干旱、寒冷的北京地区引种某一花卉,而该种花卉在不同的分布区内有着偏旱和偏湿生态型,那么引种该花卉的偏旱生态型更容易成功。

③花卉引种的程序和方法

1)花卉引种的程序

a.引种材料的收集。引种前要查阅有关研究资料,借鉴前人的经验教训,制订引种计划。根据引种目标、引种原理,确定引进的花卉种类并对引进花卉的情况进行登记。登记的主要内容包括:种类、品种名称、材料来源和数量、繁殖材料种类(插条、种球、种子、苗木等)、寄送单位和人员、收到日期及收到后采取的处理措施等。同时分析引进花卉的植物学性状、观赏性状、经济性状、原产地环境条件等,记载说明列入档案。

b.种苗检疫。引种时必须对引进的植物材料进行严格的检疫。引种是传播病虫和杂草的一个重要途径,国内外在这方面都有许多严重的教训。如深圳在引进唐菖蒲种球时,将唐菖蒲枯萎叶斑病传入深圳,造成了严重的损失。各个国家都有严格的检疫制度,我国《种子法》规定,国内县与县之间引种也应进行植物检疫,凭检疫证书调运种子等繁殖材料。检疫一般由国家指定的动物、植物检疫机构承担。为了确保安全,对于新引进的品种材料,除进行严格检疫外,还要先通过特设的检疫圃隔离种植,在圃中如发现有新的危险性病、虫和杂草,必须采取根除措施。通过这种途径繁殖的种子或种苗才能投入引种试验。

c.引种试验。俗话说"引种不试验,空地一大片",这说明新引进的品种在推广之前必须先进行引种试验,以确定其优劣和适应性。引种试验主要包括种源试验、品种比较试验、区域化试验等三个环节。种源试验时应尽可能从若干个种源的产区对引入种(品种)取样,每个品种材料数量最初可以少一些,经过一两年的试种,初步确定有希望的品种,进一步参加比较试验。比较试验的土壤条件必须一致,管理措施也力求一致。试验应采取完全随机排列,重复设置,并以当地有代表性的良种作对照。试验的时间依花卉种类而定,一、二年生草花试验时间可短些,花灌木、宿根花卉试验时间可长些。区域化试验是在完成或基本完成品种比较试验的条件下进行的,目的是为了查明适于引进花卉的推广范围。因此,需要把在少数地区进行品种试验的初步成果拿到更大的范围和更多的试验点上栽培。在试验过程中要建立技术档案,详细记载各项技术措施的执行情况和效果。比较试验和区域化试验的结果应进行鉴定和评价,主要目的是确认该引种花卉的优良性状、推广价值(观赏价值、经济价值)、推广范围、潜在用途、有否病虫害等。

d. 推广应用。对专家鉴定后确定为有推广价值的引种材料,要遵循良种繁育制度,采取各种措施加快繁育,使引种试验成果产生经济效益、社会效益和生态效益。为提高效率可采用现代化技术加快良种繁育,节约繁殖材料,缩短繁殖周期,增加繁殖系数,使引种材料在生产中迅速推广。

2)花卉引种的具体措施:引种时必须注意栽培管理技术的配合。因为有时外地品种能适应当地的环境条件,但由于栽培管理技术没有及时跟上,以致错误地否定了该品种在引种上的价值。花卉引种的具体措施主要有以下几个方面。

a. 引种要结合选择。主要包括地理种源的选择,即通过种源的比较试验,确定从哪一个地区引种效果最好;变异类型的选择,即从试验群体中注意发现具有典型性的类型或个体。

b. 引种要结合有性杂交。引种品种与本地植物杂交,从中选择培育出具有经济价值高、适应性强的类型。

c. 选择多种立地条件试验。在同一地区,要选择不同立地条件作试验,从中选出最适宜引种的立地条件。

d. 阶段驯化与多代连续培育相结合。当两地生态条件差异较大时,一次引种不易成功,可以分地区、分阶段逐步进行,或者为加强某一性状而进行多代连续培育。

e. 栽培技术研究。即通过栽培技术的研究,为品种推广提供适宜的栽培管理技术。如确定适宜的播种期和栽植密度、合理的肥水管理和光照处理等。

④花卉引种驯化成功的标准

1)引种花卉在引种地不需要特殊的保护措施就能正常生长,发育良好。

2)没有降低原来的观赏价值和经济价值。

3)能够用原来的繁殖方法(有性或营养)进行繁殖。

4)没有明显的和致命的病虫害。

(2)选择育种

①选择育种的概念。选择就是选优去劣。花卉在繁殖过程中,由于基因重组、基因突变、染色体结构变异、染色体数目变异以及细胞质基因的变异等,使花卉中产生了各种各样的性状变异。选择育种就是人为地对这些自然变异或人工创造的变异进行选择、繁殖、测定,从而培育出花卉新品种的过程。

选择不仅是花卉育种中的常用方法,也是其他育种方法不可缺少的重要环节,并且应用于植物生长的整个生活周期中。如种子的选择、幼苗的选择、花期的选择一直到果实的选择。

②选择育种的方法

1)单株选择法:就是把从原始群体中选出的优良单株的种子分别收获、保存、繁殖的方法。在整个育种过程中,若只进行一次以单株为对象的选择,称为一次单株选择法(如凤仙花、矢车菊、桂竹香、紫罗兰、香豌豆、半支莲、金盏菊等都属于自花授粉植物,长期的自交导致基因纯合,遗传性较稳定,自交后代分离较少,一般采用一次单株选择法);若进行连续多次的以单株为对象的选择,称为多次单株选择法。

2)混合选择法:在一个原始群体或品种中,按照某些观赏特性和经济性状选出彼此相似的个体,然后把它们的种子混合起来播种在同一地块里的方法,称为混合选择法。只进行一次混合选择,就用于繁殖推广的,称为一次混合选择;如果进行连续多次群选再用于繁殖推广的,称为多次混合选择(如石竹、万寿菊、矮牵牛、百日草、大丽花、百合、月季、福禄考等异花授粉的花卉,一般采用多次混合选择)。

自花授粉和营养繁殖的花卉,其后代一般不再分离,所以常用一次混合选择法。异花授粉的花卉,其后代中多发生性状的分离现象,所以必须用多次混合选择或多次单株选择法。

3)无性系选择法:无性系是指一株植物用无性繁殖的方式所得到的全部植物的总称。无性系选择是从原始群体中挑选优良的单株,用无性方式繁殖之后进行选择的方法。一般对遗传基础复杂、营养繁殖又比较容易的杂种,采用无性系选择效果较好。如中国水仙中的重瓣品种玉玲珑便是营养繁殖中发现了优良变异单株,经一次单株选择后育成的新品种。

许多花卉发生芽变的几率很高,芽变是一种体细胞突变。将变异的芽条进行无性繁殖,有可能形成一个新的无性系品种。梅花、牡丹、茶花、杜鹃、菊花、月季、大丽花、郁金香、风信子、矮牵牛、水仙等中的许多品种都是通过芽变选择产生的。

(3)杂交育种　当前花卉市场上大多数品种都是通过杂交方法培育成功的,最常见的切花如麝香百合、月季等,按其起源都是通过杂交产生的。

杂交育种就是通过两个遗传性不同的个体之间进行有性杂交获得杂种,继而选择培育创造出新品种的方法。杂交育种是基因型重组的过程。杂交育种按其杂交效应的利用方式可分为两种类型,一是组合育种,二是优势育种。组合育种的目的在于通过杂交,使不同亲本的不同性状的优良基因结合后,形成各种不同的基因组合,通过定向选择,育成集双亲优点于一体的新品种。其遗传机理主要是基因重组和互作。优势育种的任务是将双亲中控制同一性状的不同微效基因积累于一个杂种个体中,形成在该性状上具有杂种优势的新类型。其遗传机理主要在于基因累加和互作。同一种内不同品种间杂交育种称为近缘杂交育种。种间、属间杂交育种称为远缘杂交育种。

①杂交育种目标

1)提高花卉的观赏价值:即根据育种者对花卉观赏性状的要求来选配亲本。如人们希望取得颜色鲜艳而有香味的百合花,就选取有香味的白花类型(如麝香百合)与花色鲜红的百合(如山丹)进行杂交。

2)提高品种的抗逆性:例如在某些干旱地区,将花卉的抗旱能力作为杂交育种的主要目标。对于抗病虫品种的培育,如麝香百合的叶斑病、扶郎花的叶螨、百合花的线虫病等都是花卉生产的重要障碍,解决这些问题也是育种时应考虑的内容。

3)改变花期:延长花期以及培育多次开花的品种,做到鲜花在淡季不淡。

②杂交方式

1)单杂交:又称成对杂交或单交,是指两个品种之间的杂交,即A×B。一般是两个亲本优缺点互补性好,性状总体基本上符合育种目标时,采用这种单杂交方式。如日本的育种工作者将麝香百合与台湾百合杂交,获得了在一年多时间内就能开花的"新铁炮百合"。在单杂交时,2个亲本可以互为父母本,即A×B或B×A,前者称为正交,后者称为反交。母本具有遗传优势,所以实践中多以优良性状较多、适应性较强的亲本作为母本。

2)复合杂交:复合杂交简称复交,即将已经杂交产生的杂种或杂种后代与另一个品种杂交[(A×B)×C],或两个单交种进行再次杂交[(A×B)×(C×D)]的一种杂交方式。它可以把两个以上品种的优良性状综合在一起。

3)回交:是指两个品种杂交的第一代和其中一个亲本进行杂交。一般在第一次杂交时选具有优良特性的品种作母本,而在以后各次回交时作父本,这亲本在回交时叫轮回亲本。回交的主要目的是为了加强某一亲本性状在后代中的体现。例如为了提高栽培品种的适应性,则可与野生类型杂交,但所得后代往往优良观赏特性低于原栽培品种,为了解决这一问题,就可以用杂种与栽培品种多次回交,回交的次数视实际需要而定,一般一年生花卉可回交3～4次,并使回交后代自交,从中选择。

③杂交亲本选择

1)杂交亲本的优缺点要能够互补,要求优点多、主要性状突出,缺点少而较易克服。

2)选择地理起源较远、生态类型不同的品种作为杂交亲本。这样可使杂交后代的遗传基础更加丰富,适应性更强,选择的效果也会更好。

3)选择优点多、结实能力强的品种作母本,花粉多的品种作父本,以保证获得更多的种子,使杂交成功。如在牡丹杂交育种中,宜用单瓣类型作杂交的母本。

4)亲本间具有较好的配合力。

④杂交的具体方法。杂交时要准备好镊子、剪刀、不透水的半透明纸袋、回形针、70%酒精、标牌、铅笔等工具。具体步骤如下。

1)去雄:凡是自花可育的两性花,在杂交之前必须将花中的雄蕊去掉,以免自花授粉。去雄应在雌雄蕊成熟之前进行,一般此时花瓣变松,花药呈绿色或黄绿色,如果呈黄色,一碰即破裂并散出花粉时,表示雄蕊已成熟。要求在母本花朵花药开裂前一天去除雄蕊,母本如为自花不孕或雌雄异花的可不去雄,如菊花、海棠花等。

去雄时,用镊子剔除花中的雄蕊,注意要夹花丝,不要夹花药,以免弄破花药。去雄过程剔除雄蕊要干净彻底,但不要伤了雌蕊,所用镊子要放在70%酒精溶液中消毒,把偶然沾在镊子上的花粉杀死。有的花朵的花瓣较多,如山茶、月季的某些品种,影响去雄工作进行,可适当剪去一些。特别要注意不要碰伤雌蕊,也不要夹破花药。

2)隔离:去雄完毕的母本花朵应套上袋子进行隔离。对风媒花一般用薄而透明的纸袋,对虫媒花则用细纱布或亚麻布袋,袋子的大小要给花朵或花序的生长留出空间。母本去雄、套袋后要挂上标牌,注明母本品种名称、去雄日期和去雄人姓名。对父本花朵在开花前也要套上纸袋,以防止昆虫将其他花朵上的花粉带至父本花朵而造成花粉混杂。

3)授粉:在一天中选择父本花药开裂的高峰时间采集父本花粉进行授粉。授粉时,取下母本花朵上的纸袋,在柱头分泌黏液而发亮时进行授粉。可分别用镊子、棉球或毛笔将父本花粉轻轻涂抹在母本柱头上。对不易粘上花粉的柱头(如山茶),可连续2~3天进行重复授粉。

每朵花授粉完毕后,必须将授粉工具用70%酒精浸渍,以杀死残留花粉,待工具上酒精挥发后再进行第二朵花的授粉。特别是对更换另一个杂交组合时更应如此。授粉完毕,重新套袋,并在标牌上注明父本名称、授粉日期、授粉次数和授粉人姓名。

4)授粉后的管理及种子采收:一般授粉后1周,柱头萎缩后摘除纸袋,以免妨碍果实生长。另外要精心管理,创造有利于种子生长发育的条件。杂交种子成熟后要及时采收,特别对凤仙、牡丹、矮牵牛等果实易开裂的花卉,更要随时注意采种。

⑤杂种后代的处理。通过有性杂交取得种子,这只是杂交育种工作的开始。尽管杂交后代具备了结合双亲优良性状的可能性,但实际上多数杂种后代的植株与人们所要求的还存在着较大距离,亲本的一些缺点也经常会在后代中表现出来,这就需要做进一步的工作。

1)选择:杂交种子或播种后长成的植株称为杂种第一代(F_1代),对于自花授粉的植物来说,在同一个杂交组合中,F_1代的各个植株之间一般不存在显著的差异,因而这时只淘汰不良的杂交组合。杂种个体之间的差异通常开始于第二代(F_2代),因此,对杂种个体的选择也应从F_2代开始,以后要连续进行好几代。

对花卉来说,大多数是异花授粉植物,父母本双方本身往往是杂合的,所以其F_1代的各植株间就出现了明显的分离现象,因此选择工作也相应要从F_1代开始。

选择方法一般用多次选择法,对那些可以用无性繁殖方式进行繁殖的花卉,可以在选取杂种单株后,再用无性繁殖来获得无性系。

2)继续杂交:继续杂交的方式主要有:

a. 回交。例如将大花型的麝香石竹与花色丰富的中国石竹进行杂交,由于F_1代花型不够大,应继续与亲本之一的麝香石竹进行多次回交,以取得较大花型的回交一代(BC_1)、回交二代(BC_2)或回交多代的杂种(BC_n)。把参加回交的亲本称为轮回亲本(如麝香百合),没有参加回交的亲本称为非轮回亲本(如中国石竹)。对回交后代进行选择时,应选择具有非轮回亲本性状的植株继续参加回交。

如:　　　　麝香石竹×中国石竹

　　　　　　　　↓

　　　　　　F_1×麝香石竹

　　　　　　　　↓

　　　　　　BC_1×麝香石竹

　　　　　　　　↓

　　　　　　BC_2×麝香石竹

b.复式杂交。即采用两个以上的亲本进行多次杂交。如下面是一种月季的复式杂交。

　　　　　"明亮的星"ב伊丽莎白"

　　　　　　　　↓

　　　　　　杂交后代ב纯金"

　　　　　　　　↓

　　　　　　"亚历山大冯亨特"

以上是以3个品种为材料的复式杂交,必要时还可用4个、5个或更多品种进行复式杂交。

复式杂交有可能把多个亲本的优良性状结合在一起。现实生活中,人们总是不断地追逐日新月异的新品种,这就使育种者经常把新育成的杂交品种作为杂交亲本,与另一些具有某种特色的品种进行杂交,以取得更为新颖的杂交品种。所以花卉育种工作中,复式杂交运用十分广泛,许多花卉品种都是这样产生的。

⑥杂种优势的利用。杂种优势是指两个遗传基础不同的亲本进行杂交所产生的杂种第一代在生长势、生活力、抗逆性、观赏性、产量等方面优于双亲的现象。杂种优势是生物界的普遍现象。

1)花卉上利用杂种一代的意义:所谓杂种优势利用就是指在生产上直接利用杂种第一代。因为杂种一代(F_1代)具有生长旺盛、性状一致等特点,而其后代F_2代、F_3代等,由于性状分离、优势减退,生产上的利用价值就不大了。从近数十年的农业生产来看,杂种优势的利用工作在玉米、水稻、蔬菜方面都取得了很大成就,从而大大推进了粮食、蔬菜和畜牧业的发展。近年来,某些国家在花卉方面也进行了杂种优势利用的研究,并且开始在生产上应用。由于某些花卉如矮牵牛等的果实中都具有大量的种子,多数花卉具有无性繁殖的可能性,与其他种植业相比,花卉的生产规模要小得多,这样在生产上直接利用F_1代的有利因素就更多了。只要具备了合适的亲本或自交系,便能较为轻易地取得足够的 F_1 代种子供生产需要。因而,在花卉上利用杂种优势具有广阔的前景。但是,就目前情况来看,这一工作还仅仅局限于一、二年生草花和个别球根花卉(如仙客来)上。

a. 花卉杂种一代的制种方法。花卉的杂种优势一般表现为茎粗、根部发育良好、花大、叶大等,然而在株型、花色、花型等方面是否能达到理想效果,则要看双亲的选配是否得当。和农作物、蔬菜一样,生产花卉的 F_1 代,一般也是通过下列步骤:即通过自交得到纯化的自交系;通过不同自交系之间的杂交生产具有生长优势的 F_1 代;选取优良的杂交组合,进行 F_1 代的制种工作。

在某种花卉中,也可以不用自交系而直接用不同品种的相互杂交来生产具有一定优势的 F_1 代。对于一些自交不亲和的花卉(如菊类),就很难取得自交系,它们的 F_1 代一般是通过品种间的杂交来获得。

(i)品种间杂种一代的制种方法:通常采取各个品种作为亲本相互交配,根据各个 F_1 代的表现选取合适的杂交组合,以生产优良的 F_1 代作为生产上应用的种苗,这些种苗开花后不再留种,所以靠年年杂交来生产 F_1 代的种苗。以雏菊为例,它是自交不亲和的花卉,难以取得自交系,然而它们又可以通过宿根进行无性繁殖,这样就可以将不同品种的雏菊进行侧交试验,以确定哪 2 个亲本所生产的 F_1 代具有所需要的性状和杂种优势。然后就可将中选的 2 个亲本无性系种植在一起,让它们自然地相互授粉。由于它们是自花不亲合的,无需担心它们有自交的可能性。在母本植株上所收集到的种子都是杂交种,这样就能很容易地得到供生产需要的 F_1 代种子。

(ii)自交系间杂种一代的制种方法:在所确定的花卉中选取若干个品种或类型,每个品种或类型中,又选取一定数量的个体,不去雄而套上纸袋(以不透水的牛皮纸袋或羊皮纸袋制成),让它们自交。由于绝大多数的花卉是异花传粉植物,或者本身就是杂交品种,它们的自交后代必然会发生多样性的分离现象,因此必须进行连续多年的自交以取得性状一致的自交系,然后选择合乎要求的自交系作为进一步杂交的亲本。这些自交系植物的生长势都很差,但通过自交系的相互杂交,通常都能产生活力旺盛的自交系间 F_1 代,也就是单交种,如果作为亲本的自交系选配得当,就能得到性状符合要求、整齐一致,又具有杂种优势的理想 F_1 代。为此,在取得一定数量的自交系后,就要将它们相互交配,以取得优良的杂交组合,以后年年利用这几对亲本进行杂交,为生产上提供 F_1 代的种子。

自交系相互交配时,由于组合数目多,工作量十分繁重。例如有 4 个自交系作为亲本相互杂交,就可以有 12 个杂交组合[即以杂交组合数 $= n(n-1)$ 的公式计算,公式中 n 为自交系数]。要是自交系的数目很多,必然造成工作上的杂乱。为了有计划地选取优良自交系,及早淘汰配合力差的自交系,在自交过程中,可以将各个经过自交的自交一代(S_1 代)、自交二代(S_2 代)等与某个特定的品种进行交配,根据各个自交系与这个品种杂交所产生后代的表现来判断各个自交植株的优劣,这个过程称为"侧交"。凡是经过侧交试验产生优良杂种的自交植株,通常具有良好的配合力,利用它们来生产优良杂交种的把握也比较大,而在侧交过程中表现不好的自交植株便可在工作早期及时淘汰。这样便能大大减轻生产杂交种过程中的工作量,并提高工作效率。

到目前为止,许多一、二年生花卉在生产上都已利用自交系间 F_1 代的种子,如百日草、矮牵牛、金鱼草、万寿菊、凤仙、三色堇、海棠、半支莲、一串红等。

b. 杂交制种是一个花费人工很多的工作。为了简化这一过程,通常采用下列方法:

(i)雄性不育材料的应用。在生产杂种的过程中,去雄是一项最为麻烦的工作。在农作物方面,可利用雄性不育、三系(不育系、保持系、恢复系)配套的方法来简化杂交制种过程,其实在花卉上也有很多天然的有利条件,如报春花有花柱异常的特点,其中有些类型雌蕊的花柱显著高于雄蕊的花药,在这种情况下不可能发生自花授粉,这样在人工杂交时就不必去雄。还有许多花卉为重瓣花,它们的雄蕊本来就发育不全,如麝香石竹制种时,也可将其作为雄性不育的材料来应用。

此外,对于花卉来说,主要观赏部位是花、叶等,因此在一般情况下,只要 F_1 代开花就行,不一定要它们结籽,这样就无需寻求能恢复结实的恢复系。

(ii)授粉过程的简化。由于花卉栽培的集约化,还可以采用人工吹风的方法来达到授粉的目的。在进行人工吹风时,要根据花卉的种类不同,确定最适宜的花盆间距离和吹风的方式,吹风的时间和次数还要根据一天中花药散粉的时间和柱头生命的长短来确定,如许多花卉的花药散粉时间为9:00左右,这样吹风授粉的时间也应该安排在这时候。

(iii)综合品种的利用。如果将构成两个以上杂交组合的多个自交系混种在一起,让它们相互杂交,取得的种子混合在一起就构成了综合品种。综合品种也具有杂种优势,这种优势还能保持若干世代。当各个自交系花色比较接近时,制造综合品种更为合适,其花色不至产生过多的分离。

杂种无性系的利用。由于不少花卉具有无性繁殖的可能性,因而 F_1 的无性系能在一定时期内保持其优势。

2)花卉杂种优势利用中的问题

a. 到目前为止,花卉杂种优势的利用主要还局限于一、二年草花,对木本观赏植物和多数球根花卉来说,由于生活周期长,一般较难利用。

b. 许多花卉都存在着高度杂合性,自交有时会产生亚致死现象,这样就会给工作带来困难。

c. 某些花卉自交不孕(如扶郎花等),很难取得自交系,这时可考虑通过花粉(花药)或大孢子离体培养以取得单倍体植株,然后通过染色体加倍以取得纯系,在纯系

的基础上再培育 F_1。

(4)多倍体育种　是通过人工诱导多倍体变异从而培育新品种的方法。多倍体育种在花卉育种中占有重要的地位,许多花卉的优良品种都是多倍体。

①多倍体的特点。花卉的体细胞染色体加倍后,细胞显著增大,经常表现出组织和器官的巨大性,茎秆粗壮、叶片宽厚、叶面粗糙、叶色加深、花冠大而厚实、花瓣增多、颜色浓艳,从而提高观赏价值,所以提示人们通过诱导多倍体的途径来培育花卉新品种。

②人工诱导多倍体的方法。从目前来看,人工诱导多倍体最有效的方法就是用秋水仙素溶液处理植物的分生组织。因为秋水仙素诱导多倍体的原理是它能在细胞分裂中期破坏纺锤丝的形成,使已经一分为二的染色体不能分向两极,细胞也不分裂,所以造成细胞内染色体数目加倍。具体处理方法有以下几种。

1)浸液法:对于发芽比较快的种子,可以用 0.2%～1.6%的秋水仙素溶液浸种数小时至数天。也可以将盆栽幼苗倒置,使幼苗的生长点浸入秋水仙素溶液内。

2)滴液法:用滴管将秋水仙素溶液滴在幼苗顶芽或大苗侧芽处。为防止溶液流下,可用脱脂棉球包被幼芽。

3)涂抹法:用秋水仙素羊毛脂或琼脂涂抹生长点。此外也可以在组培中加入秋水仙素来诱导多倍体。处理完毕后,须用清水冲洗,以免残留药迹。秋水仙素剧毒,使用过程中应避免粉末飞扬误入眼及呼吸道,也不要触及皮肤。

二、花种繁殖与环境条件

1.播种基质

用于种子繁殖的基质应具有排水性好、可溶性盐含量低、质地精细、不含病原物等特性。可溶性盐含量高会对幼苗造成危害,质地精细能防止小种子播入基质太深。绝对要求无病原物,因为真菌引起猝倒病对幼苗会造成毁灭性的损害。

2.温度

不同种类花卉种子发芽所需要的温度有所不同,一般温带起源的花卉种子发芽温度较低,而热带和亚热带起源的花卉种子发芽要求温度较高。如温带起源的毛地黄,发芽最适温度为 15～18℃;而热带起源的四季秋海棠,发芽最适温度为 26～27℃。有些温带起源的木本花卉,种子需要低温层积沙藏一定的时间后才能发芽。

3.光照

一些花卉种子在黑暗的条件下发芽较快,如大丽花、万寿菊种子发芽需黑暗,必须覆盖或在黑暗的发芽室内发芽;而另一些种子置于光下发芽速度较快,尤其是小粒种常常在光下发芽较快。但要注意无论是喜光种子还是嫌光种子,发芽后充足的光照对于幼苗的健康生长是非常必要的,过弱的光照将会造成幼苗徒长、难于移栽。如果光照得不到保证,种子发芽后应立即移到光照处,否则会徒长、倒伏,没有生产应用价值。

4. 水分

不同种类的花卉,由于其原产地的雨及年分布规律不一样,致使它们对水分的需求也不一样,并且在形态和生理上形成了对原产地水分状况的适应性。种子发芽时需要较多的水分,以便透入种皮,有利于胚根抽出并供给种胚必要的水分。种子萌发后,在幼苗状态时期因根系弱小,在土壤中根系分布较浅,抗旱力极弱,必须经常保持湿润。到成长时期抗旱力虽较强,但若要生长旺盛,也需给予适当的水分。

5. 营养

营养状况直接影响花卉种子的萌发,如果基质中不含任何营养成分,在发芽阶段应施 25~75ppm* 的氮。如果基质中含有前作植物的营养成分,可在发芽后 2~3 周开始施肥,每周一次,直至移栽。通过实验确信某些种类的花卉需肥量低,育苗过程中基本不需施肥,而另一些种类的花卉溶性盐敏感,施肥量过高会对幼苗造成伤害。

三、播种育苗

1. 花木种子的成熟与采收

种子是有性繁殖的物质基础,种子品质好坏直接影响着苗木的质量。认真选择品质优良的种子,是播种工作的前提。

(1)种子的品质　花卉种类很多,同种内又有许多品种,其花朵的形态、色泽各异。花卉种子的品质,重点掌握品种要纯正,子粒要饱满,发芽率高,无病虫害。

①品种纯正

1)种子形状:花木的种子形状有各种各样。有弯月形、地雷形、针刺形、棉絮形、芝麻形、圆球形等,通过种子形状也能确认品种。

2)种子纯化:种子采收后,处理去杂,晾干后要装袋贮藏。在整个处理过程中,要标明品种、处理方法、采收日期、贮藏温度、贮藏地点等,以确保品种正确无误。

②颗粒饱满,发育充实。采收的种子要成熟,外形粒大而饱满,有光泽,重量足,种胚发育健全。

③富有生活力。新采收的种子比贮藏陈旧的种子生活力强,发芽率高。贮藏期

---

* ppm 为 10^{-6} 体积分数,下同。

的条件适宜,种子的寿命长,生命力强。花木种类不同,其种子的寿命长短差别也较大。

④无病虫害。种子是传播病虫害的重要媒介。种子上常常带有各种病虫的孢子和虫卵,贮藏前要杀菌消毒,进行检疫、检验。

采种是一项季节性很强的工作,要获得品质优良的种子,必须预先选好母株,正确掌握花木的种子成熟和脱落规律,以便制定采种计划,做到适时采种。

(2)母株选择 采种母株选择应注意以下几点:

①母株生长地区。花木的生长具有一定的区域适应性,离开适应区域距离太远,环境条件往往相差很大,造成花木不适应或发生变异。因此应尽可能就地选择,或在环境条件相似的地区选择。

②采种母株年龄。应选择生长旺盛的成年花木。

③母株个体质量。选择生长良好、发育健壮、无病虫害的植株。有条件的可建立采种基地,以满足良种供应。

(3)种子成熟 种子成熟过程就是胚和胚乳发育的过程。包括生理成熟和形态成熟两个过程。

①生理成熟。当种子内部的营养物质贮藏到一定程度,种胚形成,种子具有发芽能力时,即为生理成熟。生理成熟的种子特点为:含水量高,种皮不致密,种仁易收缩,发芽率低,不利贮藏。大多数花木不应在此时采种(对椴树、山楂、水曲柳等休眠期长的树种采用生理成熟期的种子采后即播可缩短休眠期,提高发芽率)。

②形态成熟。当种子完成了种胚发育过程后,在外部形态上也呈现出固有的成熟特征。其特征是:含水量低,种仁饱满,种皮坚硬致密,抗害力强,易贮藏,播种后出苗整齐。大多数花木宜在此时采集。

(4)种子的采收 种子采收,一般应在成熟后进行。采收时应考虑花木种类、果实开裂方式、种子着生部位及种子的成熟程度等。采收的时间应在晴天的早晨进行。

①草本花卉种子的采收

1)摘取法:许多一、二年生花卉开花期很长,而且同一植株上种子成熟期不一致,果实成熟后,可自然开裂,种子容易散失。因此这些花卉采用摘取,必须在果实将裂时随时采取。如凤仙花的蒴果,当果实变黄后,每个心皮便急剧地收缩,呈螺纹状的扭曲,将种子弹出;半支莲的盖果,成熟时即行胞周开裂而种子落出。这一类包括蓇葖果、荚果、蒴果、长角果等干果,自然裂开,落地或因成熟而开裂散播出单个干燥的种子。如虞美人、金鱼草、一串红、福禄考(蒴果)、花菱草(荚果)等。

2)收割法:种子成熟比较一致,另外成熟后种子不容易散失,如千日红、鸡冠花、万寿菊。

②木本花卉种子的采收

1)果实成熟会自动与母树分离,落地后裂开,并散播出单个干燥的种子,如锦鸡儿、杨柳等。这类种子的采收方法为:在果实成熟之前,整株收下,经过晒干,用木棒敲打,种子即可脱出,再经过筛、扬可得到纯净的种子。

2)果实成熟不脱离母树,或为肉质果,种子必须经人工从果实中取出。这类果实需采用人工采摘,如松柏类果实人工采摘后放在通风干燥屋内,经过阴干,使球果张开取出种子;肉质果实采收后,堆积发酵腐烂,然后放在容器内用力揉搓,加水漂洗将果肉与种子分开,漂洗净的种子阴干。贮藏备用。采摘时注意不能拣取落在地面的果实,也不要让果实变干燥,这样会使种皮变硬,从而加深种子休眠。

(5)种子的寿命

①概念。指种子生命力的年限(种子生命力是指种子维持生命长短的能力)。

②影响因素

1)内在因素:花木种类、种子成熟度及产地、种子含水量、机械损伤等

a.短命种子。发芽年限在一年左右,如杨柳、七叶树、柑橘、板栗等。

b.中寿种子。发芽年限在 2~15 年的,如茑萝、虞美人、花菱草、金鱼草、三色堇、千日红、鸡冠、观赏茄、紫罗兰、凤仙花、蜀葵、万寿菊、针叶树种等。

c.长命种子。发芽年限在 15 年以上的种子,如莲等。

2)环境因素

a.温度。一般种子贮藏适宜温度为 0~5℃。

b.湿度。相对湿度控制在 50%~60% 时有利于多数花木种子的贮藏。

c.通气条件。含水量低的种子需氧量极少,含水量高的种子应适当通气。

d.生物因子。微生物、昆虫及鼠类。

影响种子生命力的因素是多方面的,各种条件之间相互影响、相互制约。在种子贮藏中应对种子本身的性质及各种环境条件进行综合分析,抓住种子含水量这个主导因素,采取相适应的贮藏方法,才能更好地保存种子的生命力。

2.种子的贮藏

(1)原则　抑制呼吸作用,减少养分消耗,保持活力,延长寿命。

(2)贮藏方法

①自然干燥法。耐干燥的一、二年生草花种子,经过阴干或晒干后装入袋中或箱中放在普通室内贮藏。

②干燥密闭法。把上述充分干燥的种子,装入罐或瓶一类容器中,密封起来放在冷凉处保存。

③低温干燥密闭贮藏。温度一般保持在 2~4℃,含水量控制在 4% 左右。

④层积沙藏法。不能充分干燥的花卉种子多采用层积沙藏法贮藏,如牡丹、芍药、柑橘种子。

⑤水藏法。某些水生花卉的种子,必须贮藏在水中以保持发芽率。

⑥真空贮藏。将种子放入容器或塑料袋中,然后将容器内空气抽出,以延长种子寿命的贮存方法。

3. 花木播种前的准备

(1)土壤处理

①整地

1)意义:增强透气、透水性,提高蓄水保墒能力;促进养分转化和根系吸收;春季提高表层土温;翻埋杂草,消灭病虫害。

总之,整地可以有效地改善土壤的水、肥、气、热状况,调节土壤的理化性质,促进耕作层团粒结构的形成及恢复,提高土壤的肥力。

2)步骤:清除杂物及土地平整、翻耕、耙地和镇压。

②土壤消毒。土壤消毒是圃地的一项重要工作,生产上常用药剂处理和高温处理。

1)药物处理

a.硫酸亚铁。可配成2%～3%的水溶液喷洒于播种床,或在播种前灌底水时溶于蓄水池中;也可与基肥混拌使用或制成药土使用,每亩*用量15～20 kg。

b.福尔马林。用量为50 ml/m²,稀释100～200倍后于播种前10～15天喷洒在苗床上,用薄膜覆盖,播种时,提前一周打开薄膜。

c.五氯硝基苯混合剂。五氯硝基苯与代森锌(或敌克松)按3∶1混合配制,使用量为3～5 g,配成药土撒于土壤或播种沟内。

此外,还可用辛硫磷等制成药土预防地下害虫。

2)高温处理:在圃地上堆积柴草焚烧,既可消毒土壤又可增加土壤肥力,此法常结合开荒用。国外有用火焰土壤消毒机对土壤进行高温处理的,可消灭土壤中的病虫害和杂草种子。

(2)种子播前处理

①机械破皮。用机械方法改变硬的或不透水的种皮。破皮是开裂、抓伤或机械改变种皮的一种过程,使种皮透水和透气,如美人蕉、荷花的种子,播种前用锉刀磨破种皮,再用温水浸泡24小时,然后播种。

②水浸种。目的是为了软化硬种皮,或除去抑制物质。如仙客来种子,如果直接

---

* 1亩≈666.7m²,下同。

播种,发芽迟缓,出苗不齐。在播种前进行浸种催芽,用冷水浸种一昼夜或 30℃ 温水 2~3 小时,然后清洗掉种子表面的黏着物,包在湿布中催芽,保持温度 25 ℃ 放置 1~2 天,待种子稍微萌动即可取出播种。

③酸侵蚀。这个方法是用以改变硬的或不渗透的种皮。一般是用浓硫酸浸泡,干种子置于玻璃容器或陶制容器中,加上浓硫酸,按体积算,1 份种子 2 份硫酸,如林生山黎豆种子,用浓硫酸处理 1 分钟,用清水洗净播种。

④沙藏处理。这个处理的主要目的是使种子处在低温下,低温常使种子快速和均匀发芽(对于很多乔灌木花卉种子是必要的),它使胚内进行生理变化。

1)将干种子浸泡在水中 12~24 小时,把水排干,与其体积 1~3 倍的潮湿基质相混合。

2)一层 1.2~7.0 cm 厚的种子,一层相同厚度的基质,相互交替地一层一层堆积(图 3-1)。基质中可以加入杀菌剂以保护种子,避免冻害、干燥及鼠害。

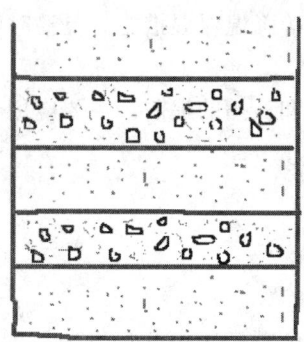

图 3-1　沙藏处理示意图

3)适合的容器是箱子、瓦罐。

⑤种子消毒

1)福尔马林:浸种后,用 0.15% 的福尔马林溶液消毒 15~30 分钟,取出后密闭 2 小时,用清水冲洗后阴干。

2)高锰酸钾:用 0.5% 的高锰酸钾溶液浸种 2 小时,用清水冲洗后阴干。

3)硫酸亚铁:用 0.5%~1% 的溶液浸种 2 小时,用清水冲洗后阴干。

4)硫酸铜:用 0.3%~1% 的溶液浸种 4~6 小时,阴干后即可播种。

5)退菌特:将 80% 的退菌特稀释 800 倍,浸种 15 分钟。

6)敌克松:用种子重量 0.2%~0.5% 的药粉配成药土,然后用药土拌种。

4. 播种时期

播种时期选择是否适宜,直接影响苗木的质量。播种期应依据树种的生物学特性和当地的气候条件来确定。在我国南方,由于气候四季温暖湿润,全年均可播种。在北方地区由于冬季寒冷干燥,播种时期受到一定限制,需保证苗木在冬前充分木质化安全越冬。大棚温室内可随时播种育苗。根据播种季节,可分为春播、秋播、夏播、冬播。

(1)春播 是主要的播种季节,适合绝大多数的园林植物播种。春播的早晚以在幼苗不受晚霜危害的前提下,越早越好。近年来,各地区采用塑料薄膜育苗,可以提前春播,一般土壤解冻后即可进行。

(2)秋播 适宜于种皮坚硬的大粒种子和休眠期长、发芽困难的种子。秋播时间不宜太早,以防秋播当年秋天发芽,致使幼苗受冻害。一般土壤结冻以前越晚播种越好。适合秋播的树种有板栗、山杏、油茶、文冠果、红松、白蜡、山桃等。

(3)夏播 大多是春夏成熟而又不宜贮藏或生活力较差的种子,一般随采随播。如君子兰、四季海棠、杨、柳、榆、桑等。夏播应雨后或灌溉后播种,幼苗出土前后要始终保持土壤湿润,可采取遮阴等降温保湿措施。夏播时间宜早不宜迟,以保证苗木能充分木质化,以利越冬。

(4)冬播 是春播的延续和秋播的提前。主要应用于我国南方气候温暖湿润、土壤不结冻的地区。

5.播种技术

(1)地播

①方法

1)撒播:小粒种子或量大的种子适于此种方法。即播种时将种粒均匀散布在土面上。对于细小的种粒可以混合等量的细沙进行散布,以求均匀。撒播后用细土覆盖床面。

2)条播:是按一定株行距开沟,然后将种子均匀地撒播在沟内。主要用于中小粒种子,如文竹、天门冬、紫荆、合欢、国槐、五角枫、刺槐等。条播用种少,有明显的株行距,幼苗通风透光条件好,生长健壮,抚育管理方便,生产上应用较多。

3)点播:是按一定株行距挖穴播种,再按一定株距播种的方法。主要用于大粒种子,如牡丹、芍药、丁香、君子兰、银杏、核桃、板栗等。点播节约种子,株行距大,规则清楚,通风透光条件好,便于管理。

②播种工序及要求

1)划线:通直整齐。

2)开沟与播种:同时进行,开沟深度视种子大小而定,一般在 1~5 cm,深度要一致。极小种子如杨柳等一般不开沟,撒播种子要均匀。

3)覆土:及时,厚度一般是种子直径的 2~3 倍,且厚薄一致。

4)镇压:及时,以使种子和土壤密接,保墒。对疏松而干燥的土壤镇压尤为重要。
③播种后的管理
1)保持苗床湿润,不能出现过干过湿现象。
2)适当遮阳,避免地面出现"封皮"现象;据发芽情况拆除遮阳物逐步见阳光。
3)真叶出土后据苗稀密程度及时"间苗",去弱留壮后立即浇水,以免留苗因根系松动而死亡。充分见光后"蹲苗"。
(2)容器播种
①盆播(图 3-2)

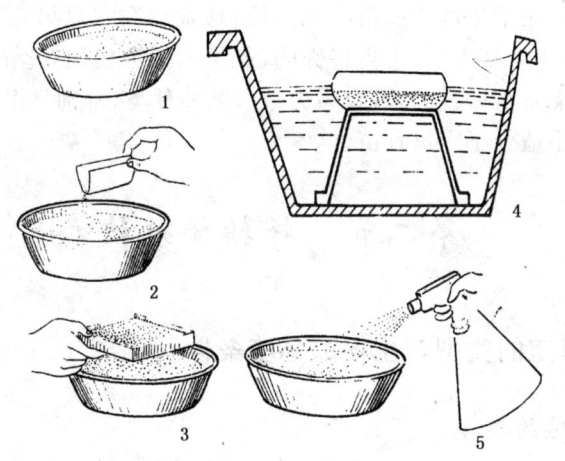

图 3-2 盆播操作过程图解
1. 备培养土 2. 播种 3. 覆土 4. 浸盆 5. 播后喷水处理

1)苗盆准备:一般采用盆口较大的浅盆或浅木箱,播种前要洗刷消毒后待用。
2)盆土准备:在底部的排水孔上盖一瓦片,下部铺 2 cm 厚的素沙以利排水,上层装入过筛消毒的播种培养土,颠实、刮平即可播种。
3)播种:据种子大小选择相适应的方法,播后覆土,用木板轻轻压实。
4)给水:采用盆底浸水法。将播种盆浸到水槽中,下面垫一倒置空盆,以通过苗盆的排水孔向上渗透水分,至盆面湿润后取出。浸盆后用玻璃和报纸覆盖盆口,防止水分蒸发和阳光直射。夜间将玻璃掀去,使之通风透气,白天再盖上。
5)管理:出苗后立即揭去覆盖物,放到通风处逐步见阳光。可保持盆底浸水法给水,当长出 1~2 片真叶时用细眼喷壶浇水,长到 3~4 片叶时可分盆移栽。
②穴盘育苗。这是近几年发展起来的一种新的育苗方式,被广泛应用于花卉和蔬菜育苗。它是指用一种有很多小孔的(小孔呈上大下小的倒金字塔形)育苗盘,在

小孔中盛装泥炭和蛭石等混合基质,然后在其中播种育苗,一孔育一苗的方法。依据植物种类的不同,可一次成苗或仅培育小苗供移苗用。把穴盘填装上基质、播种、覆盖、镇压、浇水等一系列作业,可实行机械化、自动化作业。穴盘苗可从专业生产商购买,也可自己公司生产。

穴盘的规格大致有以下几种:72 穴盘(4 cm×4 cm×5.5 cm/穴)、128 穴盘(3 cm×3 cm×4.5 cm/穴)、392 穴盘(1.5 cm×1.5 cm×2.5 cm/穴)、200 穴盘(2.3 cm×2.3 cm×3.5 cm/穴)等。

相对育苗盘来说,穴盘育苗具有以下优点:适合于机械化、自动化的移栽;由于缓苗时间短或者无,用于生产成品苗的时间短;移栽前在穴盘里滞留的时间可以较长;病害传播机会减少。缺点是:①需特殊的、昂贵的播种机器,比苗盘育苗需用更大的育苗场地;②若无穴盘播种经验,容易失败。某些种类,特别是多年生花卉,因发芽不整齐或时间长,不适合于穴盘育苗。

第二节 扦插繁殖技术

一、扦插繁殖的类型与生根的环境条件

1. 扦插繁殖的类型

(1)扦插繁殖的概念 扦插繁殖是指剪取花卉根、茎、叶的一部分,插入不同基质中,使之生根发芽成为独立植株的方法。扦插繁殖是目前无性繁殖最常用的方法。剪取的茎、叶、根等用作扦插材料的部分称为插穗或插条。

(2)扦插成活的原理 主要基于植物营养器官具有再生能力,可发生不定根和不定芽,从而形成新植株。当根、茎、叶脱离母体时,植物的再生能力就会充分表现出来,从根上长茎叶,从茎上长出根,从叶上长出茎和根等。当枝条脱离母体后,枝条内的形成层、次生韧皮部和髓部,都能形成不定根的原始体而发育不定根。用根作插条,由根的皮层薄壁细胞长出不定芽而长成独立的植株。利用植物的再生功能,把枝条等剪下插入扦插基质中,在基部长出根,上部发出新芽,形成完整的植株。

(3)特点

①材料来源广,成本低,成苗快,简便易行。

②保持品种的优良形状,使个体提早开花。

③根系较差,寿命比实生苗短,抗性不如嫁接苗强。

(4)扦插繁殖的类型 根据繁殖材料使用的器官不同,花卉扦插可分为枝插、根插、芽插、叶插四大类。根据取材部位、取材多少、材料的成熟度、取材的季节等,还可

进行更细致的分类。

二、影响生根的环境条件

花卉植株的插穗能否生根及生根快慢,同花卉植株本身及插穗条件有很大关系,同时也受外界环境条件影响,具体表现在以下方面。

1. 内部因素

(1)植物本身的遗传特性　根据生根的难易可将花卉分成三类。

①易生根类。如木本的榕树、石榴、橡皮树、巴西铁、富贵竹等,草本的菊花、大丽花、万寿菊、矮牵牛、香石竹、秋海棠等。

②较难生根类。能生根但速度慢,对技术和管理要求较高,如木本的山茶、桂花、南天竹等,草本的芍药、补血草等。

③极难生根类。一般不能扦插繁殖,如木本的桃、腊梅、栎类、香樟、海棠、鹅掌楸等,草本的鸡冠花、紫罗兰、矢车菊、虞美人、百合、美人蕉及大部分单子叶花卉。

(2)母株采穗枝年龄　插穗的生根能力常随母株年龄的增加而降低。幼年母株营养状况及激素等有利生根,细胞的分生能力强,从上面采下的插穗易生根。同理,一般枝龄小的一、二年生枝生根比多年生枝容易,半木质化枝比木质化易生根。当然采穗因应视母枝的枝龄及枝条的成熟度、种类、扦插时期及方法等具体而定,一些易生根的树种,如杨、柳、夹竹桃等也可用多年生枝扦插,生长期则多选用当年生半木质化枝条。

(3)母株的着生位置及营养状况　一般树冠阳面的枝条比树冠阴面的枝条好,侧枝比顶梢枝好,基部前生枝比上部冠梢枝好(生长健壮、营养物质丰富、组织充实,年龄又轻)。

(4)不同枝段插穗　同一母枝上一般以基部、中部为好。一些树种如紫荆、海棠类在硬枝扦插时通过带踵、锤形插等可有效提高生根率。

此外,扦插的长度、粗度、生长期、扦插的留叶量、插穗内部的抑制物质等对生根都有一定的影响。

2. 外部因素

(1)温度　不同种类的花卉,要求不同的扦插温度。大多数花卉种类适宜扦插生根的温度为15～20℃。一般生长期嫩枝插比休眠期硬枝插要求温度高,适宜在25℃左右。原产热带的种类如茉莉、米兰、橡皮树、龙血树、朱蕉等宜在25℃以上,而桂花、山茶、杜鹃、夹竹桃等较适在15～25℃范围(基质温度高于气温3～5℃对生根有利。在气温低于生长适温,而基质温度稍高的情况下最为有利。现生产上常在基质下部铺设电热丝加温来提高基质温度)。

(2)湿度　包括空气湿度和基质湿度在内的水分供应也是扦插生根成活的关键。首先空气湿度应高,以最大限度地减少插穗的水分蒸腾,与此同时基质湿度又要适度,既保证生根所需湿度,又不能因水分过多使基部缺氧腐烂。空气湿度应保持在80%～90%;扦插基质的含水量一般应保持在50%～60%左右。目前生产上用密闭扦插床和间歇喷雾插床,可较好地解决空气湿度和基质湿度的矛盾。密闭扦插床是通过薄膜对扦插床密闭保湿,提高空气湿度,同时结合遮阴设施及适当通风来调节温度的方法。而采用全日照电子叶自动控制间歇喷雾,可使空气湿度基本饱和,叶面蒸腾降至最低,同时叶面温度下降,又不至于基质温度过高,且在全日照下叶片形成的生长素运输至基部,诱使发展。光合作用较好地生产营养物质供应插穗生根,尤其适合于生长期的带叶嫩枝扦插。当然随着插穗开始逐渐生根,也应及时调整湿度,同时结合遮阴设施及适当通风来调节温度,提高扦插成活率。

(3)光照　光照对扦插的作用有两个方面,一方面适度光照可提高基质和空气温度,同时促使生长素形成诱导生根并可促进光合作用积累养分加快生根;另一方面光照会使插穗温度过高,水分蒸腾加快而导致萎蔫。因此在扦插期,尤其在扦插的初期应适当遮阴降温,减少水分散失,并通过喷水等来降温增湿。但随着根系生长,也应使插穗逐渐延长见光时间。此外,如能用间歇喷雾可在全日照下进行扦插。

(4)空气　插条在生根过程中需进行呼吸作用,尤其是当插穗愈伤组织形成后,新根发生时呼吸作用增强,降低插床中含水量,保持湿润状态,适当通风提高氧气的供应量。

(5)生根激素　花卉繁殖中常用的生根激素促进剂,可有效促进插穗早生根多生根。常见的种类有萘乙酸、吲哚乙酸、吲哚丁酸、2,4-D等,以吲哚丁酸效果最好。生根激素的使用方法有水剂和粉剂两种。但促根剂的运用需在一定浓度范围内,过高反而会抑制生根。此外,处理浓度也因处理时间和植物种类不同而异。一般快蘸浓度高,长时间浸渍浓度低;木本浓度高,草本浓度低。

(6)基质　由于插条在生根前不能吸收养分,因此扦插基质不一定需要有丰富的养分,而应具有保温保湿、疏松透气、不含病虫源、质地轻及成本低等特点。生产中常用的主要有珍珠岩、蛭石、泥炭、炉渣、沙等,很多情况下是以不同比例组成混合物使用的,混合比例可根据植物种类而定。

三、扦插繁殖的方法

1.枝插

根据所用插条的木质化程度不同又可分为硬枝插、软枝插和嫩枝插三类。

(1)硬枝插(休眠期扦插)　在休眠期用完全木质化的一、二年生枝条作插穗的扦插方法。在秋季落叶后或者来年萌芽前采集生长势旺盛、节间短而粗壮、无病虫危害的枝条作插穗。剪取枝条中段有饱满芽的部分,剪成 10~20 cm 长的小段,每穗应有至少 2~3 个芽。上剪口应离顶芽上方 0.5~1.0 cm 左右剪成平口,以保护顶芽不至失水干枯。下剪口在基部芽下方 0.1~0.3 cm 位置。因为靠近节的部位形成层活跃,养分容易集中,有利于形成愈合组织,进而生出新根。下剪口可剪成平口或斜口,二者各有利弊,斜口虽与基质接触面大,吸水多,易成活,但易形成偏根,相对而言平口生根稍慢些,但生根分布均匀。木本花木通常都用硬枝扦插。插条插入基质深度也影响成活,插入过深因地温低不利生根,过浅易失水过多而干枯,一般插入插穗长度的 1/3~1/2 左右,干旱地区深,湿润地区浅(图 3-3(a))。

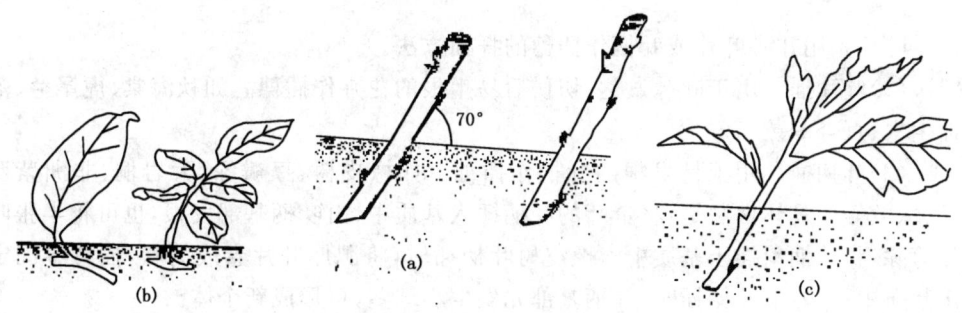

图 3-3 枝插繁殖
(a)硬枝插 (b)绿枝插 (c)嫩枝插

(2)软枝插(绿枝插、生长期扦插) 即在生长期用半木质化的枝条作插穗的扦插方法。选取腋芽饱满、叶片发育正常、无病虫害的枝条,剪法同硬枝插,枝条上部保留 2~4 枚叶片,以便在光合作用中制造营养促进生根。插条插入前先用相当粗细的木棒插一孔洞,避免插穗基部插入时撕裂皮层,插入插穗的 1/2~2/3,保留叶片的 1/2,喷水压实(图 3-3(b))。绿枝插的花卉有月季、大叶黄杨、小叶黄杨、女贞、桂花等。

仙人掌与多肉多浆植物剪枝后应放在通风处干燥几天,待伤口稍有愈合状再扦插,否则易引起腐烂。

(3)嫩枝插(生长期) 生长期采用枝条顶端嫩枝作插穗的扦插方法。大部分草本花卉和部分木本花木的,只要生长健壮,剪取 6~12 cm 长度的幼嫩茎尖,带少量叶片即可(图 3-3(c))。由于具有顶端优势容易发根成活。

2. 叶插(图 3-4)

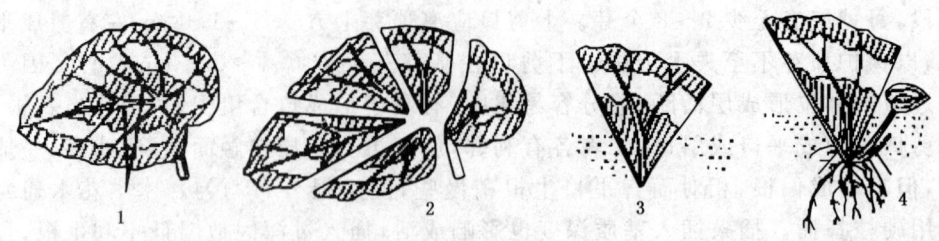

图 3-4 蟆叶秋海棠叶插繁殖
1. 刻伤　2. 分离　3. 扦插　4. 成活

叶插是用花卉叶片或叶柄作插穗的扦插方法。

(1)叶片插　用于叶脉发达、切伤后易生根的花卉作插穗。如秋海棠、虎尾兰、落地生根、百合等。

(2)叶柄插　用于易发根的叶柄作插穗。如橡皮树、豆瓣绿、大岩桐、非洲紫罗兰、珠兰等。具体做法是：将带叶的叶柄插入基质中，由叶柄基部发根，也可将半张叶片剪除，将叶柄斜插于基质中。橡皮树叶柄插时，将肥厚叶片卷成筒状，插竹签固定于基质中；大岩桐叶柄插时，叶柄基部先发生小球茎，再形成新个体。

3. 芽插

芽插是利用芽作插穗的扦插方法。取 2 cm 长、枝上有较成熟的芽(带叶片)的枝条作插穗，芽的对面略削去皮层，将插穗的枝条露出基质面，可在茎部表皮破损处愈合生根，腋芽萌发成为新植株。此法可节约插穗，生根也较快，但管理要求较高，尤应防止水分过度蒸发。常用芽插的种类有山茶、杜鹃、桂花、橡皮树、栀子、柑橘类、菊花、大丽花、宿根福禄考、天竺葵等。

4. 根插

适用于带根芽的肉质根花卉。结合分株将 0.5~1.5 cm 粗的根剪成 5~10 cm 左右的 1 段，北方宜春插(秋季采根后可埋土保存)全部埋入插床基质或顶梢露出土面，南方可随挖随插，注意上下方向不可颠倒，插后应立即灌水，并保持基质湿润(图 3-5)。

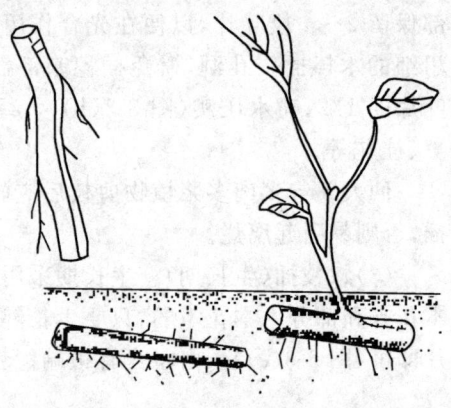

图 3-5 根插繁殖

四、扦插后的管理要点

1. 土温高于气温

北方的硬枝插、根插搭盖小拱棚,防止冻害;调节土壤墒情提高土温,促进插穗基部愈伤组织的形成。土温高于气温 3~5℃最适宜。

2. 保持较高的空气湿度

扦插初期,枝插和叶插的插穗无根,靠自身平衡水分,需 90%的相对空气湿度。气温上升后,及时遮阳防止插穗蒸发失水,影响成活。

3. 由弱到强的光照

扦插后,逐渐增加光照,加强叶片的光合作用,尽快产生愈伤组织而生根。

4. 及时通风透气

随着根的发生,应及时通风透气,以增加根部的氧气,促进生根快、生根多。

第三节 嫁接繁殖技术

一、嫁接的用途

1. 嫁接繁殖的概念

嫁接是将一种植物的枝、芽移接到另一种植物的茎或根上,使之长成新的植株的繁殖方法。用于嫁接的枝或芽叫"接穗",以枝条为接穗的称为"枝接",以芽为接穗的称为"芽接"。接受接穗的植株称为"砧木",砧木根系供给接穗养分、水分,接穗由其自身光合作用形成的同化物质供给砧木,二者成为一个共生的植株。嫁接成活的苗称嫁接苗。

2. 嫁接繁殖的用途

(1)保持品种的优良特性。
(2)增强接穗品种的抗性(月季+蔷薇、菊花+野蒿、西瓜+葫芦、核桃+枫杨)。
(3)提早开花结果(牡丹、银杏、板栗、红松等)。
(4)改变株形(矮化砧、乔化砧树木作砧木),满足造型需要。
(5)克服不易繁殖的缺陷(重瓣碧桃、重瓣梅花、日本五针松)。
(6)提高适应能力。

3.嫁接成活的原理

(1)再生能力(形成层薄壁细胞分裂形成愈伤组织)。

(2)分化能力(愈伤组织的中间部分成为形成层,内侧分化为木质部,外侧分化为韧皮部,形成完整的疏导系统并与砧木、接穗的形成层疏导系统相接成为一个整体,使接穗成活并与砧木形成一个独立的新植株)。

形成层细胞和薄壁细胞的活性强弱是嫁接成活的关键。

4.砧木和接穗的选择

(1)砧木的选择

①与接穗具有良好的亲和力,对栽培地区的环境条件适应能力强,如抗寒、抗旱、抗盐碱、抗水涝等。

②生长强健,无病虫害。

③来源充足,易于大量繁殖。

④能满足生产上的需要,如乔化、矮化、无刺(蔷薇)等。

(2)接穗的选择与储藏

①接穗的选择。接穗要品种优良、纯正;发育充实;春季嫁接采用二年生枝,生长期芽接和嫩枝接采用当年生枝。

②接穗的储藏。芽接的接穗最好随接随采,采后立即留叶柄去掉叶片,包裹保湿。外采接穗回来后接穗基部放清水桶中,桶放在阴凉通风处,浸入水中的芽一律不用。外埠来的接穗可放在背阴处的沙床中,将接穗插入沙土中,每日喷水数次,保持枝条、叶柄湿润,插入沙下的芽不用,可保持5~7天。枝接接穗,在秋季落叶后采集一年生健壮枝条,成捆假植在假植沟内。冬季在室内剪成9~11 cm长的接穗,制成蜡封条,存放在0~5℃的低温冷窖或冷库中备用。

二、影响嫁接成活的因素

1.砧木和接穗的亲和力

嫁接亲和力是指砧木嫁接上接穗后,两者在内部组织结构上、生理生化遗传上彼此相同或相近,从而能相互结合在一起的能力。

亲和力强的嫁接后易成活,近期和远期都生长良好,发育正常。亲缘关系是决定砧、穗之间亲和力大小的主要因素。两者在植物分类上的亲缘关系越近,亲和力越强。同种间的亲和力最强,如不同品种的月季的嫁接、西鹃嫁接在毛鹃上等均易成活。当然亲缘关系并不是决定亲和力的唯一因素,如砧、穗的疏导组织、形成层及薄壁细胞大小等组织结构的相似程度,也影响着两者的亲和力。

2. 砧、穗的营养积累及生活力的影响

嫁接过程中,愈伤组织的形成与植物种类、砧木与接穗营养积累状况、生活力有很大关系,砧木与接穗生长健壮,营养器官发育充实,体内营养积累充分,形成层细胞分裂最旺盛,嫁接就容易成活。所以砧木要选择生长健壮、发育良好的植株,接穗要从健壮母树的树冠外围选择发育充实的枝条。砧木萌动要比接穗早,可及时为接穗提供所需的水分与营养,嫁接易成活,但接穗萌动太晚,砧木溢出树液太多,易导致接穗被"淹死"。接穗萌动比砧木早,会因砧木不能及时为接穗提供所需的水分与营养而死亡,接穗本身体内水分不足时,形成层就会停止活动,甚至死亡,有时为了避免失水,可用保湿物缚扎或培土堆保湿。有些树木体内含有抑制愈合的物质存在,如柿树与核桃体内含有单宁,易在伤口上形成氧化隔离层,松树类富含松脂,处理不当也会影响嫁接成活。

砧木、接穗的细胞结构、生长发育速度不同时,容易出现"大脚""小脚"现象,虽然有时不影响生长,但影响观赏效果。

3. 外部条件的影响

外部条件对嫁接成活的影响主要反映在对愈伤组织形成与发育的速度上,凡是影响愈伤组织形成的外界因素都会影响嫁接成活。

(1)温度　一般植物的适宜温度为20~25℃,不同植物愈伤组织生长的最适温度各不相同,这与植物萌芽、生长发育所需的最适温度是正相关的。物候期早的桃、杏、梅等愈伤组织生长的适温较低,为20℃左右,物候期适中的如苹果、核桃等为20~25℃,物候期迟的如枣为30℃左右。所以在嫁接时尤其是春季枝接时,可以根据物候期不同来安排不同树种的嫁接次序。

(2)湿度　湿度对愈伤组织形成的影响有两个方面。一方面是愈伤组织本身需一定的湿度环境;另一方面是接穗需要在一定的湿度条件下,才能保持生活力。空气湿度越接近饱和,对愈合越有利。生产上常用塑料薄膜包扎或涂上接蜡以保持湿度。

(3)光照　黑暗条件下能促进愈伤组织的生长,但绿枝嫁接适度的光照能促进同化产物的生成,加快愈合。一般以适当遮阳条件下的弱光为好,芽接时也多在砧木的北侧选择嫁接部位。

(4)空气　氧气不足代谢作用受到限制,像葡萄嫁接中,氧气供应不足就成了限制成活的因子,因此在枝接后堆上土堆时,土壤过干不行,过湿也不行。在室内枝接中多采用放在苔藓或锯末中,既利于保湿又利于通气。

(5)砧木　接穗的活力,只有在砧木、接穗都处于旺盛的活力下,愈伤组织才能在适宜的环境条件下迅速生长,嫁接才能成活。因此,嫁接前要为砧木松土、施肥、灌水等保持砧木活力,在选接穗时也要选那些着光好、新梢生长旺盛、无病虫害的枝条,枝接则选择那些发育健壮的发育枝,而不用那些徒长枝、细弱枝。

(6)嫁接技术　除了砧木和接穗的内部条件和接后的外部条件之外，嫁接技术也是重要因素，其中如嫁接面的削切平滑与否、形成层是否对接、绑缚的技术、接后的管理等都直接或间接影响成活。

三、嫁接方法

1.嫁接时期与准备工作

(1)嫁接时期　适宜的嫁接时期是嫁接成活的关键因素之一，嫁接时期的选择与植物种类、嫁接方法、物候期等有关。一般枝接宜在春季芽萌动前嫁接，芽接宜在夏、秋季砧木树皮易剥离时进行。而草本植物和木本的嫩枝接，多在生长期进行。具体时期主要有：

①春季嫁接。春季是枝接的适宜时期，主要在2—4月，一般在早春树液开始流动时即可进行。春季嫁接，由于气温低，接穗水分平衡较好，易成活，但愈合较慢，大部分植物适于春季枝接。

②夏季嫁接。夏季是嫩枝接和芽接的适宜期，一般以5—7月，尤以5月中旬至6月中旬最为适宜。此时砧木皮层较易剥离，愈伤组织形成和增殖快，利于愈合。一些常绿木本植物如山茶、杜鹃，落叶树种如枫类及大部分草本植物均适于此时嫁接。

③秋季嫁接。秋季也是芽接的适宜时期，从8月中旬至10月上旬。这时新梢充实，养分贮存多，芽充实，也是树液流动、形成层活动的旺盛时期。因此树皮易剥离，最适芽接，一些树种如红枫也可进行腹接。

总之，只要砧、穗自身条件及外界环境条件能满足要求，即为嫁接适期。嫁接没有严格固定的月、日。而应视植物物候期，砧、穗的状态决定嫁接时期，同时也应注意短期的天气条件，如雨后树液流动旺盛比长期干旱后嫁接为好；阴天无风比干晴天、大风天气为好等。

(2)嫁接前的准备工作

①工具。枝剪、枝接刀、芽接刀、单面刀片、手锯等钢质要好，刀口要锋利。

②绑扎材料。塑料薄膜、胶布等。

③其他。有时接后接口要用接蜡密封，或用纸袋、塑料袋围裹，防止脱水。

2.嫁接方法

花卉栽培中常用的方法有枝接、芽接、髓心接、根接、靠接等。

(1)枝接　以枝条为接穗的嫁接方法。当前生产上常用的方法有切接、劈接等

①切接法(最常用、最基本的方法)。一般在春季3—4月进行。选定砧木，多选用直径1～2 cm的一、二年生实生苗，离地10～12 cm左右处水平截去上部，在较光滑的横切一侧用嫁接刀垂直向下切约2 cm左右稍带木质部，露出形成层，将选定的

接穗截取5~8 cm的其上具有2~3个芽的一段,将一侧削成深至木质部,长度与砧木切口相当的平整光滑的切面,另一侧削成约30°的斜面,插入砧木,使它们的形成层对齐,用麻绳或塑料膜带扎紧不能松动(图3-6)。

操作步骤:削接穗→削砧木→结合→绑缚。

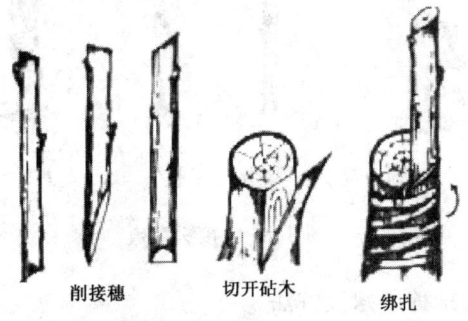

图3-6 切接法繁殖

②**劈接法**(砧木较粗而接穗细小时用此法)。一般在春季3—4月进行,在离地10~12 cm左右处水平截去上部,然后在砧木横切面中央,用嫁接刀纵向下切3~5 cm,接穗枝条5~8 cm保留2~3个芽,下端削成楔形,使削面与砧木切口深度相当,将接穗插入砧木切一侧,使外侧的形成层与砧木的形成层对齐,一个砧木可同时插入2个、甚至4个接穗,然后捆绑即可(图3-7)。

操作步骤:劈砧木→削接穗→插入接穗→绑缚(封蜡、套袋)。

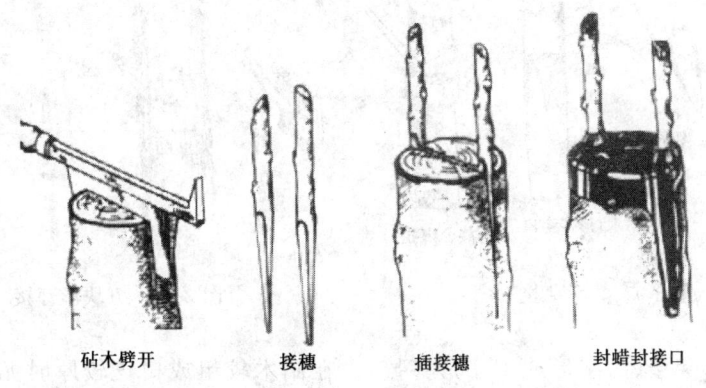

图3-7 劈接法繁殖

③**腹接法**(五针松等常绿针叶树种)。在砧木适当部位向下斜切一刀,达木质部1/3左右,切口2~3 cm长,接穗削成斜楔形,类似切接接穗,但小斜面应稍长一些,然后将接穗插入砧木绑缚(图3-8)。

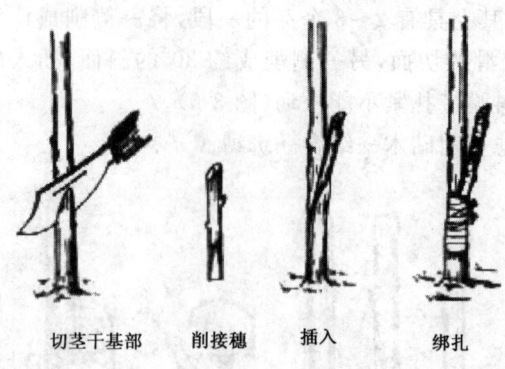

切茎干基部　削接穗　插入　绑扎

图 3-8　腹接法繁殖

(2)芽接　以芽为接穗的嫁接方法。

①T形芽接(丁字形或盾形芽接)。常用的一种最普遍的芽接方法。多在树木生长旺盛、树皮易剥离时进行。具体做法是:选枝条中部饱满的侧芽作接芽,剪去叶片,保留叶柄,在接芽的上方 5～7 mm 处横一刀深达木质部,然后在接芽的下方 1 cm 向芽的位置削去芽片,芽片成盾形,连同叶柄一同取下。在砧木嫁接的位置,用芽接刀划深达木质部,上边一横长约 1 cm 的切口,在上切口的中间向下一刀长度与盾形芽片相当;将芽片轻轻插入砧木切口内,芽片上端与砧木的切口对齐,然后捆绑(图 3-9)。

操作步骤:削芽片→切砧木→结合→绑缚。

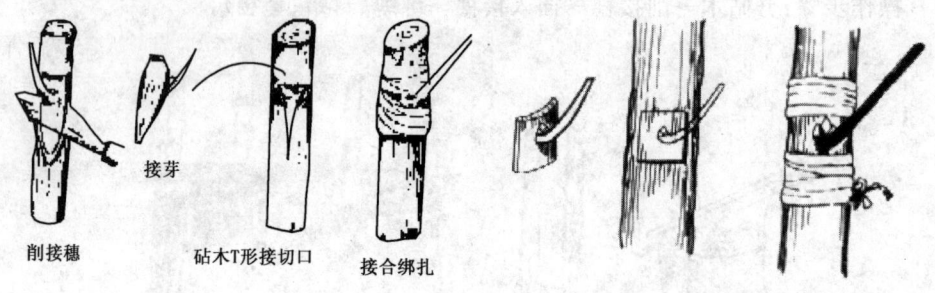

削接穗　　砧木T形接切口　接合绑扎

图 3-9　T 形芽接　　　　　　　图 3-10　方块形芽接

②方块形芽接(门字形或工字形芽接)。在砧木较粗或树皮较厚时尤其适用此法。操作步骤与 T 字形芽接相似。在砧穗不易离皮时用此法(图 3-10)。

(3)髓心接　砧木和接穗以髓心愈合而成的嫁接方法。一般用于仙人掌类花卉。温室内一年四季都可进行。如:以仙人掌为砧木、蟹爪莲为接穗的髓心嫁接。将培养好的仙人掌上部平削去 1 cm,露出髓心部分,蟹爪莲接穗要采集生长成熟、色泽鲜绿肥厚的 2～3 节分枝,在基部 1 cm 两侧都削去外皮,露出髓心。在肥厚的仙人掌切面的髓心左右切一刀,再将插穗插入砧木髓心挤紧,用仙人掌针刺将髓心穿透固定。髓心切口处用溶解的蜡汁封平,避免水分进入切口。1周内不浇水。保持一定的空气湿度,当蟹爪莲嫁接成活后移到阳光下进行正常管理(图3-11)。

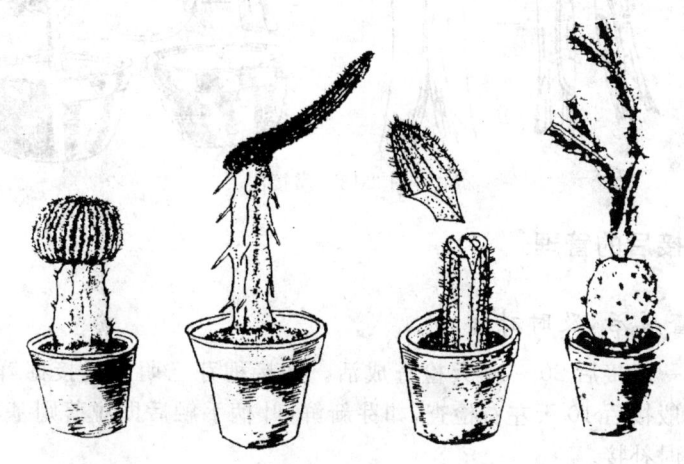

图 3-11　髓心接

(4)根接　以根为砧木的嫁接方法。主要用于肉质根花卉的嫁接。如以牡丹枝为接穗、芍药根为砧木,按劈接的方法将两者嫁接成一株,嫁接处扎紧放入湿沙堆埋住,露出接穗接受光照,保持空气湿度,30天成活后即可移栽(图3-12)。

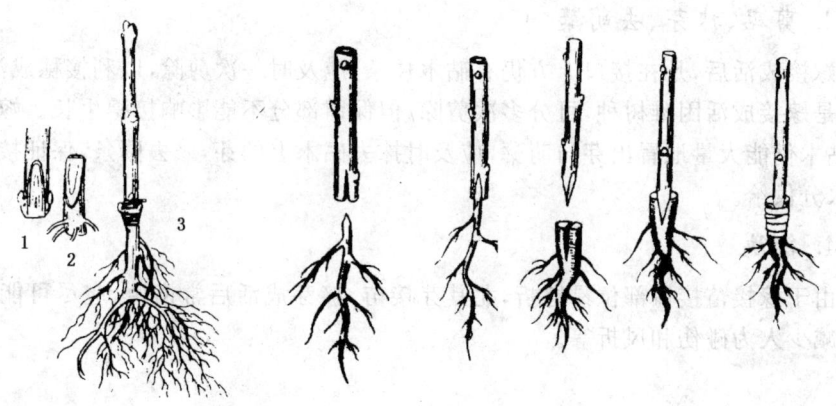

图 3-12　根接
1.接穗　2.砧木　3.愈合体

(5)靠接　用于嫁接不易成活的花木。如用小叶女贞嫁接桂花、大叶榕嫁接小叶榕、代代嫁接香园或佛手等(图3-13)。

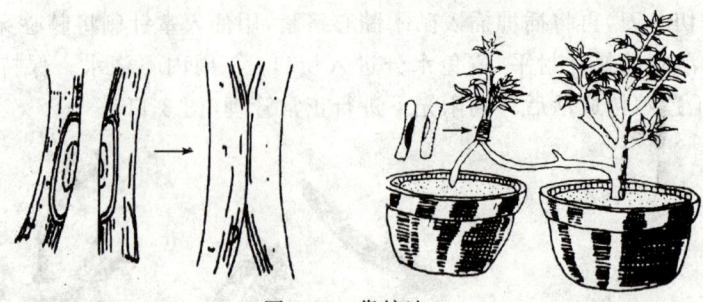

图 3-13　靠接法

四、嫁接后的管理

1. 检查成活,及时补接

枝接苗一般接后 20～30 天检查成活。如接穗芽已萌发或接穗鲜绿,则有望成苗。芽接一般接后 10 天左右检查,如芽新鲜,叶柄手触后即脱落则基本成活。时间允许时要及时补接。

2. 松绑

接穗成活后,发现绑缚物太紧,要及时松绑,以免影响接穗生长与发育。一般当新梢生长 2～3 cm 时即可进行,枝接最好在新梢长到 20～30 cm 时解绑,过早解绑接口处易被风吹开造成接穗死亡。

3. 剪砧、抹芽、去萌蘖

嫁接成活后,凡在接口上方仍有砧木枝条,应及时一次剪除,以利接穗成活生长。如果是嫁接成活困难树种,可分多次剪除,但保留部分不能影响接穗生长。嫁接成活后,砧木仍能大量地冒出芽与萌蘖,应及时抹去砧木上的芽,修去蘖条,保证接穗的养分、水分供给。

4. 绑块

由于嫁接苗接口部位易劈折,尤其芽接苗,接芽成活后常横生,应尽可能立标绑块以减少人为碰伤和风折等。

第四节　压条繁殖技术

一、压条繁殖的概念

压条繁殖是将母株的部分枝条或茎蔓压埋在土中,待其生根后切离,成为独立植株的繁殖方法。压条生根的过程中,不切离母体仍正常供应水分、营养,成活率高。

二、压条繁殖的特点

1. 保存母株的优良特性。
2. 操作技术简便,成活率高,且可获得大苗。
3. 繁殖系数小。

三、适用对象

适用于扦插难以生根的花木或一些根蘖丛生的花灌木。

四、时间

压条繁殖全年均可进行,木本花卉多在春季萌芽前和秋冬落叶后进行;草本花卉在多雨季节进行。

五、常见种类

石榴、木槿、迎春、凌霄、地锦、葡萄、贴梗海棠、紫玉兰、素馨、锦带花、美女樱、半支莲、金莲花等。

六、压条繁殖的方法

1. 低压法(地压法)

(1)普通压条法(先端压条法)　适用于枝条离地近又较易弯曲的植物(一枝可获一苗)。易压条繁殖的灌木、小乔木都可采用此法(图3-14)。

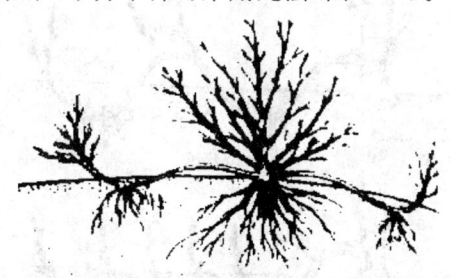

图 3-14　普通压条法

(2)堆土压条法(直立压条法)　适用于丛生或根蘖较多的种类。春季萌芽前将母株枝条短截,使之萌发大量新梢,当新梢长至30 cm左右时,将各新梢基部刻伤,并可结合促进剂处理,然后埋土,当年秋季或翌年春可切离分栽(由一变多)。如贴梗海棠、紫玉兰、紫荆、栀子、溲疏等均可采用此法(图3-15)。

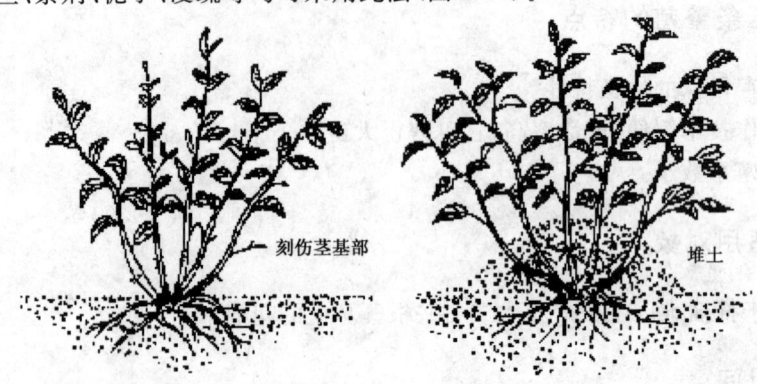

图 3-15 堆土压条法

(3)波状压条法 适用于枝条长而柔软的植物,尤其是蔓性种类。将枝条呈波浪状压入沟内,枝条弯曲,突出部位露出土面,凹下部位刻伤并埋入沟中,以后地上部发芽成枝,地下部生根,分别切离后形成新植株(由一变多)。如葡萄、素馨、锦带、迎春、凌霄、地锦等及扦插繁殖较困难的植物,如玉兰、丁香、米兰、茉莉、白兰花、桂花、杜鹃、佛手、云南山茶花等均可采用此法(图3-16)。

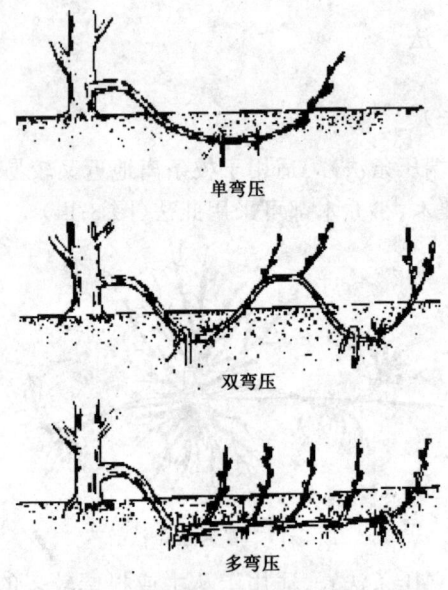

图 3-16 波状压条法

2.高压法(空中压条法)(图 3-17)

适用于一些因枝条不易弯曲、枝条长度不够等原因不能压到地面,扦插繁殖又较困难的植物。如玉兰、丁香、米兰、茉莉、白兰花、桂花、杜鹃、佛手、云南山茶花等。具体操作如下。

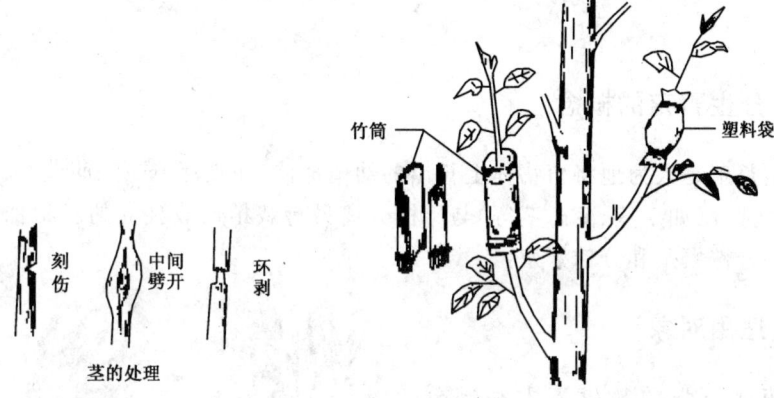

图 3-17　高空压条法

(1)选枝　多年生或当年生半木质化枝条。

(2)枝条处理　在适当位置环剥 2~4 cm,生根慢的树种可适当涂抹促根剂,然后在距下刀口 5~6 cm 用塑料薄膜或竹筒等绑缚,使之成套袋,袋内装入青苔或草炭土等基质后把上口扎紧。

(3)固定　用立柱固定套袋枝条。

(4)要注意保持湿度　为方便起见可用注射器每 3~5 日从上口灌一次清水。

(5)生根时间　视种类、枝龄及气温而异,当年生半木质化比多年生枝生根快。一般少则 1 个月左右,多则 3~4 个月甚至更长。

(6)栽植　先删剪部分枝叶以维持水分平衡,栽后应加强水分管理,保持较高的空气湿度。

七、操作步骤

选择枝条→处理枝条→固定→生根后栽植→浇水。

八、压条后的管理

1.压条后保持适当的土壤湿度,随时检查横深土中的压条是否露出地面,如有露出要进行重压。留在地上枝条若生长太快,可适当剪去顶梢。

2. 分离压条的时间不能过早,必须以根的生长状况为准,必须有良好的根群方可分割,对于较大的枝条不可一次割断,应分 2~3 次切割。

3. 初分离的新植株应注意灌水、遮阴等。

第五节　分生繁殖技术

一、分生繁殖的概念

分生繁殖是人为地将植物体上长出的幼植株体(如吸芽、珠芽、萌蘖)或植物营养器官的一部分(如走茎、变态茎等)与母株分离另行栽植而成独立的新植株的繁殖方法。包括分株繁殖和分球繁殖。

二、适用对象

1. 萌蘖性强的丛生灌木和部分乔木。

2. 匍匐茎、宿根、球根类草本。

三、具体操作方法

1. 分株繁殖

分株繁殖是将丛生花木由根部分开,成为独立植株的方法(图 3-18)。

(1)时间　一般在秋天落叶后至春天萌芽前(植树期、换盆)进行。

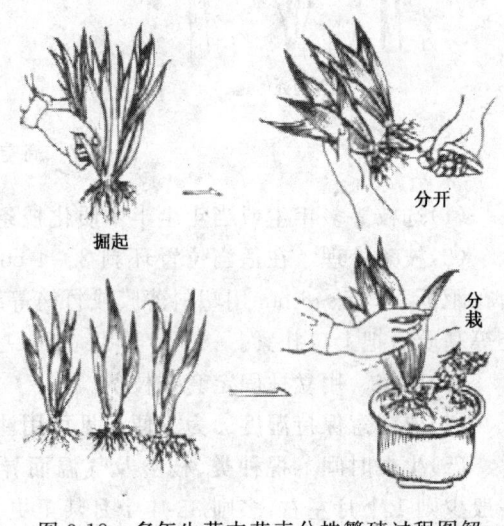

图 3-18　多年生草本花卉分株繁殖过程图解

(2)常见花木种类　毛白杨、香椿、枣、银杏、石榴、樱桃、紫玉兰、贴梗海棠、紫荆、月季、玫瑰、黄刺玫、紫藤、菊花、蜀葵、萱草、牡丹、芍药等。

(3)操作步骤

①掘分法。掘母株→脱土团→分株→消毒栽植→浇水压实(灌木、草本)。

②侧分法。切取根蘖→消毒栽植→浇水压实(乔木)。

(4)分株繁殖应注意的问题

①君子兰出现吸芽后,吸芽必须有自己的根系以后才能分株,否则影响成活。

②中国兰分株时,切勿伤及假鳞茎,一旦受伤影响成活。

③分株时要检查病虫害,一旦发现,立即销毁或彻底消毒后才能栽培。
④分株时根部的切伤口在栽培前用草木灰消毒,栽培后不易腐烂。
⑤在春季分株注意土壤保墒,避免栽植后被风抽干。

2.分球繁殖

分球繁殖是将球根花卉的地下变态茎(球茎、块茎、鳞茎、根茎和块根)产生的仔球进行分级种植繁殖的方法(图3-19)。

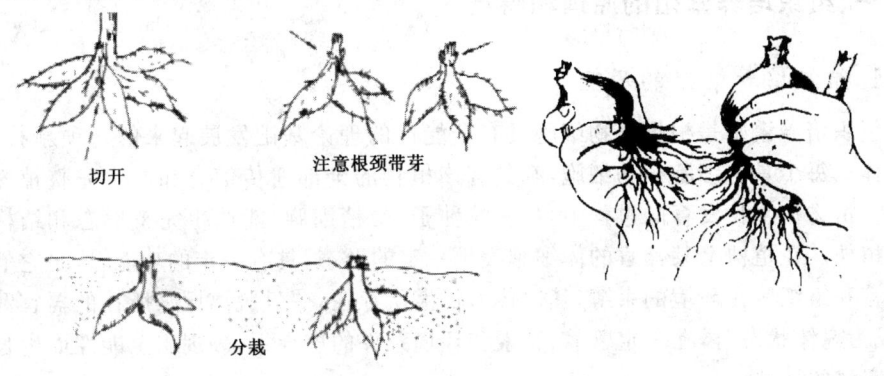

图3-19 分球繁殖过程图解

(1)时间:春季或秋季。

(2)常见种类 百合、水仙、郁金香、唐菖蒲、美人蕉、鸢尾、睡莲、荷花、马蹄莲、花叶芋、大丽花、小丽花、花毛茛等。

(3)操作步骤 掘球→分级→贮藏(休眠)→种植→浇水。

(4)分球繁殖应注意的问题

①分球时,小仔球要分开种植。

②鳞茎类的花卉,如百合的叶腋间,可发生珠芽,这种珠芽取下后播种产生小鳞茎,经栽培2—3年可长成开花球。

③球茎类花卉,如唐菖蒲的老球产生新球,新球旁产生仔球,仔球可作为繁殖材料。

④根茎类花卉,如美人蕉,贮藏期要防止冻害,切割时要保护芽体,伤口要用草木灰消毒,防止腐烂。

⑤块茎类花卉,如马蹄莲,分割时要注意不定芽的位置,切割时不能伤及芽体,增加繁殖数量和繁殖效果。

⑥块根类花卉,如大丽花、小丽花等由根茎处萌发芽,分割时注意保护颈部的芽眼,一旦破坏就不能萌发,达不到繁殖目的。

第六节　组织培养繁殖技术

组织培养指的是用植物体的细胞、组织或器官的一部分,在无菌的条件下接种到特定培养基上,在玻璃容器内进行繁殖新个体的方法。

一、组织培养繁殖的原理和特点

1. 组织培养繁殖的原理

组织培养繁殖是根据植物细胞具有全能性的理论基础发展起来的一项新技术。植物体上每个具有细胞核的细胞,都具有该植物的全部遗传信息和产生完整植株的能力。植物在生长发育的过程中,从一粒种子(受精细胞)能产生完整形态和结构机能的植株。在植株上某器官的体细胞表现一定的形态,具有一定的功能,这是它们受到器官和组织所在环境的束缚,其遗传力仍潜伏存在,一旦脱离原来所在的器官和组织,成为离体状态时,在一定营养、激素和环境条件的诱导下,表现出全能性而生长发育成完整的植株。

2. 组织培养繁殖的特点

(1)优点

①繁殖系数高,节省繁殖材料。

②快速繁殖脱毒苗(菊花、香石竹、非洲菊、蝴蝶兰等鲜切花的组织培养苗扭转了劣苗、劣质、劣价的局面,提高了产业开发的经济效益)。

(2)缺点　要有一定的技术要求,如果增殖倍率低,成本将很大。因此一般用于名贵品种的快速繁殖,普通品种如果能用普通的繁殖方法进行繁殖一般就不采用组培繁殖。

二、组织培养室的建设

1. 实验室的设计

组织培养实验室分三部分:准备室、接种室、培养室。

(1)准备室　准备室工作内容较多,处理事务数量大,可分为实验室、洗刷室、灭菌室。

①实验室。主要用于化学药品的称量和溶液的配制。房间内要设置工作台,台面放置天平,还要有药品柜和冷藏箱等。

②洗刷室。用于培养容器的洗刷工作。洗刷室要配置洗刷水槽,水槽分成三部

分:消毒水槽、洗衣粉液水槽与流动自来水水槽。每部分水槽的上方都要安装自来水水龙头,便于清洗试管瓶。

③灭菌室。主要用于培养基的消毒灭菌工作。

(2)接种室　主要用于无菌条件下的工作,也称无菌操作室。主要供材料的表面灭菌、无菌材料的继代转苗等。操作室要求整洁、明亮,地面平坦,墙壁光滑,便于清洗和消毒。在进入无菌接种室前需换鞋更衣。

(3)培养室　主要用于植物材料接种后培养,试管苗继代培养与生根培养。温度要求一般在25~28℃,为使室内的温度均衡一致,需要有调温和照明设备。一般应装有降温空调机和增温用的电暖气。使用的光源以普通白色荧光灯为好,将光源设置在培养物的上方。

2. 常用的仪器和设备

包括天平、冰箱、干燥箱、振荡器和旋转摇床、空调机、灭菌锅、超净工作台、玻璃器皿、金属器械等。

三、培养基的成分与配制

1. 培养基的成分

植物组织培养应用的培养基主要成分包括各种无机盐(大量元素和微量元素)、有机化合物(蔗糖、维生素类、氨基酸等)、铁盐螯合剂、植物激素。

(1)大量元素　无机盐类,主要成分是氮、磷、钾。组织培养常用的氮素有硝态氮和铵态氮,有适宜的氮源才能使培养物生长良好。

(2)微量元素　主要有铜、钼、锌、锰、钴。钴在组织培养中对植物生命活动起着重要作用,锰元素影响蛋白质的合成,不可缺少和忽视。

(3)有机物　培养基中的糖主要使用蔗糖,少数情况下也可用葡萄糖。大批生产可使用蔗糖,效果很好。糖在培养基中的作用为碳源,同时用于维持渗透平衡。

(4)植物激素　对于组织培养中的脱分化、再分化起着重要的作用,主要是生长素和细胞分裂素。当细胞分裂素浓度高、生长素浓度低时则促进芽的分化和生长;反之则促进根的生长。所以要根据需要及时变换激素的种类和浓度,才能有效地控制器官的分化和生长。

(5)其他　在组织培养中也经常使用一些天然提取物,除此之外,香蕉、苹果、马铃薯等对植物的分化、生长效果也非常好。琼脂是凝固剂,固体培养采用琼脂凝固剂,在培养基中起支持作用,加入量一般为6~9 g/L。

2.培养基的配置

(1)母液的配制　组培用于生产实际中,有时培养基的用量很大,需一批一批地连续配制。为简化配制过程,提高工作效率,将各种所需药品先配制成高浓度溶液,储备起来。在配制培养基时,按要求的浓度取一定量稀释即可。人们称这些高浓度的溶液为储备液,习惯上称母液。

配制母液时,先将所有的药品分成几组,每组药品制成一种母液。分组的原则是同组药品混合溶解时不会发生质的变化,也不发生沉淀,一般将药品分成5组:

①大量元素母液配制。配成扩大10倍液,用1/1 000的天平称量。

②微量元素母液配制。配成扩大100倍液,用1/10 000的天平称量。

③铁盐母液配成。扩大10倍液,用1/1 000的天平称量,分别溶解后混合加水定容至1 000 ml。

④有机物母液配制。配成扩大100倍液,用1/10 000的天平称量,分别溶解后混合加水定容至1 000 ml。

⑤植物激素的配制。将植物激素配制成0.1~0.5 mg/L的溶液。

母液配制完毕注入试剂瓶以后,一定要标明母液的名称、序号、浓度和配制日期。制好的母液应放置在冰箱内保存,尤其是有机物和激素类。

(2)培养基的配制

①将不锈钢锅内加入一定量水,加入培养基总量3/4的蒸馏水,放入所需的琼脂,然后加热溶解。在加热的过程中应注意不断地搅拌,以避免琼脂粘锅或溢出。

②待琼脂完全溶解后,加入蔗糖,使之溶解。用量筒按母液的顺序依次加入以及所需的植物激素,搅拌均匀。如欲添加其他物质,也应于此时一起加入。

③加入药液混合液后,再加蒸馏水定容至所需的容积。

④立即用氢氧化钠或盐酸将pH值调至培养植物所需的要求值。

⑤用漏斗或下口杯将培养基趁热装入三角瓶或试管内,注入量为容器的1/4~1/5,动作要迅速,在培养基冷却前分装完毕,低于50℃凝固。注意不能将培养基溶液喷洒到瓶壁上,否则容易落菌污染。

⑥用棉塞或塑料封口膜将瓶口或试管口封严,但封口膜不易过紧,否则消毒气压大易爆破。

⑦将包扎好的三角瓶或试管放在高压灭菌锅内,灭菌需要求按时间操作,如超过时间,培养基成分产生变化易失效。灭菌时一定要注意,稳压前一定要将锅内的冷空气排干净,否则达不到灭菌的效果。

⑧对于一些受热易分解的物质,如维生素类,可采用先过滤灭菌的方法,再待培养基灭菌后,尚未冷却前(40℃左右)加入并摇匀。

⑨培养基消毒灭菌后,立取取出摆平冷却,这样瓶内凝固平坦,接种转苗操作方便,否则取出过晚,凝固差,影响接种转苗质量。

四、接种与培养

1. 外植体的选择与灭菌

(1)外植体的选择 外植体要根据培养的目标和植物种类、器官来选择,选择得合适,组织培养就容易诱导,选择不合适就不易成功。组织培养所选用的外植体,一般取植物的茎尖、侧芽、叶片、叶柄、花瓣、花萼、胚轴、鳞茎、根茎、花粉粒、花药等器官。

外植体的选择除植物种类和部位外,还要注意取材的季节,凡是落叶休眠期的植物,在春季萌发季节选取幼嫩的茎尖和茎段比较合适,植物幼嫩,菌类少,接种成功率高。同样植物秋季接种,经过很长的生长阶段,既有内源菌又有外源菌,接种成活率低,因此,大多数的植物都在生长开始时采取外植体。

到田间取材时,一般应准备塑料袋、锋利的刀剪、标签、笔等。取材时间应选在晴天上午10点以后,阴雨天不宜。要从健壮无病的植株上选取外植体。

(2)外植体的灭菌 先将外植体多余的部分去掉,并用软刷清除表面的泥土、灰尘。然后将材料剪成小块或段,放入烧杯中,用干净纱布将杯口封住扎紧,将烧杯置于水龙头下,让流水通过纱布,冲洗杯中的材料,连续冲洗2小时以上。比较难以把握的是接种前的灭菌,既要选择合适的灭菌剂和浓度,又要掌握好灭菌时间;既要彻底杀灭材料所携带的微生物,又不将活材料杀死,通常选用的灭菌剂是70%的酒精,0.1%的升汞溶液。

2. 接种

整个接种过程都是在无菌的条件下进行。

(1)先将接种工具、消毒的玻璃器皿、无菌水放入超净工作台,紫外线消毒20分钟。然后打开超净工作台的风机,吹风10分钟。

(2)操作人员进入接种室前,用肥皂和清水将手洗干净,换上经过消毒的工作服和拖鞋,并戴上工作帽和口罩。开始接种前,用70%的酒精棉球仔细擦拭手和超净工作台面。

(3)准备一个灭过菌的培养皿或不锈钢盘,内放经过高压灭菌的滤纸片。解剖刀、医用剪子、镊子、解剖针等用具应预先浸在95%的酒精溶液内,置于超净工作台的右侧。每个台位至少备4把解剖刀和镊子,轮流使用。

(4)用以灭菌的剪刀将枝条剪成3~5 cm一段,3~5段为一组,并进行严格的消毒。

(5)将三角瓶或试管倾斜拿住,打开瓶盖前,先在酒精灯火焰上方烤一下瓶口,然后打开瓶盖,并尽快将外植体接种到培养基上。注意,材料一定要嵌入培养基,而不要只是放在培养基的表面上。盖住瓶盖以前,再在火焰上方烤一下,然后盖紧瓶盖。

(6)每切一次材料,解剖刀、镊子等都要重新放回酒精内浸泡,并取出灼烧后,斜放在支架上面晾凉。

(7)切记,无论是打开瓶盖还是接种材料或盖紧瓶盖,所有这些操作均应严格保持瓶口在操作台以内,且不远离酒精灯。

3. 培养

(1)初代培养 也称诱导培养,一般为液体培养。组织培养目的不同,选用的培养基成分不同,诱导分化的作用不一样。培养初期,首先产生愈伤组织,当愈伤组织长到 0.5~1.5 cm 时再转入固体分化培养基,给光培养,再分化出不定芽。

(2)继代培养 在初代培养的基础上所获得的芽、胚状体、原球茎等材料,叫做中间繁殖体。中间繁殖体的数量较少,个体较小,应通过调整培养基配方,扩大中间繁殖体的数量,这个过程称继代培养。培养物在良好的环境条件下、营养供应和激素调节下,排除与其他生物竞争,能够按几何级数量增殖。一般情况下,一月内增殖 2~3 倍,如果不污染又及时转接继代,能使 1 株生长繁殖材料分接为 3 株,经过 1 月的培养这 3 株材料各自再分接 3 株,共 9 株,第二个月末获 27 株。依此计算,只要 6 个月即可增殖出 2 187 株。这个阶段就是快速繁殖大量增殖的阶段。

(3)生根培养 切取 3 cm 左右的无根嫩茎,茎上部具有 3~5 个叶片,转接到 1/2MS+NAA(或 IBA)*0.1 mg/L 的培养基上,约经 2 周试管苗长出 1~5 条白色的根,并逐渐伸长长出侧根和根毛。在上述培养基中加入 300 mg/L 活性炭,效果更好。

五、炼苗与管理

试管苗出瓶前需先打开瓶盖,锻炼 1~3 天,提高它们对病菌和外界环境条件的各种不良因素的抵抗力。幼苗出瓶时,要用镊子轻轻取出,不可过猛,否则易损伤幼苗茎部和根部。取出后用温水轻轻将根部残存的培养基洗净,不然易引起微生物污染,导致根茎腐烂。

试管苗移栽在炼苗基质中,炼苗基质易选用透气性好、保水力强的基质。基质以河沙、蛭石、珍珠岩等为好。移栽前将基质压平,用喷雾器喷透水,待水渗透后进行移栽。栽时用细木棍在基质上扎一个小洞,将苗放入栽好,再喷一遍透水即可。

炼苗后 7 天内,保持 90%以上的空气湿度,7 天后逐步降低空气湿度使之接近自

---

* MS 是常用培养基的一种,由 Murashige 和 Skoog(1962)研制,故名 MS。NAA(naphthyl acetic acid,萘乙酸)、IBA(indolebutyric acid,吲哚丁酸)都是培养基。

然湿度。温度保持在 23~28℃,光照不易过强,适当通风,每隔 7~10 天喷一次 50 倍的 MS 稀释液和 1 000 倍的多菌灵、百菌清等杀菌剂。经 2~3 周,根系扩大,茎叶生长后移栽室外上盆或温室栽培。

六、孢子繁殖

对于很多蕨类植物,除采用营养繁殖外,也可采用成熟孢子繁殖。此技术要求较严格,必须掌握以下技术措施:

1. 选叶面生长健壮,且未受病虫危害的成熟孢子叶作繁殖材料。
2. 土壤、花盆必进行消毒,盆土以通气良好的泥炭土为好。浇足水,放至高压灭菌蒸锅 1 小时。
3. 待盆土消毒冷凉后,将孢子叶平铺于盆土表面(孢子向下),稍加压紧,然后上盖玻璃,保温、保湿,并留缝隙以利通气。
4. 播种用温室保持 18~24℃,相对湿度 90% 以上,光线要阴暗。
5. 温室事先用硫磺熏蒸消毒,以后也应保持清洁。
6. 若盆土干旱则用浸盆法给水。如此一、二月孢子即可生根发芽,生长出小植株。

第七节　促进营养繁殖的方法

促进植物利用营养器官繁殖成新的植株,最关键是促使这些器官生出根来。促进生根的方法很多,除保持土壤温度外,还可用人为处理来达到快速生根的目的,生产上常用的方法有:

一、化学药剂处理

生产上多采用植物生长激素处理难以生根的插条,常用的药剂有吲哚乙酸、吲哚丁酸、萘乙酸、ABT 生根粉*等。其中以吲哚丁酸效果最好,通常将吲哚丁酸与萘乙酸混用,效果更佳。生根剂的使用方法有水剂和粉剂两种。

1. 水剂法

首先将粉状生根剂溶解于少量的 50% 酒精中,然后用水稀释。易生根的品种,浸于 50 ppm 溶液中,难生根的品种,药液浓度提高到 200~500 ppm。浸泡插条的时

---

* ABT 生根粉是一种新型、广谱、高效、复合型的植物生根促进剂。

间长短与药液的浓度成反比,在 50 ppm 的溶液中浸泡 12～24 小时较为适宜,如在 200～500 ppm 药液中,浸泡 10～15 个小时。另外也可用高浓度快蘸法,一般用 500～2000 ppm 溶液,将插穗在溶液中快浸一下,约 3～5 秒即可。

2. 粉剂法

将生根剂调制成粉剂,用酒精溶解后,用滑石粉与之混合配成 500～2 000 ppm 的糊状物,然后烘干研成粉末备用。使用时先将插穗基部用清水浸湿,然后蘸粉进行扦插。

另外,ABT 生根粉有 1－6 号,根据说明使用。

二、物理方法处理

1. 机械割伤或环剥

在用作插穗的枝条基部,于剪穗前 15～30 天左右进行割伤或环剥,阻止枝条上部制造的养分向下运输而停留在枝条中,扦插后可促进生根。

2. 黄化处理

将作为扦穗的枝条用黑纸等遮光,枝条因缺光而黄化、软化,从而促进根原细胞的发育而延缓组织的发育,最终促进插穗生根。

第四章　花卉生产技术

第一节　露地花卉的生产技术

一、选地与整地

1. 整地

整地可以改进土壤的物理性质,使土壤松软,有利于水分保持和空气流通,因而有利于种子发芽和根系伸展,也利于防治病虫害发生。整地以立冬前秋耕为最好,生地更需要秋耕。

整地时要清除土中的残根、杂草、石砾等异物,并杀死潜伏的害虫,使土壤保持团粒结构,疏松、通气,达到苗木生长所需的水、肥、气、热等良好条件。

整地深度要根据花卉种类及土壤状况而定。一、二年生花卉生长期短,根系入土不深,宜浅耕,一般要求 20～30 cm 深。宿根花卉定植后,继续栽培数年至十余年,球根花卉因地下部分肥大,对土壤要求严格,因此,要求深耕 40～50 cm 深,同时施入有机肥料。花坛栽植前的整地,也按上述要求进行。

2. 做畦(床)

做畦是把已经翻耕好的园地加工整理成播种畦或移植畦。畦的规格要根据当地的气候条件而定。如北京地区因雨水少要做低床,即床面低于地面,两侧有高出的畦埂兼作步道,利于保留雨水和灌溉,畦埂一般宽约 20 cm,并须加以踏实防漏水。

3. 播种

要选用发育充实、粒大饱满、发芽率高、无病虫害的种子。播种前要深翻苗床,耙平畦面,浇透水,待水完全渗下后播种。覆土厚度为种子直径的 2 倍,播后盖浸湿的稻草或苇帘,以保持湿度。幼苗出土前若畦面干燥,可向苇帘喷水,不可畦浇,以免冲散种子,影响出苗。待叶子出土时揭去覆盖物。

4. 间苗

一般在子叶发出后将过密苗疏拔掉,以扩大幼苗间距,使空气流通,日照充足,防止病虫害发生。

5. 移苗

幼苗经定苗后,还须移植一、二次,移植包括起苗和栽植两个过程。起苗时,用移植铲先在幼苗根系周围将土切分,然后向苗根底部下铲,将幼苗掘起,若要带土则勿使苗根土团散开。为防散坨要先在苗畦内灌水,待土壤湿润时起苗即可,然后按苗间株行距随即栽入新的畦地。

移植可增大苗间距,扩大营养面积,保证幼苗地上和地下部分正常生长;由于移植时切断了主根,可促进侧根的发生,使以后移植时容易缓苗,不致萎蔫;可以抑制徒长,起到蹲苗的作用,即使植株生长得到一定的控制。

移植应在幼苗定苗后已长出 4～5 片真叶或苗高 5 cm 时,选风小、阴天或晴天的傍晚进行。

6. 定植

栽植一般称定植,也就是几次移植后,最后一次栽植叫"定植"。

二、整形修剪与施肥、灌溉

1. 整形修剪

整形是整理花卉全株的外形和骨架,通过美化造型同时达到调节花卉生长发育的目的。修剪是对花卉植株的局部或某一器官的具体剪理措施,也是调节生长和发育的步骤。

(1)摘心　摘除枝梢顶芽,称之摘心。摘心能抑制枝条生长,促使植株矮化,使植株萌芽形成丛生状,开花繁多,延长花期,起到花期控制的作用。

顶芽是花卉植株生长旺盛的器官,含有较多的生长素,能抑制下部腋芽的萌发。一旦摘除顶芽,就迫使腋芽萌发进而形成分枝。运用这一特性,对着花部位在枝条顶部而又易产生分枝的花卉,如一串红、百日草进行摘心,以使促发多量分枝,从而达到增加花量的目的。一些宿根花卉定植后不久,即植株达到一定高度(一般 20～30 cm)时,就要进行摘心,以后随着花卉植株的生长,还要进行多次摘心。如早小菊,不进行摘心则植株高大,脚叶易脱落,茎中空,易倒伏,开花小;经过摘心,则株形美观、矮小,花繁叶茂,适时开花,且不易倒伏。摘心次数和最后一次摘心时间的确定,依控制花期而不同。如荷兰菊,定秆高 20 cm,6 月份剪掉枝叶 2/3,9 月初再修剪一次,国庆期间可开花。

摘心会推迟花期,遇需要尽早开花的花卉就不能摘心。植株矮小,分枝又多的三色堇、雏菊、虞美人等也不需摘心。主茎上着花多且朵大的凤仙花、鸡冠花、蜀葵等也不必摘心。适宜摘心的还有金鱼草、福禄考、矮牵牛、翠菊、大丽花等。

(2)除芽 除芽的目的是摘除不需要的腋芽,控制花枝的数量。在培育独本菊时,必须除去所有腋芽。大丽花若腋芽过多,也必须摘除。除芽时,要注意保护有用的芽,并注意留芽方向要合理,分布应均匀。

(3)剥蕾 剥蕾的目的是剥除不需要的花蕾,控制花朵的数量。对芍药、菊花、大丽花的侧蕾,一旦出现应立即剥除。若含苞欲放时再去侧蕾,则消耗大量养分。

(4)修剪 可以分为疏剪和短截。疏剪是剪去过密的、无用的枝条,如徒长枝、病虫枝、交叉枝、重叠枝、干枝等。疏剪后可改善花株内部通风透光条件,调整树形和营养分配,更有利于开花结果。短截有强有弱,即截去枝条的大部分或梢端的一部分。强剪可诱发新枝,更新树势。如月季在花后强剪,有利于发重花枝;梅花长枝进行缩剪,可以多生花枝。

不同的花卉,株形不同,生长发育特点不一,修剪方法及修剪时间应区别对待。

2.施肥

花卉在生长发育过程中,植株从周围环境中吸收大量水分和养分,所以,必须向土壤施入较多的氮、磷、钾肥料,以满足花卉的需要,使枝壮叶茂,花繁果硕。施肥的方法有:

(1)基肥 选用一些有机肥料或过磷酸钙、氯化钾作基肥,整地时翻入土中。这类肥料肥效长,还能改善土壤的物理和化学性质,对于露地宿根花卉和球根花卉,应该多施有机肥料。

(2)追肥 在花卉生长发育过程中,为促进生长,开花旺盛,要通过施用追肥的方法及时补充花卉所需要的养分。花株在萌动、开花及结숙前后都须追肥。一、二年生露地花卉,生长期一般可每 20～30 天追一次肥;幼苗期可稍多施氮肥,以促茎、叶生长;以后则可多施些磷、钾肥。多年生露地宿根花卉和球根花卉,追肥次数不宜多,一般可在春季开始生长时以及花前、花后各追施一次即可。

掌握薄肥勤施的原则,即追肥时,肥液浓度要小且不能玷污枝叶,选用化学肥料作追肥要严格掌握施用浓度。施肥前要先松土,以利于根系吸收。施肥后要及时浇透水。不要在中午前后或有风时施追肥,以免伤及植株。

(3)根外追肥　即对花卉枝、叶喷洒营养液,在花株急需养分补给或遇土壤过湿时可采用根外追肥。如将尿素、过磷酸钙、硫酸亚铁,配制成 0.1%~0.2%的水溶液,在清晨或傍晚向花株的枝、叶喷施,效果最好。

3. 灌溉与排水

生长在露地的花卉植株,根系常分布在土壤表层。旺盛植株的生长须吸收大量的水分,而炎热天气土壤水分大量蒸发,其结果常使土壤干燥、缺水,这时应对苗圃地、园地进行灌溉。

灌溉时间因季节而异,夏季灌溉用水要防止水温过低,而且不宜在中午土温过高时浇水,以防浇水时土温骤降伤害根系,所以夏季浇水宜在早晚进行,冬季宜在中午前后,春、秋季视天气和气温的高低选择中午或早晚。

灌溉方法因花株大小而异。对播种出土的幼苗,采用细孔喷壶喷水,也可采用漫灌法,使耕作层吸足水分。要避免水的冲击力过大,冲倒苗株或溅起泥浆玷污叶片。每次浇水都应浇透土层,不能仅仅湿润地表,否则因水分蒸发而迅速干燥,达不到浇水的目的。

花卉浇水次数往往根据季节、天气和花卉本身生长状况来决定。一般在春、夏季干旱时期,应灌水多次;一、二年生花卉和球根花卉的灌溉次数,应比宿根花卉为多。

4. 中耕与除草

中耕除草是对露地花卉进行管理的一项重要措施。中耕有除草的作用,除草不能代替中耕。中耕与除草的目的、方法完全不同。

(1)中耕　中耕能疏松土壤,减少水分的蒸发,提高土温,增加土壤内的空气流通,促进土壤中养分的分解,为花卉根系的生长和水分、养分的吸收创造良好的条件。在花卉的幼苗期或移植不久,大部分土面暴露于空气当中,不仅土壤极易干燥,而且易生杂草,在此期间,应及时进行中耕。当花枝、叶面覆盖园地后即停止中耕。中耕的深度依花卉根系的深浅和花卉的不同生育期而定。一般幼苗期应浅,近植株处应浅,株行间可适当加深,通常 3~5 cm。

(2)除草　除草可免除杂草吸收土壤中的养分及水分,避免杂草与花卉争空间、争阳光,从而为花卉的生长发育创造条件。除草应在杂草发生之初尽早进行,要坚持除小、除了。对多年生杂草,必须将其地下部分全部挖出,否则,将越难清除。尤其要注意在杂草开花结实前将其除掉,否则,一次结实,需多次除草,甚至数年才能除净。为了提高除草效果,又不伤害花卉,除草时土壤不宜太干或太湿,更不要牵动花卉植株根系,最好在晴天进行,以免除掉的草再次成活,并要及时收集运出地外处理。

5.防寒

我国北方的冬季寒冷,冰冻期长,不少露地生长的花卉须采取防寒保暖措施才能安全越冬。常用的防寒方法有以下几种。

(1)覆盖法　严冬来临前,在畦面上覆盖干草、草席、落叶、鸟粪、塑料膜等覆盖物,直至晚霜过后清除。

(2)培土法　冬季地上部分全部休眠的一些宿根花卉和花灌木,可在冬前培土防寒,等第二年春发芽前再将土扒开。

(3)利用阳畦、风障防寒　即将草本花卉在入冬时移入有风障的阳畦中越冬,第二年春季3月再移植到露地。

(4)灌水法　利用冬灌进行防寒。

第二节　盆栽花卉的栽培管理

花卉盆栽的特点:小巧玲珑,花冠紧凑,有利于搬移,可随时布置室内外;能及时调节市场,南北东西方相互调用,提高市场的占有率;能多年生栽培,可连续多年观赏;对温度、光照要求严格,北方冬季需保护栽培,夏季需遮阳栽培;花盆体积小,盆土及营养面积有限,必须配制培养土栽培;盆栽条件人为控制,要求栽培技术严格、细致,才有利于促成栽培和抑制栽培。

一、盆栽的基质

盆栽的基质,就是盆花的栽培基质,它是盆栽植物得以固定在容器内的介质,也是盆花吸收水分和养分进行自养生长的基础。

栽培基质种类繁多,最常见的为普通土壤。盆栽的基质既包含了各种有土基质,也包括很多无土基质。常见的栽培基质分类系统见表4-1。

表4-1　常见的栽培基质分类系统

有土基质	堆肥土、腐叶土、草皮土、针叶土
无土基质、液体基质	无土栽培营养液
固体基质、无机基质	沙、陶粒、岩棉、珍珠岩、蛭石、炉渣
有机基质	泥炭、锯末、树皮、树脂、聚苯乙烯

1. 有土基质

包括堆肥土、腐叶土、草皮土、针叶土等。

2. 无土无机基质

无土无机基质一般由天然矿物质组成,或天然矿物经人工加工而成。它不含有机质,使用时必须与含有机的基质进行配合。如蛭石、珍珠岩、沙、陶粒、炉渣、岩棉等。

3. 无土有机基质

无土有机基质不含土壤,全部为一些植物材料经自然堆腐和人工加工而成,大都含有花卉生长发育所需的营养物质,因此一般可直接用于栽培花卉。如泥炭、树皮、锯末与刨花、稻壳、聚苯乙烯、水苔等。

4. 复合基质

(1) 复合基质的配制　单一基质虽然能够用于盆花的生产,但由于各种原因在盆花生产上一般较少采用。通常盆栽的基质是选择两种或两种以上的单一基质,按一定比例配制而成。在选择单一基质时必须考虑以下因素,见表4-2。

配制好的复合基质建议具有如表4-3的标准。

表4-2　基质选择需要考虑的因素

	经济	化学	物理
1	价格	吸收性能	通气性
2	有效性	营养水平	持水性
3	重复利用	pH	颗粒大小
4	混合难易	消毒	体积质量
5	外观	可溶性盐	均一性

表4-3　一般栽培基质的参考标准

体积质量	$0.30\sim0.75 g/cm^3$(干),$0.6\sim1.2 g/cm^3$(湿)
持水性	20%～60%体积
通气孔隙	5%～30%(排水后占总体积)
pH	5.5～6.5
可溶性盐	400～1000 mg/kg(土:水为1:2)

(2)复合基质的配方

①扦插成活苗上盆。2 份粗珍珠岩、1 份壤土、1 份腐叶土(喜酸性植物可用山泥)。

②移植小苗。1 份蛭石、2 份壤土、1 份腐叶土。

③一般盆栽。1 份蛭石、2 份壤土、1 份腐殖质土、0.5 份干燥腐熟厩肥。

④较喜肥的盆花。2 份蛭石、2 份壤土、2 份腐殖质土、0.5 份干燥腐熟厩肥和适量骨粉。

⑤木本花卉上盆。2 份蛭石、2 份壤土、2 份泥炭、1 份腐叶土、0.5 份干燥腐熟厩肥。

⑥仙人掌和多肉植物。2 份蛭石、2 份壤土、1 份细碎盆粒、0.5 份腐叶土、适量骨粉和石灰。

5.盆栽基质的消毒

为了保证盆花的健壮生长,必须对盆栽基质进行消毒。消毒的方法有化学消毒和物理消毒两类。

(1)化学消毒 化学消毒有多种方法,其中常用的是氯化苦或福尔马林溶液进行消毒。

①氯化苦药液消毒。氯化苦是一种高效的剧毒熏蒸剂,化学分子式为CCl_3NO_2。它既可杀菌,又可杀虫。

消毒时将基质一层层堆放,每层 20～30 cm,对每一层每平方米均匀地撒布氯化苦 50 ml,最高堆 3～4 层,堆好后再用塑料薄膜严密覆盖。在气温 20℃以上保持 10 天,然后揭去薄膜,并且将基质翻动多次,使氯化苦充分散尽,否则会对花卉造成危害。

②福尔马林溶液消毒。在基质上喷、拌 40% 的福尔马林溶液,每立方米拌入 400～500 ml 药液,然后用塑料薄膜严密覆盖,密闭 24 小时后揭去薄膜,待药物挥发散尽后使用。

(2)物理消毒 物理消毒的方式主要有高温蒸汽消毒和日光消毒两种方式。

①高温蒸汽消毒。把基质放在水泥地坪上,将高温蒸汽通入,再用塑料薄膜覆盖进行消毒。多数病原微生物在温度 60℃时经 30 分钟死亡,如在 80℃时只需 10 分钟就死亡。故一般基质在温度 95～100℃下消毒 10 分钟即可完成。

②日光消毒。就是将基质摊晒在烈日下,利用太阳的热量将病原微生物杀死。

二、选盆与上盆

1. 选盆

应按照盆栽花卉不同的生长发育时期来选择不同规格的花盆。

在幼苗期一般选用苗盘;待幼苗长至具有3~5枚叶片时选用直径为8~10 cm的盆上盆;以后每次换盆时应选择比原来的盆大3~5 cm的花盆;直至苗木长成后,不希望苗木迅速生长,需要限制其生长时,则可采用同样大小的盆进行换盆。

2. 上盆

播种苗长到一定大小或扦插苗生根成活后,需移栽到适宜的花盆中继续栽培以及露地栽培的花卉需移入花盆中栽植的都称为上盆。

花卉上盆首先要选择与花苗大小相称的花盆,过大过小皆不相宜。一般栽培花卉以瓦盆为好,若盆土物理性能好的,也可以选用塑料盆等其他类型的盆。上盆步骤如下:

(1) 填盆孔　上盆时,若用瓦盆,须将花盆底部的排水孔用碎盆片或瓦片盖住,以免基质从排水孔流出,但也不能盖得过严,否则排水不畅,容易积水烂根。若瓦片是凹形的,可以使凹面向下扣在排水孔上;若瓦片是平的,可以先用一片瓦片盖住排水孔的一半,再用另一片瓦片斜搭在前一片瓦片上。盖住盆孔后,若花盆较大可以先在盆底铺垫一些筛出的基质粗粒以及一些煤渣、粗沙等;若小盆可以直接填基质,这样有利于排水。上盆时,若用塑料盆,因塑料盆的盆底孔较小,可以直接栽苗,或者铺一层基质粗粒。

(2) 装盆　栽苗时,先在花盆的底部填一些栽培基质,然后将花苗放入盆的中央,扶正,加入基质。当基质加到一半时,将花苗轻轻向上提一下,使花苗的根系自然向下,充分舒展,然后再继续填入基质,直到基质填满花盆后,轻轻地震动花盆,使基质下沉,再用手轻压植株四周和盆边的基质,使根系与基质紧密相接。用手压基质时,用力不可过猛,以免损伤根系。

在加基质时,要注意基质加得不可过满,要视盆的大小而定。一般栽培基质加到离盆沿2~3 cm即可,留出的距离作为灌溉时蓄水之用。

上盆时,花苗的栽植深度切忌过深或过浅,一般以维持原来花苗种植的深度为宜。

(3) 上盆后的管理　栽植后,用喷壶浇水,浇水要充分,要一直浇到水从排水孔流出为止。若需缓苗的花卉,可以将盆花放置在蔽荫处,待缓苗后再转入正常的管理。如上盆时花苗原来的基质没有动过,上好盆后可以直接放置在阳光下养护。

三、换盆、转盆与倒盆

1. 换盆或翻盆

随着花卉的生长,需要将已经盆栽的花卉,由小盆移换到另一个大的花盆中的操作过程,称为换盆。盆栽多年的花卉,为了改善其营养状况,或者要进行分株、换土等,必须将盆栽的植株从花盆中取出,经分株或换土后,再栽入盆中的过程,称为翻盆。

(1)换盆和翻盆的次数　由小盆换到大盆的次数,应按植株生长发育的状况逐渐进行,切不可将植株一下子换入过大的盆内。因为这样不仅会使盆花栽培的成本费提高,而且还会因水分调节不易,使盆苗根系生长不良,花蕾形成较少,着花质量较差。

一、二年生草本花卉因其生长发育迅速,故从生长到开花,一般要换盆2~3次,只有这样才能使植株生长充实、强健,使植株紧凑,高度较低,但会使花期推迟。

多年生宿根花卉一般每年换盆或翻盆1次。木本花卉2~3年换盆或翻盆1次。

(2)换盆或翻盆的时间　多年生宿根花卉和木本花卉的换盆或翻盆一般在休眠期,即停止生长之后或开始生长之前进行;常绿花卉可以在雨季进行。生长迅速、冠幅变化较大的花卉,可以根据生长状况以及需要随时进行换盆或翻盆。

(3)换盆步骤　换盆时分开左手手指,按放于盆面植株的基部,将盆提起倒置,并用右手轻扣盆边和盆底,植株的根与基部所形成的球团即可取出。如植株很大,应由两个人配合进行操作,其中一人用双手将植株的根茎部握住,另一个人用双手抱住花盆,在木凳上轻磕盆沿,将植株倒出。取出植株后,把植株根团周围以及底部的基质大约去除1/4,同时剪去衰老及受伤的根系,并对植株地上部分的枝叶进行适当的修剪或摘除。最后将植株重新栽植到盆内,填入新的栽培基质即可。

2. 转盆

在温室内,日光一般偏向一侧,因此盆花放置时间过长以后,由于植株的趋光性,会使植株向光线一侧偏转,造成盆花倾斜。为了防止植株偏向一方生长,破坏均匀圆整的株形,应在相隔一段时间后,转换花盆的方向,使植株均匀地生长。

3. 倒盆

由于各种原因调换盆花在栽培地摆放位置的工作,称为倒盆。倒盆的主要原因有以下两种:

(1)盆花经过一段时间的生长,植株的冠幅增大,会造成植株相互拥挤,通风透光不良。为了改善植株间的通风透光,使植株生长发育良好,同时有效地防治病虫害的发生,必须及时加大盆花之间的相互距离。

(2)由于盆花放置的位置不同,从而造成光照、温度、通风等环境条件各异,致使盆花生长发育不一致,使所生产的盆花规格大小有较大差异。为了使盆花产品生长均匀一致,要经常倒盆,将生长旺盛的植株移到环境条件较差的地方,而使生长发育较差的盆花移到环境条件较好的地方,调整其生长。

除以上两种原因外,还要根据盆花在不同生长发育阶段对温度、光照、水分的不同要求进行倒盆。

四、施肥、浇水与环境调节技术

1. 施肥

盆花的施肥是其生长过程中的一个重要的管理环节。合理的施肥可以促进花卉的生长发育、提高盆栽的质量以及盆花作为商品的价值。但如施肥不当,就会影响盆花的生长发育,从而降低其观赏价值和经济价值。

盆花的生长发育需要多种营养元素,而这些营养元素主要由盆栽基质来提供,但盆栽基质中的营养元素往往不能满足盆花的需求,因此就必须采用施肥的方式不断加以补充,尤其是氮、磷、钾三种主要营养元素更是如此。

2. 灌溉

(1)用水 浇花最好用含矿物质较少,并且没有污染的、pH 5.5~7.0 的水,如雨水、河水等。如果使用自来水,因其含氯,故不宜直接使用,最好先将自来水注入容器中,再放置 24~48 小时,待水中氯挥发净后再使用。

(2)浇水的次数及用量 浇水的次数和浇水量要根据花卉的种类、习性、生长阶段、季节、天气状况和栽培基质等多种因素来决定。

草本花卉比木本花卉浇水多,球根花卉不能浇水过多,旱生花卉要少浇水,湿生花卉可多浇水。花卉在旺盛生长期间可多浇水,开花和结实期间浇水不可过多,休眠期间要控制浇水。春季气温逐渐升高,花卉生长旺盛,浇水应逐渐增多,可每隔 1~2 天浇水 1 次;夏季生长加快,气温变高,花卉蒸腾作用旺盛,需水量较多,宜每天早上和午后各浇水 1 次;秋季气温逐渐降低,花卉生长缓慢,应减少浇水;冬季温度低,花卉生长慢,可视具体情况每隔 3~4 天浇水 1 次。阴雨天一般少浇水,并要注意排水,防止积水;晴天浇水较多。栽培基质沙性较重的,浇水应次数多,而每次浇水的量可少些。

(3)浇水的原则 浇水必须贯彻"干透浇透,干湿相间"的原则,即浇水一般是在盆栽基质表面干透发白时进行,浇水必须浇足,既不可半干半湿,又不可过湿。浇水必须要浇到盆底渗出水为止,切忌浇半截水。

(4)浇水的方法　盆花浇水的方法根据花卉的种类和生产方法有喷灌、滴灌、浸灌和浇灌四种方式,其中浇灌常用。

浇灌就是用喷壶或皮管浇水。采用这种方法浇水必须注意：

①在浇水时浇水工具不可离盆太高,以免水的冲击力太大,使盆栽基质被冲得高低不平,露出根系,影响植株的生长。

②浇水时要严防泥浆溅污叶面。因为随着溅污叶面泥浆中的水分蒸发后,会在叶面留下泥土,从而影响叶子进行光合作用和蒸腾作用。

(5)浇水的时间　一般来讲浇水宜在上午进行,尽量避免在傍晚浇水,这样有利于植株的枝叶在夜间干燥,有效降低盆花病虫害的发生。

3.整形与修剪

为了促进盆花生长发育,保持良好的形态,促进花芽分化,提高盆花的观赏价值和商品价值,应根据各种盆花的生长发育规律和栽培目的,及时对盆花进行整形与修剪。这是盆花养护管理中的一项重要的技术措施。

(1)整形与修剪的概念　整形是根据植株生长发育特性和人们观赏与生产的需要,对植物施行一定的技术措施,以培养出人们所需要形态的一种技术。修剪是指对植株的某些器官,如根、茎、枝、叶、花、果实等,进行部分疏删和剪截的操作。

整形是通过修剪技术来完成的,而修剪又是在整形的基础上进行的。二者是统一于一定栽培管理目的的要求之下的技术措施。

(2)整形的措施　整形是将植株通过支缚、绑扎、诱引等方法,塑成一定形状,使植株枝叶匀称、舒展,既有利于盆花的生长发育,又能增加盆花的观赏性,从而提高盆花作为商品的经济价值。如为了提高盆栽花卉的观赏价值,常将旱金莲绑扎成屏风形；将绿萝、喜林芋等绑扎成树形；将三角花绑扎成圆球形；将蟹爪兰和菊花绑扎成圆盘形；对梅花和一品红进行曲枝做弯,以降低植株的高度。

(3)修剪的技术措施

①摘心与剪梢。摘心与剪梢都是将植株正在生长的枝梢去掉顶端。其中枝条柔嫩的、可用手指摘除的,称为摘心。枝条已经硬化的、必须用剪刀剪取的称为剪梢。

摘心与剪梢均可促使侧枝萌发,增加开花枝数,使植株矮化,株形圆整,开花整齐。还可以起到抑制生长、推迟开花的作用。

②摘叶、摘花与摘果。摘叶是摘除植株下部密集、衰老、徒耗养分以及影响光照的叶片。其他发黄、破损或感染病害的叶片也应该摘除。摘花一是指摘除残花,如杜鹃开花之后,残花久存不落,而影响嫩芽以及嫩枝的生长,需要摘除；二是指摘除生长过多以及残、缺、僵等不美之花朵。摘果是指摘除不需要的小果,以减少养分的消耗,促使新芽的发育。

③剥芽与剥蕾。剥芽是将枝条上部发生的幼小侧芽于基部剥除。其目的是减少过多的侧枝,以免阻碍通风透光,分散养分,使留下的枝条生长茁壮,提高开花的质量。剥蕾是在花蕾形成后,为了保证主蕾开花的营养,而剥除侧蕾,以提高开花质量。有时为了调整开花的速度,使全株花朵整齐开放,就分几次剥蕾,花蕾小的枝条早剥侧蕾,花蕾大的枝条晚剥侧蕾,最后使每枝枝条上的花蕾大小相似,开花大小也近似。

④去蘖。去蘖是指除去植株基部附近的根蘖或嫁接苗砧木上发生的萌蘖,使养分集中供给给植株,促使盆花生长发育。

⑤修枝。又称剪枝。主要有疏枝和短截两种方法。

1)疏枝:即是将枝条从基部剪去,是一种减少枝条数量的修剪方法。疏枝能使冠幅内部枝条分布趋向合理、均衡生长、改善通风透光条件、加强光合作用、增加养分积累、使枝叶生长健壮、减少病虫害等,但疏枝对全株生长有削弱作用。疏枝主要疏除病虫枝、伤残枝、不宜利用的徒长枝、竞争枝、交叉枝、并生枝、下垂枝、重叠枝等。疏枝程度依据花卉的特性、花卉的生长阶段而异,萌发力、发枝力强的可以多疏枝,反之则要少疏枝。为了促进幼苗生长迅速,宜少疏枝。

2)短截:即是将枝条剪去一部分,是一种减少冠幅内枝条长度的修剪方法。短截能使留存在枝条上的芽得到更多的水分和养分,刺激侧芽萌发,使其抽生新梢,增加分枝数目,加强局部生长势,并能改变枝条的生长方向和角度,调节每一分枝的距离,使树冠紧凑和整齐;也可调节生长与发育的关系。

第三节 切花的栽培管理

一、整地作畦

切花栽培管理与一般园林植物栽培既有相同之处,也有不同之处。总的说来,切花栽培对环境条件和栽培技术的要求更高。

1. 选地与整地

切花栽培用地要求阳光充足,土质疏松、肥沃,排水良好;生产基地周围无污染源,水源方便,水质清洁,空气清新。因此,在种植前,先要调查选址处的土壤结构、肥力、酸碱度、盐分含量等,根据土壤实际情况,结合整地进行土壤改良。

一般切花生长以 pH5.5～6.5 的微酸性土壤较好。大部分球根类切花对土壤盐分比较敏感。土壤盐分以电导率(EC)表示,主要切花种类(品种)的适宜 EC 在 0.5～1.5 之间。如月季 EC 在 0.4～0.8,香石竹 EC 在 0.5～1.0 的土壤中生长良好。

土壤耕翻深度依切花种类不同而定。一、二年生切花,因其根系较浅,翻耕深度一般为20～25 cm。球根、宿根类切花为30～40 cm。木本切花因根系强大,需深翻或挖穴种植,深度至少为40～50 cm。

作畦方式以不同地区的地势及切花种类不同而有区别。南方多雨、地势低的地区,作高畦以利排水;北方少雨、高燥地区作低畦,便于保水、灌溉。栽培畦一般南北走向,畦面宽应根据农事操作便利和冬季保温盖膜的需要设置,一般在80cm左右。

2. 定植

切花栽培以密植为主,并注意浅植。株行距大小依据不同切花植物后期的生长特性、剪花要求来决定,如月季为9～12株/m^2,香石竹为36～42株/m^{2}等。定植不宜过深,特别像非洲菊一类"根出叶"的种类,不可将生长点埋入土中。

3. 灌溉与施肥

(1)灌溉 水分管理是一项经常性的细致工作,在很大程度上决定切花栽培的成败。

①依不同切花的特性浇水。掌握不同切花的需水特性,因"花"浇水,才能取得好的效果。如花谚中"干兰湿菊",说明兰这种阴生植物需较高的温度,但根际的土壤温度又不宜太大;而菊花是喜阳花卉,不耐干旱,要求土壤湿润,但又不能过于潮湿、积水,蜡质叶等叶表面不易失水的种类则需水较少。

②根据不同生育期浇水。同一种切花植物在各个不同的生长发育阶段对水分的需求量是不同的。一般来说,幼苗期的根系较浅,虽然代谢旺盛,但不能浇水过多,只能少量而多次;植物恢复正常营养生长后,生长量加大,应增大浇水量;进入开花期后,因根系深,生长量小,应控制水分,以利提早开花和提高切花品质。

③根据不同季节、土质浇水。就全年来讲,春、秋两季少浇,夏季多浇,冬季不浇。在我国南方,春季雨水多,蒸腾耗水量少,可少浇水。夏季温度高,生长旺盛,蒸腾量大,宜多浇水。秋、冬季气温下降,生长缓慢,应控制浇水。但在设施栽培中,冬季设施内的温度很高,往往会给人一种错觉,认为不必浇水。其实只是土壤的表层湿润,土壤耕作层的中下层比较干,单靠薄膜内汽化形成的雾滴水不能满足根系的需水量,所以,也需要适当地浇水。以温室栽培切花菊为例,一般冬季水分的消耗为夏季的1/3,为春、秋季的1/2。就土质而言,黏性土保水性强,少浇为宜;而沙性土保水性差,应增加浇水次数。就每次浇水量而言,以彻底灌透为原则,干透浇足,不能半干半湿,避免浇水时出现"干夹层"。土壤经常而适度的干湿交替,对植物根系发育有利。

④浇水时间。夏季以早、晚为好,秋季则可在近中午时浇水。原则就是使水温与土温接近。如水温与土温的温差较大,会影响植株根系活动,甚至伤根。

(2)施肥 基肥以有机肥为主,追肥以化学肥料为主。施肥量及用肥种类依据切花生育期的不同而有差异。幼苗期肥料吸收量较少,随着茎叶大量生长,到开花前吸收量呈直线上升,一直到开花后才逐渐减少。在幼苗生长期、茎叶发育期多施氮肥,可促进营养器官的发育;在孕蕾期、开花期则应多施磷肥、钾肥,以促进开花和延长开花期。通常生长季节每隔7～10天施一次肥。施肥前要先松土,以利根系吸收,施肥后要及时浇透水。不要在中午前后或有风时施追肥,以免伤害植株。

施肥效果好坏还取决于气候、土壤以及管理水平。要掌握薄肥勤施的原则,切忌施浓肥,因浓肥会使土壤溶液渗透压增加,影响植物对水分的吸收。必要时也可以根外追肥。

(3)中耕除草　除草一般结合中耕,在花苗栽植初期,特别是在秋季植株郁闭之前将杂草除尽。也可用地膜覆盖防除杂草,尤以黑膜效果最佳。还可使用化学除草剂,但浓度一定要严格掌握,如2,4-D用0.5%～1.0%的稀释液,每1 000 m²用量0.075～0.3 kg,可消灭双子叶杂草。

(4)整形修剪　整形修剪是切花生产过程中技术性很强的措施,直接影响花枝的多少和开花期。切花整形修剪包括摘心、除芽、阻蕾、修剪枝条等。通过整枝可以控制植株的高度,增加分枝数,提高着花率;通过除去多余的枝叶可减少养分消耗,也可以作为控制花期或使植株第二次开花的技术措施。整枝不能孤立进行,必须与肥水管理等其他管理措施相配合,才能达到目的。

①摘心。摘除枝梢顶芽,称为摘心。摘心能促使植株侧芽的形成,开花数增多,并能抑制枝条生长,促使植株矮化,还可延长花期。如香石竹每摘一次心,花期延长30天左右。

②除芽。除芽的目的是除去过多的腋芽,以限制枝条和花蕾的发生,并可使主茎粗壮挺直,花朵大而美丽。

③剥蕾。通常是摘除侧蕾,保留主蕾(顶蕾),或除去过早发生的花蕾和过多的花蕾。

④修枝。剪除枯枝、病虫害枝、位置不正易扰乱株形的枝、开花后的残枝,改进通风透光条件,并减少养分消耗,提高开花质量。

⑤剥叶。经常剥去老叶、病叶及多余叶片,可协调营养生长与生殖生长的关系,有利于提高开花率和花的品质。如马蹄莲、非洲菊作切花栽培时,应及时剥除老叶、病叶及多余的叶片。

⑥支缚。支缚也称拉网。用网、竹竿等物支缚住切花,保证切花茎秆挺直,不弯曲、不倒伏。例如香石竹、菊花作切花栽培时,生产上常用网目为10 cm×10 cm的尼龙网格作为支撑物。支撑物于定植时铺设在栽培畦上,四周用木棍或竹竿绷紧。以后随着植株长高,逐渐将支撑物上移。一般网状支撑物需铺设2～3层,定植时全部叠放在一起,以后逐渐向上拉开,第一层离地面15～20 cm,两层的间距一般15 cm

左右。

切花采收时的开放程度依不同切花种类而定,也与切花采收后到上货架的时间长短有关。如菊花开放五六成时采收,唐菖蒲基部小花开放 1~4 朵时(冬季至少要开放 3~4 朵,而夏季高温时则可在不露色时)采收,百合一般在花蕾显色后采收。采收后随即上货架的,可以采收得迟些,采收后需要冷藏或长途运输的,宜早些。具体采切时间通常是夏天在清晨或傍晚,冬天在上午 10 时左右。切花采收后,应及时离开温室,并进行分级、包装、冷藏后销售。

切花采后的保鲜处理包括预处理浸泡、低温贮藏、人工催开和售后的瓶插保鲜等多个技术环节。预处理可用高浓度的蔗糖并结合 4 mol 的硫代硫酸银(STS)浸泡花茎 5~10 分钟。贮藏多采用冷藏方式,不同花卉贮藏的最适温度是不相同的。如月季需 0℃左右,香石竹需 0~1℃,唐菖蒲需 1~3℃,火鹤花需 13℃。冷藏时,应将花枝垂直摆放,以免因花枝的向上生长习性而发生弯梢。蕾期采切的花枝经冷藏还需用催花液处理后才能上市。

二、切花种类

1. 切花的含义和分类

切花指的是从植物体上剪切下来的供观赏的枝、叶、花、果等材料的总称。由于具有运输方便、变化性大、应用面广、装饰性强、价格相对便宜等特点,是目前花卉商品主要的销售形式,占世界花卉产品的 50%左右。切花可制作花束、花篮、花环、花圈、佩花、瓶插或盆插等。

在切花生产和应用实践中,通常按照其主要观赏部位分为以下四大类:

(1)切花类　作为切花的主要品种,一般花色艳丽,花姿优美。如月季、菊花、康乃馨、唐菖蒲、非洲菊、花烛、百合、满天星、晚香玉、郁金香、金鱼草、鹤望兰、紫罗兰、鸢尾、小向日葵、马蹄莲、叶子花等。其中有些种类的观赏部位并非花冠,而是苞片,如马蹄莲的白色佛焰苞、叶子花的彩色苞片等。

(2)切叶类　这类植物往往叶形奇特美丽。如文竹、蕨类、天门冬、八角金盘、春羽、彩叶草、花叶芋、变叶木、旱伞草、龟背竹、玉簪、马蔺、鹅掌柴、散尾葵、苏铁等。

(3)切枝类　剪截未带叶、花、果的枝条,欣赏其造型和线条美。如松、柏、梅花、榆叶梅、腊梅、银芽柳、红瑞木等。

(4)切果类　主要观赏其果实。这类植物往往果实累累,且色彩鲜艳或果形奇特,而其花型较小,茎叶也无多大特色。如构骨、五色椒、冬珊瑚、石榴、佛手、南天竹、忍冬、金银木、火棘、观赏南瓜等。

2.切花的保鲜

切花的保鲜有两种含义,人们通常所指仅是消费者购回鲜花后,用保鲜剂来延长"瓶插寿命"。广义的保鲜是指从采收后预处理、贮藏、运输到上架出售的切花鲜度,即"货架寿命"。生产上的保鲜指的是广义的保鲜。切花的保鲜十分重要。切花的鲜活程度是切花品质的重要标志。质量上的变化会给使用价值带来极大的损失。切花保鲜的措施有:

(1)加强田间管理,改善栽培措施,增加鲜切花干物质的积累 如合理施肥、合理灌溉、加强植物保护等。

(2)合理确定采收时间 采收的具体时间应因花而异,大部分切花应尽可能在蕾期采收。适于蕾期采收的种类有:月季、香石竹、菊花、唐菖蒲、小苍兰、百合、郁金香等。但也有一些切花不宜在蕾期采收,如热带兰、火鹤、非洲菊等。

(3)分级包装 依据有关行业标准进行分级。包装一般在贮运之前进行,适当的包装可减少切花在运输过程中的损耗。包装规格一般按市场要求、按一定数量包扎。

(4)冷藏 低温冷藏是延缓衰老的有效方法,一般切花冷藏温度为0~2℃,相对湿度为90%~95%。一些原产于热带的种类,如热带兰、一品红、火鹤等对低温敏感,需要贮藏在较高的温度中。

(5)保鲜剂 保鲜剂的成分有营养补充物质(如蔗糖、葡萄糖等)、乙烯抑制剂(硫代硫酸银、高锰酸钾等)、杀菌剂(8-羟基喹啉盐、次氯酸钠、硫酸铜、醋酸锌等)、水(蒸馏水或去离子水)。

第四节 花期控制栽培技术

花期控制又称催延花期,就是采用人为措施,使花卉在自然花期之外,按照人们的意愿定时开放。例如使各种花卉在四季均衡开花;使不同花期的花卉在同一时期集中开放,以供应节日需要;使某些每年开花一次的变为一年内多次开花等,即"催百花于片刻,聚四季于一时"。开花期比自然花期提前的称为促成栽培,比自然花期延迟的称为抑制栽培。

我国早在宋代就有人为控制花期,开出"不时之花"的记载。20世纪30年代以来,根据植物对光周期长短的不同反应,采取了延长或缩短光照时间,从而控制花期。从50年代起,植物生长调节剂应用于花期控制,到70年代,花期控制技术应用范围更加广泛,方法也层出不穷。现代花卉业对园林植物的花期控制提出了更高的要求,这是由于园林植物花期的早晚直接影响到其上市时间、商品价值、品种培育等方面。近年来花期控制已作为园林植物栽培管理的一项核心技术而备受重视。

一、环境与栽培措施的处理技术

1. 光照调节

长日照花卉在日照短的季节,用电灯补充光照能提早开花,若给予短日照处理,则抑制开花;短日照花卉在日照长的季节,进行遮光短日照处理,能促进开花,相反,若长期给予长日照处理,就抑制开花。一般春夏开花的花卉多为长日照花卉,秋冬开花的多为短日照花卉。为了使一些必须在短日照环境条件下才能进行花芽分化、现蕾开花的花卉提早开花,必须提前缩短每天的光照时间,如一品红、叶子花等,若要在国庆节开放,必须提前40~50天把每天的光照时数缩短到10小时以下。光照调节应辅之以其他措施,才能达到预期的目的,如花卉的营养生长必须完善,枝条应接近开花的长度,腋芽和顶芽应充实饱满,在养护中应加强磷、钾肥的施用,停止施用氮肥,以防止徒长,否则对花芽的分化和花蕾的形成不利。

(1) 长日照处理　用人工补加光照的方法,延长每日连续光照时间,达到12小时以上,可使长日照花卉在短日照季节开花。如冬季栽培的唐菖蒲,在日落之前加光,使每天有16小时的光照,并结合加温,可使它在冬季和早春开花。用14~15小时的光照,蒲包花也能提早开花。人工补充光照可用荧光灯悬挂在植株上方20 cm处。

(2) 短日照处理　用黑色遮光材料在白昼两头进行遮光处理,缩短白昼,加长黑夜,可促使短日照花卉在长日照季节开花。如一品红在长日照季节,每天的光照缩短至10小时,50~60天就可以开花;蟹爪兰每天缩短至9小时,60天也可以开花。遮光处理时,遮光材料要密闭、遮严、不透光,以防止低照度散光产生破坏作用;遮光处理在夏季炎热季节进行,要注意通风和降温。

(3) 加光分夜处理　短日照花卉在短日照季节易形成花蕾开花,但在午夜加光2小时,把一个长夜分成两个短夜,破坏了短日照的作用,就能阻止短日照花卉在短日照季节形成花蕾开花。停光以后,由于处于自然的短日照季节里,花卉就会自然地进行花芽分化而开花。停光日期决定于该花卉当时所处气温条件和它在短日照季节里从分化花芽到开花所需要的天数。用作加光分夜的光照以具红光的白炽灯为好。

(4) 颠倒昼夜　采用白天遮光、夜间光照的方法,可使在夜间开花的花卉在白天开放,并可使花期延长2~3天,如昙花。

2. 温度调节

(1) 增加温度　一些多年生花卉和秋播草花在入冬前若放入温室内培养,一般都能提前开花,如牡丹、杜鹃、山茶、瓜叶菊、大岩桐等。但加温处理必须是成熟的植株,并在入冬前已形成花芽,否则不会成功。加温促成栽培,首先要确定花期,然后再根据花卉的特性确定提前加温的时间。在室温增加到20~25℃、相对湿度增加到80%以上时,垂丝海棠经10~15天就能开花,而杜鹃则需40~50天开花,见表4-4。

表4-4 几种主要花卉春节开花所需温度和加温天数

种 类	温 度	处理天数	种 类	温 度	处理天数
碧桃	10~30℃	40~50天	迎春	5℃	30天
西府海棠	12~18℃	15~20天	杜鹃	15~20℃	50天
榆叶梅	15~20℃	20天			

有许多花卉在适宜的环境条件下可连续生长,开花不断,如月季、非洲菊、美人蕉、天竺葵等,都可通过加温使花期延长。但加温应提前进行,不使其受低温影响而停止生长,并结合施肥、浇水、修剪等技术措施,才能达到延长花期的目的。

(2)降低温度 在早春气温回暖之前,对于休眠的春季开花花卉给予1~4℃的低温,使休眠期延长,开花期延迟。根据需要开花的日期、开花的种类及气候条件,确定降温培养至开花所需的天数,然后确定停止低温处理的日期。降温处理管理方便,开花质量好,延迟花期时间长,适用范围广,包括各种耐寒、耐阴的宿根花卉、球根花卉及木本花卉都可采用。如杜鹃、紫藤可延迟花期7个月以上,而且,花的质量不低于春天开的花。二年生花卉和宿根花卉在生长发育中需要一段低温春化过程,才能抽苔开花,如毛地黄、桂竹香、牛眼菊等;秋植球根花卉需要一段6~9℃低温才能使花颈伸长,如君子兰、水仙、风信子等;对于原产于夏季凉爽地区的花卉,因在夏季炎热地区生长不良,开花停止,若使温度降到28℃以下,使其继续处于旺盛生长的状态,就会继续开花,如仙客来、天竺葵、吊钟海棠等。

3. 栽培管理措施调节

运用播种、修剪、摘心及水肥管理等技术措施调节花期。根据花卉习性,在不同时期采取相应的栽培管理措施进行处理。

(1)播种季节 利用播种期来调节花期。如唐菖蒲在北方地区于4月中旬至7月底分期分批播种,可于7—10月接连开花不断;瓜叶菊于4月、6月、10月分期播种,开花期自11月至次年5月,可达5个多月;翠菊、万寿菊、美女樱等于6月中旬播种,百日草、凤仙花等于7月上旬播种,可为"十一"国庆节提供用花;一串红可于8月下旬播种,冬季温室盆栽,不断摘心,于"五一"前25~30天停止摘心,使其"五一"繁花盛开,见表4-5。

表 4-5 "十一"国庆节用花的种类及播种期

播 种 期	花 卉 种 类
3月中旬	百子石榴
4月初	一串红
5月初	半枝莲
6月初	鸡冠花
6月上旬	圆绒鸡冠、翠菊、美女樱、银边翠、旱金莲、大花牵牛、茑萝、万寿菊
7月上旬	百日草、孔雀草、凤仙花、千日红
7月20日	矮翠菊

(2)修剪、摘心调节 如果为在国庆开花,早菊的晚花品种在7月1—5日、早花品种在7月15—20日修剪;荷兰菊于3月上盆后,修剪2~3次,最后一次修剪在国庆前20天进行;一串红于国庆节25~30天摘心,都可按时开花。

(3)水肥调节 人为地控制水分,可强迫休眠;于适当时期供给水分,则可解除休眠,使其发芽、生长、开花。使用此法可促使梅花、海棠、玉兰、牡丹等木本花卉在国庆前开花。例如,欲使玉兰在当年国庆节第二次开花,首先要在第一次开花后加强水分管理,使新枝的叶、芽生长充实,然后停止浇水,人为地制造干旱环境,同时进行摘心,3~5天后将其移到凉爽的地方,并向植株上喷水,使其恢复生机,花芽开始分化,这时再加施磷肥,使花芽尽快分化完成,就可在国庆前开花。

由于地区、时间、当时的气候以及花卉苗木的大小、强弱等许多因素的不同,因此,必须根据当地气候等实际情况,确定所采取的技术措施,并严格掌握,方可成功。

二、植物生长调节剂处理技术

应用生长激素处理花卉,对于调节花期具有显著的效果。如用赤霉素、萘乙酸、2,4-D、秋水仙素、B9、乙醚等进行处理,可起到催延花期的作用。

1. 解除休眠提早开花

应用激素解除休眠。用500~10 000 ppm浓度的赤霉素,点在牡丹、芍药的休眠芽上,几天后芽便可萌动;喷在牛眼菊、毛地黄上,有代替低温的作用,可提早抽苔;涂在山茶花的花蕾上,能加速花蕾膨大,提早开花。

2. 抑制花芽分化延迟开花

2,4-D对花芽分化和花蕾的发育有抑制作用。当用2,4-D处理菊花时,用0.01 ml/L处理菊花呈初活状态,用0.01 ml/L处理的菊花花蕾膨大已透色,而用

0.05 ml/L 喷过的花蕾尚小。

第五节 保护地栽培

园林植物保护地栽培,是在有人工设施的保护下进行栽培的方式。人工设施可在一定程度上对小气候进行调节,使之适宜于园林植物的生长发育。用于园林植物栽培的保护地设施主要有温室、塑料大棚、荫棚、冷床、温床、冷窖等,以及其他辅助设施、设备。人们用上述栽培设施、设备创设的栽培环境,称为保护地。在保护地进行的植物栽培称为保护地栽培。

保护地栽培主要具有两方面的作用:一是在不适于某类植物生态要求的地区栽培该种植物。如在北京冬季严寒干燥,春季干旱多风,利用温室等保护地条件就可以栽培种植要求温暖湿润的热带兰、鸟巢蕨、变叶木等热带花卉。二是在不适于花卉生长的季节进行植物栽培。如酷热的夏季,一些要求气候凉爽的植物或被迫进入休眠,或生长衰弱死亡,但在有降温设备的室内仍可正常生长。在我国北方严寒的冬天,草木凋萎,而温室内的各类植物却仍然能正常地生长开花。

保护地栽培的特点是:保护地设施建设需要一定的投资;栽培技术要求较高;可周年进行生产,调节市场余缺;单位面积产量高,产品质量好。

一、园林植物保护地栽培设施分类

用于园林植物保护地栽培的设施主要有保温设施、降温设施及防护设施等。其中,保温设施是最主要的保护地设施。保温设施大致可分为温室和塑料棚两类。

1. 温室

温室俗称暖房,是用有透光能力的材料覆盖屋面而形成的保护性生产设施。

(1)按应用目的的分类

①观赏温室。供展览、观赏温室花卉、普及科学知识之用。一般设置在公园内或植物园内。外形美观、高大,便于游人流连和观赏。如北京中山公园的唐花坞、北京植物园的大温室等。

②生产栽培温室。建筑形式以符合栽培植物的需要和经济实用为原则,不追求外形美观。一般外形简单,底矮,热能消耗较少,室内生产面积利用充分,有利于降低生产成本。

③繁殖温室。专供大规模繁殖使用。建筑多为较低的半地下式,便于维持较高的湿度和稳定的温度环境。

(2)依据温室是否加温分类

①不加温温室。利用太阳能维持室内温度在冬季可保持0℃以上的低温。如日光温室。

②加温温室。除利用太阳能外,还可采用热水、蒸汽、烟道、电热等人工的加温方法来提高温室温度。

(3)依据温室温度分类

①高温温室。室温为15~30℃,栽培热带花卉,还用于花卉的促成栽培。

②中温温室。室温为10~18℃,栽培亚热带花卉和对温度要求不高的热带花卉。

③低温温室。室温为5~15℃,保护不耐寒花卉越冬,也可作为耐寒草花的生产栽培。

(4)按透光材料分类　由于覆盖的透光材料不同,温室可以分为玻璃温室和塑料薄膜温室。

(5)按屋面形式分类　根据屋面形式的不同,温室可分为单面温室、等屋面温室、不等屋面温室和连栋温室等(图4-1)。

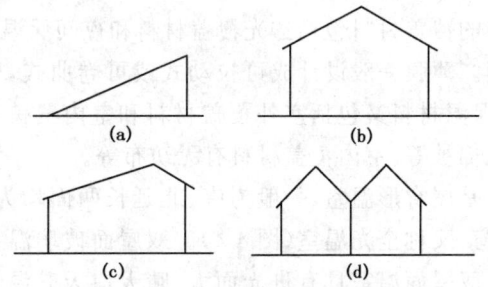

图4-1　温室类型示意图
(a)单屋面温室　(b)双屋面温室　(c)不等屋面温室　(d)连栋式双屋面温室

①单屋面温室。只有一个朝南的透光面,后墙及东、西两侧的墙多为砖墙或土墙。结构简单,用料少(图4-2)。夜间便于覆盖保温,因此,保温性能较好。其缺点是通风不良,光照不均匀,室内盆栽植物需要经常转盆。

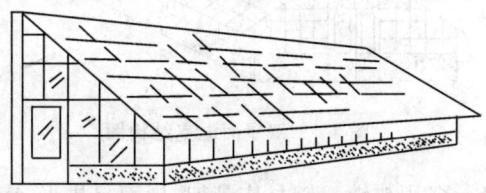

图4-2　单屋面温室结构图

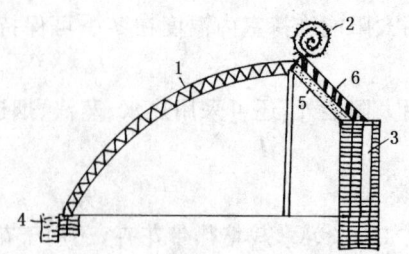

图 4-3 节能日光温室结构
1. 钢管桁架 2. 保温被(帘) 3. 空心墙(内置保温材料)
4. 防寒沟 5. 水泥板 6. 板皮(草帘、草泥等)

节能日光温室(图 4-3)是在我国北方形成并发展起来的一类特殊的单屋面温室。节能日光温室曾有多种结构形式,目前推广应用的节能日光温室是在单屋面问世的基础之上进行多方面改进后形成的。改进后的节能日光温室,保温和透光性能均有了很大提高,这样可以在冬季不加温或基本不加温的情况下进行园林植物的生产。

节能日光灯温室的覆盖材料包括透光覆盖材料和夜间保温材料。透光覆盖材料多用聚氯乙烯塑料膜。薄膜一般设计成可拉动式或可卷曲式,以便在温室温度升高时通风、降温。夜间保温材料又包括室外覆盖材料和室内覆盖材料。常用的室外覆盖材料有草帘、纸被、棉被等;室内覆盖材料有无纺布等。

②双屋面温室。是屋脊形温室,一般为南、北延长两面均为玻璃屋面,四壁除有矮墙外,全部是玻璃窗,又称全光温室(图 4-4)。双屋面玻璃温室的骨架通常用热镀锌钢材和铝合金等。双屋面温室具有进光面大、晴天白天升温快的特点。但由于玻璃面积大,晚间散热快,再加上不易用草帘覆盖,保温性能较单屋面温室差。现多用塑料薄膜或无纺布在温室内部设置两层保温幕来防寒保暖。

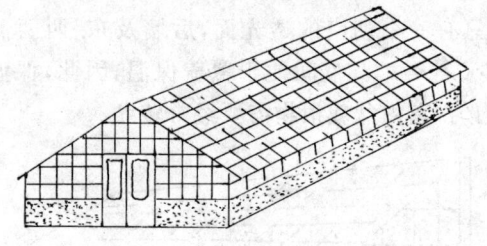

图 4-4 双屋面温室结构图

③拱形屋面温室。多用热镀锌钢材作骨架,屋面呈拱形,南北向延长。屋面覆盖材料多为塑料薄膜,也有聚碳酸酯中空板覆盖的。两侧设有活动的通风装置(称侧

窗),有的在拱形屋面上也设有活动通风装置(图 4-5)。为增加保温性能,我国邯郸生产的胖龙温室采用美国技术,用双膜覆盖,在两层薄膜间用鼓风机不间断地鼓气,使薄膜膨胀而与金属骨架绷紧,并在两层薄膜间形成隔热层,有的将拱行屋面设计成两层骨架,骨架间约相距 20 cm,在两层骨架上均覆盖塑料薄膜,形成双架双膜的保温结构。拱形屋面温室较双屋面玻璃温室造价低,施工快。但需根据塑料薄膜的寿命定期更改。

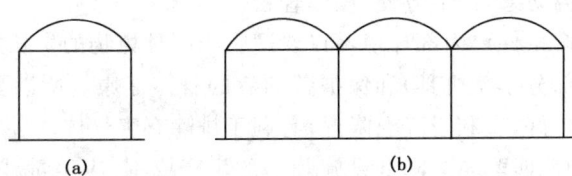

图 4-5 拱形屋面温室示意图
(a)单拱形温室 (b)连拱形温室

2. 塑料棚

塑料棚是塑料薄膜覆盖的拱形棚的简称,是一种利用塑料薄膜覆盖的不加温的简易保护栽培设施。它与温室相比,具有结构简单、建造和拆装方便、一次性投资较少、运行费用较低等优点。因而在生产上,特别是在我国长江中下游及其以南地区,得到越来越多的普遍应用。但塑料棚的保温性能、抗自然灾害的能力、内部环境的调控能力均较差。

生产上使用的塑料棚,依据管理人员在棚内操作是否受到影响而分为大棚、中棚和小棚(图 4-6)。在棚内,管理人员能自由操作的为大棚;勉强能操作的为中棚;不能在棚内操作需在棚外管理的为小棚。一般大棚高多在 2 m 以上,棚宽在 5 m 以上,面积在 13 m² 以上;中棚高 1.8 m 左右,宽 2~5 m,面积为 6~13 m²;小棚高 0.5~1.0 m,宽 1~2 m,面积在 6.7 m² 以下。

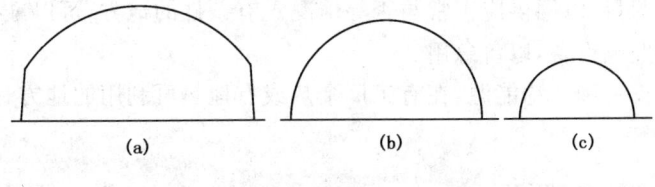

图 4-6 塑料棚类型示意图
(a)大棚 (b)中棚 (c)小棚

二、栽培设施的规划与布局

1. 基本要求

(1)良好的结构　对结构的要求有两方面:一是坚固,要求结构简单,轻质高强,坚固抗性大,遮阳面小,空间大;二是性能良好,要求白天能充分透过太阳光,能通风换气,夜间又能保温防寒,调节方便,操作轻松。

(2)良好的生产条件　内部环境不仅要适宜于园林植物的生长发育,也应适应劳动作业(包括使用部分小型机具)和保护劳动者的身体健康。所以要求立柱少,便于操作;室内通风条件好,有利于降温降湿,有利于排除有害气体。

(3)投资少,功能匹配　为降低设施栽培的生产成本,应尽量减少建造投资。选用材料的牢固程度应基本一致,以免在设施淘汰时造成浪费。在设施功能方面,应根据实际需要,切忌贪大求全。

2. 场地选择

场地合适与否,对设施的结构性能、环境调控、经营管理等方面影响很大。因此,在建造前要慎重选择场地。

(1)选择向阳开阔、无隐蔽的平坦矩形地块　向阳面开阔和无荫蔽,可以使设施充分利用阳光。平坦的矩形地块可方便设计和布局。

(2)避风的区域　冬季有季节风的地方,最好选择迎风面有山丘、防风林或高大建筑物的区域。但这样的区域往往是风口或积雪处,选择时应注意。

(3)水源丰富、水质良好和灌排两便的地方　灌溉和排水是园林植物栽培的基本条件。水质的优劣不仅影响到作物的生长,影响锅炉和管道的使用寿命,还会影响到劳动者的身体健康。

(4)电源方便、供电正常的地方　现代化程度比较高的设施对电力供应的要求更高,设施内的许多设计如通风、加温、加光等都依赖于电。因此,在选址时应考虑供电线路架设的工程量、电网供应正常与否等情况。有条件的地方,可以准备两条线路供电或自备一些发电设备,以备急用。

为了减少投资和节约能源,在有工厂余热或有地热可利用的地方,应尽可能加以利用。

3. 布局

(1)连片配置,集中管理　在集约经营中,栽培设施多是连片配置,以便集中管理,提高设施的利用效益。新建一个设施栽培基地时,栽培室、育苗室、管理室、仓库、锅炉房、配电间、水泵房等设施的平面设置可参考图 4-7 布置。

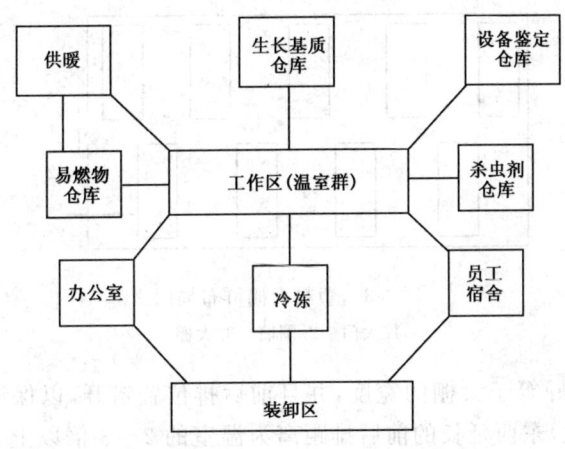

图 4-7　园林植物设施平面布局图

（2）因时因地，选择方向　建造温室或大棚等设施时，必须考虑设施的采光和通风，这就涉及设施建造的方向。

温室、大棚的屋脊延长方向（或称走向）大体分为南北和东西两种。温室、大棚的走向与采光和通风密切相关。

在我国北方的高纬度地区，太阳高度角较小。根据测定，在高纬度地区从表面上看 10 月上旬到次年 3 月中旬，东西走向的大棚透光率较强。而在 3 月到 10 月，南北走向的大棚透光率较强。北方地区利用温室栽培多安排在冬季。因此，以节能日光温室为主的单屋面温室以东西向延长为好，即坐北朝南，这样温室得到的光照较多，蓄热、保温性能好。

在我国中南部纬度较低地区，栽培设施以塑料大棚为主。一般而言，南北走向的大棚光照分布是上午东部受光好，下午西部受光好，但日平均受光基本相同，且棚内不产生"死阴影"。东西走向的大棚，南北受光不均，南部受光强。在骨架粗大时，还会产生"死阴影"，导致棚内作物长势不均。根据大棚的使用季节多集中在 3—11 月，因此，生产上多采用南北走向的形式（图 4-8）。

对于连栋的双屋面现代温室，南北沿长和东西延长的光照度没有明显的差异，但实际生产中采用南北延长的较多。

（3）邻栋间隔，宽窄适当　温室与温室之间的间隔称邻栋间隔。如果从土地利用率考虑，其间隔越窄越好，但从通风透光考虑，间隔不宜过于狭窄。

一般来说，塑料大棚前后排之间的距离应在 5 m 左右，即棚高的 1.5～2 倍。这样，即使在早春或晚秋，前排大棚也不会挡住后排大棚的太阳光。当然，纬度不同，其适宜的距离也有所不同。纬度高的地区距离应大些，纬度低的地区则距离小些。大

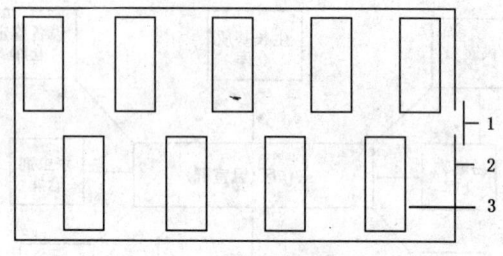

图 4-8 塑料大棚群布局图
1.大门 2.围墙 3.大棚

棚左右的距离,最好等于大棚的宽度,并且前后排位置错开,以保证通风良好(图 4-9)。对于温室来说,东西延长的前后排距离为温室的 2～3 倍以上,南北延长的前后排距离为温室高度的 0.8～1.3 倍以上。

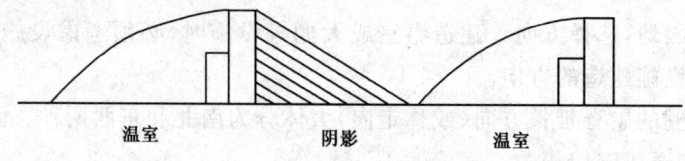

图 4-9 温室间距与阴影关系图

(4)温室的出入口及畦的配置 温室的出入口及内部道路的设置应有利于作业用机器、生产资料及产品的出入和运输。温室出入口有两种类型,即腰部出入和端部出入。一般延长方向超过 50 m 的温室用腰部出入,小于 50 m 的多用端部出入。

三、常用大棚膜的特性

1.常用大棚膜的特性

随着科学技术的进步,大棚膜的种类不断增加,性能也日趋完善,现介绍几种大棚膜的特性。

(1)聚氯乙烯(PVC)棚膜 新膜具有良好的透光性,但吸尘性强,易受污染,膜上易附着水滴,透光率下降快。深夜保温性能比聚乙烯膜强,而且耐高温日晒,抗张力、伸长力强,较耐用,撕裂后容易粘补。但耐低温性不如聚乙烯膜,而且相同厚度、相同质量的膜覆盖面积约为聚乙烯膜的 3/4。

(2)聚乙烯(PE)棚膜 PE 棚膜透光性强,不宜吸尘,耐低温性好,耐高温性差,相对密度轻。但其夜间保温性能不及 PVC 膜,常出现夜间棚温逆转现象。抗张力、伸长力不及 PVC 膜,但延伸率大。由于制作时可采用吹塑工艺,所以幅度可大可小,最宽的可达 10m，是南方地区主要使用的棚膜。

(3)乙烯—醋酸乙烯(EVA)棚膜 它是以乙烯—醋酸乙烯酯共聚物为基础材料制成的棚膜，具有耐低温、耐老化、透光率好、机械强度高等优点，并且投入产出比更合理，被誉为我国第三代农用薄膜。目前正在全国示范推广的有 EVA 无滴长寿膜和 EVA 高保温日光膜。

2. 大棚薄膜覆盖方法

生产中，大棚多用普通聚氯乙烯或聚乙烯膜覆盖。盖膜方法分为四块薄膜拼接、三块薄膜拼接和一块薄膜满盖等三种。

(1)四块薄膜拼接 先用两块 1.5 m 宽的薄膜作为底脚围裙，上端卷入一根绳，烙合成筒，固定在大棚底部两侧，下端埋入土中。固定方法，把绳两头绑在靠山墙拱杆上，其他拱杆处用细铁丝拧紧。上部两大块薄膜的上端同样卷入一条绳，烙合成筒，有棚顶部把上端重合 10 cm，向下盖在底脚围裙上沿过 30 cm。两个横杆间用一条压膜绳压紧，压膜线用 8 号铁丝或塑料压膜线，两端固定在预埋的地锚上，用紧线器拉紧。这种方法适用比较矮的大棚，可扒开中缝放顶风，也可扒开两边放过流风。

(2)三块薄膜拼接 两侧底脚围裙与上一种方法相同，上部用一整块薄膜覆盖，延过底脚围裙 30 cm，其他与上述方法相同。这种方法适用于比较高的大棚。

(3)一块薄膜满盖 根据棚架的实际尺寸，用一块薄膜，或将几块薄膜烙合拼接后覆盖在棚架上。这种方法覆盖方便，但通风管理不便，适用于较小的拱棚。

覆盖薄膜前，在大棚两端拱杆下设置门框，但不安门。覆盖薄膜后将门框中间的薄膜剪开，两边卷到门框上，上边卷到门上框上，用木条钉在门框上，即可安大棚门。

烙合薄膜时，用 1 根 4cm×4cm×200cm 的松木枝固定在桌子上或支架上，把两幅薄膜的边重合，上面覆盖牛皮纸，用 500W 电熨斗压熨，将两幅薄膜边熨压、黏合在一起。

四、温室附属设施

1. 加温设施

(1)烟道加热 这种加热方式由炉灶、烟道、烟囱三部分组成。炉灶低于室内地平线 90 cm 左右，坑宽 60 cm，长度视温室空间而定。烟囱是炉火加热的主要散热部分，由若干节直径为 25 cm 左右的瓦管连接而成，也可用砖砌成方形的烟道。烟道应用有一定的坡度，即随着向上延伸而逐渐抬高，以使烟顺利而缓慢地通过烟道，并在室内充分散热。烟囱高度应超过温室屋脊，其高度根据烟道长短和拔火快慢而定。烟道加热一般以煤炭、木材为燃料，热能利用率较底，一般仅为 25%～30%，且污染温室内的空气，并占据一部分栽培用地或需在室外搭设棚架避雨，是一种较为原始的加热方式(图4-10)。

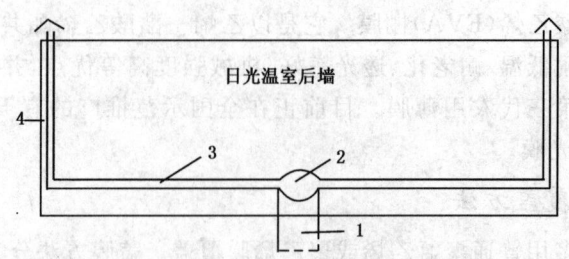

图 4-10 烟道加热系统示意图
1. 半地下式炉坑 2. 炉膛 3. 烟道 4. 烟囱

(2)热水和蒸汽加热 热水加温多采用重力循环法。水被加热到80～85℃后，用水泵热水从锅炉输送至散热管内。当管内热量散出后，水即冷却，水的相对密度加大，返回锅炉再加热循环。蒸汽加热是利用水蒸气来供暖，不需要水泵加压。蒸汽加热升温快，便于调节。加热使用的燃料有煤炭、柴油、天然气、液化石油气等。散热器的形式有两类，一类是将金属散热器固定在温室四周墙壁，同普通居民住宅的供热装置相似；另一类装置以金属或塑料管平行铺于地面或栽培床的下面，管内通过循环热水或蒸汽。这样受热部位首先是作物根部区域，然后是温室内其他空间。大规模花卉生产采用由中心锅炉供热的采热系统，可减少能源消耗和环境污染。

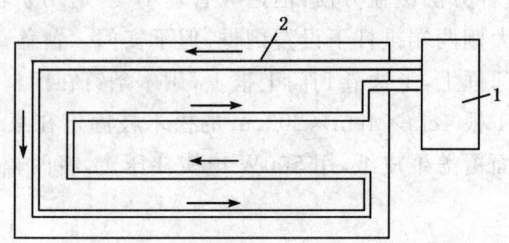

图 4-11 热水和蒸汽加热示意图
1. 锅炉 2. 热水或蒸汽管道

(3)电热加温 电热加温有电热暖风机和电热线等多种形式。一般额定功率为2 000 W的电热风器可供30 m² 高温温室或50 m² 中温温室加热使用。电热线的加温有两种，一种为加热线外套塑料管散热，可将其安装在繁殖床的基质中，用以提高土温；另一种是用裸露的外加绝缘保护加热线，用瓷珠固定在花架下面，控制温度的继电器可自行调节(图4-12)。

电热加温供热均衡，便于控制，节约劳力，清洁卫生，但成本较高，一般只作补温使用。

第四章　花卉生产技术

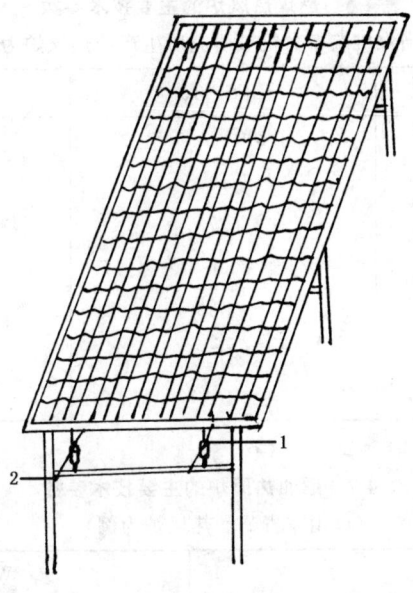

图 4-12　电热加温示意图
1. 瓷珠　2. 电热线

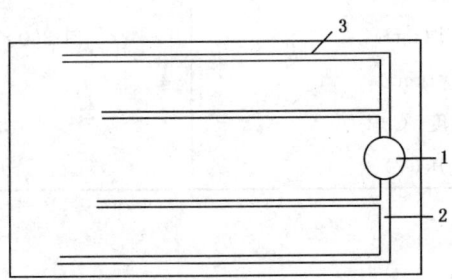

图 4-13　热风炉加热示意图
1. 热风炉　2. 输风管　3. 泄风管

　　(4)热风炉加温　以燃烧煤炭、重油或天然气产生热量,用风机借助管道将热风送至温室各部位。生产上常用塑料薄膜或帆布制成筒状管道,悬挂在温室中上部或放在地面输送热风。通过感温装置和控制器可以实现对室内温度的监测、设定、启动或关闭等自动控制。此加温形式所需设施占地面积小,质量轻,便于移动和安装,适用于中等以上规模的栽培设施(图 4-13)。燃煤热风炉及燃油热风炉的主要技术参数如表 4-6、表 4-7。

表 4-6 燃煤热风炉的主要技术参数

(以中国农机院畜禽机械研究所生产的热风炉为例)

型　号	LFS-15	LFS-20
外形尺寸(mm)	1 100×2 300	1 250×2 300
质量(kg)	1 100	1 400
额定发热量(kJ·h^{-2})	627	836
热风温度(℃)	80	100
热风量(m^3·h^{-1})	7 600	7 600
热效率(%)	75	75
煤耗量(kg·h^{-1})	40	55

表 4-7 燃油热风炉的主要技术参数

(以山东青州产热风炉为例)

规格型号	WZD-20
额定发热量(kcal/h)	200 000
风机功率(kW)	1.5
油料及油耗(kg/h)	柴油 20
外形尺寸(mm)	1 860×1 340×1 580
供热面积(m^2)	1 300
热风温度(℃)	80~100
电源电压(V)	380

2.保温设施

在冬季,温室内的保温是生产栽培的关键之一。温室内的温度高低取决于以下几个方面:一是白天进入温室内的太阳辐射能的多少;二是晚间散热量的多少;三是是否采取人工加温及加温的强度大小等等。因此,为了提高温室的温度,除了白天尽可能让阳光进入温室内和采取必要的手段,减少晚间的散热量是另一手段,也就是平时说的保温。常用的保温措施是覆盖。

(1)保温帘覆盖　保温帘所用材料应根据当地资源而定。常见的有蒲帘、草帘、苇帘、纸被等。蒲帘用蒲草(有时加芦苇)编制,草帘一般用稻草、麦草或茅草(有时加芦苇)编制,苇帘用芦苇加细绳编制,纸被由不透水的油纸加其他保温材料制成。保温帘的面积、质量和使用方式应考虑保温性能和便于操作。一般北方地区的节能日光温室多用稻草制成的长方形草帘作外保温层。草帘的一端固定在节能日光温室的后墙上，顺日光温室的前屋面垂下，覆盖在透光面上，以减少晚间热散失（图4-14）。我国中部地区的塑料大棚一般不用外覆盖保温。传统的单屋面温室常用苇帘作屋面外保温层，用稻草加芦层，用稻草加芦苇的硬草帘作侧透光面的外保温层。

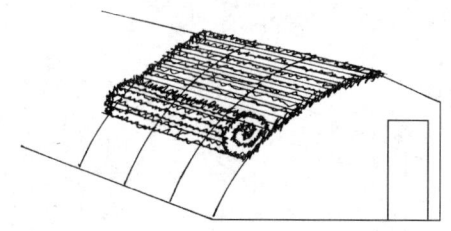

图4-14 保温帘覆盖示意图

（2）保温幕（内保温层） 架设在温室内的保温层，也称内保温层。内保温层有多种设置方式，可用的材料也很多。一般在温室的立柱间用尼龙绳或金属丝绷紧构成支撑网，将无纺布、塑料薄膜、人造纤维的织物覆盖在支撑网上，构成保温幕。也有将保温幕与遮阳网合二为一，即夏天用作内遮阳，冬天用作内保温（图4-15）。这种两用幕用聚乙烯/铝箔制成，呈银白色。现代温室多通过传动装置和监测装置对保温幕实施自动控制。在温室内部架设棚架，覆盖草帘或其他保温材料，也能构成简易的内保温层。如在塑料大棚内套小拱棚等。

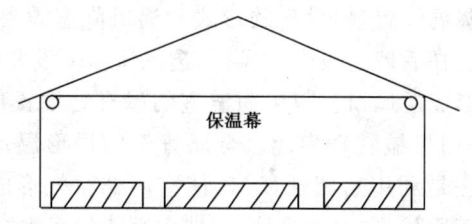

图4-15 保温幕示意图

3. 补光和遮光设施

温室内反射光利用得好，不仅能增加光照度，而且可以改善光的分布，是一种简单实用的补光装备。最简单的方法是在温室内墙上涂白（石灰水或涂料）。此外，在地面上铺设反光膜，利用它们对太阳光的反射，增加室内光照和改善室内的分布。特别在种植高杆、荫浓的植物时，地面铺设反光膜可以增加植株基部的光照，从而增加产品数量和提高产品质量。

补光包括补充光照度和增加光照时间。冬春季节，如遇连续低温、阴雨，温室内在多层保温覆盖下的作物常因光照不足而组织松软，影响其产量和质量。补光装置可通过补充光照缓解这一矛盾。增加光照时间是促成栽培的主要手段。补光的光源多选用白炽灯、水银荧光灯、金属卤灯、高压钠灯等。一般将光源设置在中柱的两侧或悬挂在栽培床的上方。灯泡功率的大小、安装密度以及离植物顶端的距离,依不同植物种类而异(图4-16)。

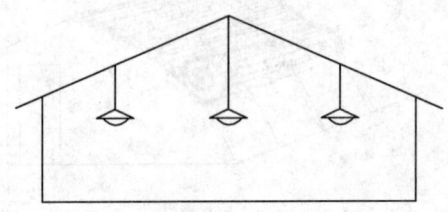

图 4-16　补光装置示意图

遮光装置一般是用双层黑布或黑色塑料薄膜制成的、可以往复扯动的黑幕。遮光装置区别于遮阴装置。遮阴装置用于减弱光照度,如夏天通过遮阴降低温室内温度,或为室内耐阴植物提供一个半阴的环境。遮光装置主要用于促成栽培中的短日照处理。

4.通风、降温和遮阳设置

(1)通风　目前我国使用的单屋面温室、双屋面温室、拱形屋面温室和节能日光温室一般都设置通风降温设置,但设备的形式和通风降温效果差异较大。单屋面温室和节能日光温室一般在后墙上设有通风口,透光屋面上设置可以启闭的通风窗,或直接将塑料薄膜扯开形成通风口。双屋面温室的屋脊处设置顶窗,四周设置肩窗和侧窗,顶窗和肩窗常采用机械转动启闭。金属骨架的拱形温室也设置顶窗和侧窗。最经济的通风降温方法是利用启闭通风口,使室内外空气形成对流,以降低室内温度、湿度,改善室内空气质量,在温室设计、建造中都应给予重视(图4-17)。

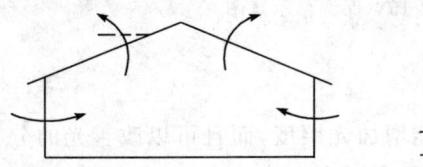
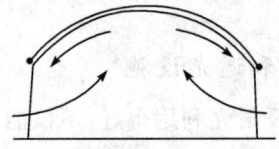

温室通风示意图　　　　　大棚通风示意图

图 4-17　通风示意图

现代化温室的通风降温设备种类很多,气垫式通风保温墙是常见的一种。能够以镀锌钢板和铝合金为框架,支撑用塑料薄膜制成的袋式气垫,围绕温室顶窗和两侧甚至四周侧墙。采用小型鼓风机充气以形成气垫,并通过感温器实施自动控制。当室内温度过高需要通风时,鼓风机停止工作,气垫内空气外泄,通风保温墙打开,形成自然通风。当室内温度低于设定温度时,鼓风机工作,气垫膨胀,通风保温墙关闭。塑料棚的通风装置简单,一般在两侧设置活动薄膜,并通过摇膜杆打开或关闭。

(2)降温 生产上使用的温室一般通过通风换气来降温。如果通风换气仍不能满足降温的要求时,需设置降温设备。目前生产上应用最多的是遮阳网结合排气扇降温方法。现代化温室内多数是用水帘降温系统或微雾降温系统。

①水帘降温。水帘降温系统由水墙、循环水系统、排风扇和控制系统组成。水墙装在温室的一侧,排风扇装在温室的另一侧。水墙由具有吸水性、透气性、多孔性的材料制成。常用的材料有杨木细刨花、聚氯乙烯、浸泡防腐剂的纸制成的蜂窝板等。当系统启动后,水(最好是温度较低的深井水)通过供水管沿水墙缓缓流下,形成一堵水帘,再从回水管流入缓冲水池。同时温室另一侧的排风扇将空气抽出,拉动室外空气通过水墙进入温室,室内空气湿度增加而温度下降,达到降温目的(图4-18)。此系统可以人工启闭,也可以与温室系统连接,实现自动控制。

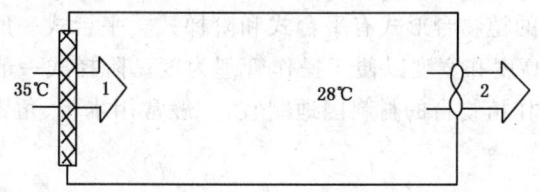

图4-18 水帘降温示意图
1. 水帘 2. 排风扇

水墙应该安装在温室面向夏季主导风向的一侧墙上,而将排风机安装在下风一侧的墙上。

②微雾降温。即将水以4～10 μm的雾滴形式喷入温室内,因雾滴细小,遇高温迅速蒸发。水蒸发时大量吸收空气中的热量,然后将潮湿空气通过排风扇排出室外,达到降温目的(图4-19)。

水帘降温和微雾降温在高温、高湿地区(长江下游梅雨季节)效果较差。

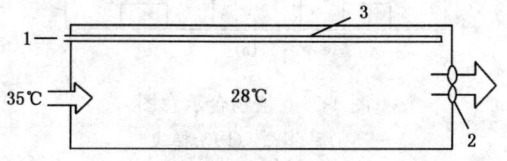

图4-19 微雾降温示意图
1.进水管 2.排风扇 3.喷雾管

(3)遮阳　遮阳的目的主要是减弱温室或塑料棚中的光照,降低室内气温。当夏季光照太强、温度过高、对花卉的生长发育影响时,需要遮阳。

常用的遮阳材料有苇帘、竹帘、遮阳网、无纺布等。遮阳材料要求有一定的遮光率、较高的反射率和较低的吸热率。遮阳网又称寒冷纱、遮光网,20世纪80年代开始应用于生产。遮光网多由黑色或银灰色聚乙烯薄膜条编织而成,中间镶嵌尼龙丝以提高强度。遮阳网的幅宽有90 cm、150 cm、160 cm、200 cm、220 cm、250 cm、320 cm等规格;遮光率有25%、30%、35%、40%、45%、50%、65%、85%等规格。一般使用寿命为3~5年。近年来,遮阳网又有新的发展,其中一种为双层遮阳网,外层银白色可将阳光和热量反射回外部空间;内层为黑色,以阻挡部分阳光。另一种是可以减弱光照度,由可以透过植物所需的光谱材料,把一些植物不能利用和不需要的光谱反射掉。

5.植物台和栽培床

(1)植物台　是温室内用来放置盆栽植物的,也可以放置切花促成栽培的容器,如栽培箱等。常见的植物台形式有平台式和阶梯式。平台式一般高80 cm左右,宽100 cm左右,具体高度和宽度以便于操作管理为度。阶梯式一般不超过三阶,每阶高30 cm左右。制作植物台的材料因地制宜,一般常用木板、角钢、管材、水泥等(图4-20)。

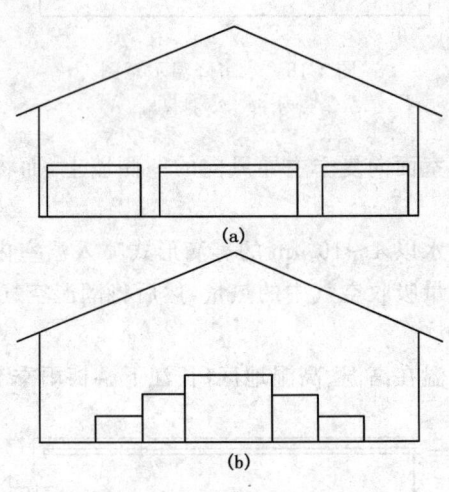

图4-20　植物台示意图
(a)平台式　(b)阶梯式

(2)栽培床　是温室内用于切花栽培或育苗的设施,有地床和高床之分。就地设置的为地床,高出地面的为高床。地床是用砖或混凝土预制块在地面砌成的种植槽,一般壁高30 cm左右,内宽80~100 cm,长度依温室条件和栽培床的方向而异。栽培床的方向多数与温室的长轴垂直,也有与温室长轴平行的。高床离地面50~60 cm,床内深20~30 cm,一般用混凝土制成,也有用金属结构的。

现代温室中,为了提高温室的利用率和操作上的方便,植物台和栽培床设置为可移动式。移动方式分纵向移动和横向移动两种。多用一般金属框架作固定,选用轻质金属材料作为可移动的植物台或栽培床。台(床)借助滑轮或金属圆管在固定框架上移动。纵向移动的在台(床)的底部安装滑轮(图4-21),横向移动的在固定框架上放可滚动在的圆管(图4-22),这样,一栋温室内只需留一条通道即可,其余面积均设置框架并摆放植物台或栽培床。操作人员在一条台(床)上操作完毕后,向一侧推移开此台(床),再移来另一条台(床)进行操作。此方式可以使温室面积的有效利用率提高到80%左右,降低了生产成本。

 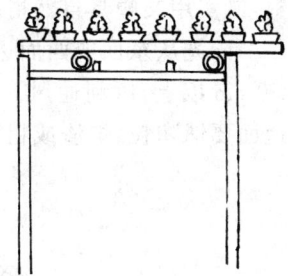

图4-21 纵向移动式栽培床示意图　　图4-22 横向移动式栽培床示意图

6.温室环境的自动化控制系统

温室环境自动化控制系统由中央控制装置、终端控制设备、传感器等组成。电脑根据分布在温室内各处的许多探测器所得的数据,算出整个温室所需要的最佳数值,使整个温室的环境控制处于植物最适宜的状态。因而既可以尽量节约能源,又能得到最佳的效果。

自动化控制可进行温度、湿度、通风换气、光照等方面的调节。生产者根据所栽培植物对环境的要求设定程序,通过计算机发出指令,进行自动调节。如:设定温室内最高温度不超过35℃,当温室内超过此温度时,在计算机的调空下,温室顶部的天窗自动打开。同样,温室内的水帘、换风扇、遮阳网、保温被、灌溉系统、喷雾系统、照明设备等由自动控制来完成。除此之外,生产者可随时统计生产过程中的各种数据,并打印出来,以便于科学管理。

7.其他栽培设施

(1)荫棚　荫棚是园林植物栽培不可缺少的设施,具有避免阳光直射、降低室内温度、增加室内湿度、减少蒸发和蒸腾等作用。播种育苗、嫩枝扦插育苗和温室植物越夏栽培都须在荫棚进行。

荫棚可以分为永久性和临时性两类。永久性荫棚用于温室花卉的越夏栽培和室内观叶植物栽培；临时性荫棚多用于陆地繁殖床和切花栽培。江南地区栽培兰花、杜鹃等耐阴植物时也常设永久性荫棚。另外，荫棚还分为生产荫棚和展览荫棚。生产荫棚广泛用于温室花卉的生产，以实用为主，不注重荫棚形式是否美观；而展览荫棚是为展览耐阴植物而设置的，除要求符合展览植物的蔽荫要求外，形式、造型必须美观。

温室花卉越夏荫棚大多为东西向延长，设在温室近旁、通风良好又不积水处。一般高2.5~3.0 m，多用铁管和水泥柱构成。棚架上以往多用苇帘或竹帘覆盖，现在多用遮阳网。避光率视栽培花卉种类而定，有的地方用葡萄、凌霄、蔷薇等攀缘植物为避光材料，既实用又颇具自然情趣，但应经常管理和修剪，以调整避光率。为避免上午和下午的阳光从东面或西面透入，在荫棚的东、西两端设倾斜的荫帘，荫帘的下缘距地表50 cm以上，以利通风。荫棚宽度一般为6~7 m，过窄则遮阳效果不好。荫棚下的地面要铺陶粒、炉渣或粗沙，以利排水，下雨时可免除泥水污染枝叶和花盆（图4-23）。

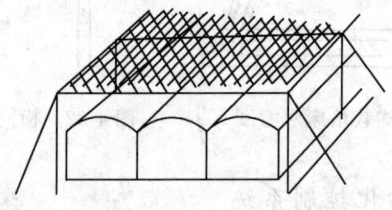

图4-23 荫棚示意图

(2)冷库和冷室

①冷库。是园林植物规模化生产和周年栽培所必需的设备。郁金香等球根花卉种球的预处理、香石竹等扦插育苗的低温处理、切花的临时冷藏等都需要冷库。冷库由库房、制冷机和控制系统组成。建造库房的材料必须具有良好的保温、保湿性能，现在多选用薄型彩钢板与泡沫塑料板组成的复合板。冷库还需要设置排风、换气等装置，以调节冷库内的湿度和空气。

②冷室。不需要人为加温的保护性栽培设施。冷室主要用于某些不耐当地冬季寒冷气候而又有一定耐寒性的植物越冬，也可用于进行某些植物的促成栽培。如北方地区为使连翘、迎春、腊梅等花木在春节期间开花，常需要在冷室内催花处理。冷室一般采用东西走向，朝南面设置透光窗户或透光屋面，以吸收太阳热量。建造冷室的材料也须具有良好的保温性和密闭性。

(3)地窖　也称冷窖,是冬季防寒越冬的简易保护地。可用于补充冷室的不足,我国北方地区应用较多。常用于不能露地越冬的宿根、球根、水生及木本花卉等的保护越冬。地窖通常深1.0～1.5 m,宽2 m,长度视越冬植物的数量而定。地窖最低温度应高于0℃。11月初植物即可入窖。

①地窖的设置位置。应设于避风向阳、光照充足、土层深厚处,分地下式和半地下式两类。地下式地窖全部深入地面以下,仅窖顶在地面以上;半地下式地窖大部分窖体在地面以下,少部分高出地面,高出部分由挖出的泥土筑成土墙,朝南面可设窗户。地下式地窖保温保湿性较好,但窖内高度较低,不便进入管理,通常建成"死"窖;半地下式窖内较高,常设门,留管理通道,建成"活"窖。地窖在地下水位较高的地区不宜采用。

②窖顶形式。通常的窖顶形式有三种,即人字式、平顶式和单坡式。人字式和单坡式地窖窖内较高,工作和出入较为方便,多用作有出入口的地窖。平顶式多不设门(图4-24)。

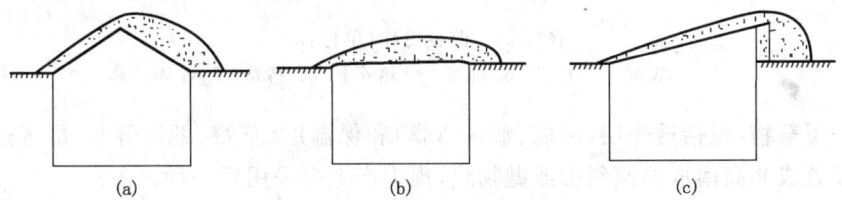

图4-24　地窖窖顶形式
(a)人字式　(b)平顶式　(c)单坡式

③窖顶设置方式。用木料做支架,其上覆盖高粱秆或玉米秸,厚度为10～15 cm,再盖一层土或涂泥封顶。植物初入窖时尚暖,为防窖内闷热,先不覆盖窖顶,随气温降低,逐渐封顶。初时覆土要薄,到土面封冻前再完全加厚,在窖的一端或南侧可设出入口,以便管理。如冬季不需要进入窖内时,可以不设出入口,以保持窖内温度稳定。为调节窖内温度,常设置通风口,植物初入窖时气温尚高,可开通气口通气,随天气渐冷,逐渐封闭通气口。春天气温回升,也需逐渐打开通气口,以免因窖内闷热而使植物受损害。入窖植物通常带土球叠放窖内,盆栽的将花盆叠放即可。大雪之后,窖顶积雪时应及时清扫。等春天天气转暖,逐渐去掉覆土,最后全部去掉窖顶。植物稍锻炼几天,就可取出栽培。

(4)冷床和温床

①冷床。又称阳畦,是不需要人工加温,只利用阳光辐射即可维持一定温度,进行种苗繁殖和促成栽培的设施。它是介于温床和露地栽培之间的一种保护地类型,广泛运用于秋播春花类花卉的越冬和春播夏(秋)花类花卉的提前播种,也可用于耐寒花卉的促成栽培。建造冷床应选择地势高燥、排水良好、地下水位高、背风向阳,并

且南侧没有高大树木或建筑物遮挡阳光的位置。传统的冷床由窗框、床面覆盖物组成。

在此基础上发展起来的改良冷床透光和保温性能更好,在北方冬季寒冷地区运用较普遍。改良冷床主要由覆盖物、拱杆、支柱、后墙等部件组成(图 4-25)。

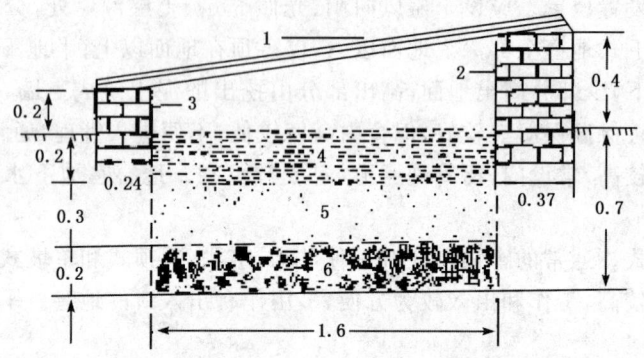

图 4-25　改良冷床(单位:m)
1.窗框　2.后墙　3.前墙　4.培养土　5.马粪　6.碎草

1)覆盖物:包括透光层(玻璃、塑料薄膜)和保温层(草帘、纸被等)。冷床透光面一般设置成北高南低的倾斜面或抛物线,现生产上多采用后一种。

2)拱杆和支柱:拱杆的作用是支撑覆盖物,也决定了透光面的形式。支柱与拱杆成丁字结构,以支撑拱杆。拱杆和支柱应因地制宜,选择毛竹、木材或钢材等,原则上以遮阳少、坚固、结实、耐用、价廉为好。冷床的材料规格和质量,应根据当地冬季降雪量和风力强度而定,保证有足够的抗雪压和抗风能力。

3)后墙:主要起防风、保温和支撑作用。因此,后墙应有一定的厚度和坚实度。

②温床。是在冷床的基础上改进的。温床除利用太阳能辐射外,还需要人为加热,以维持一定的温度,生产上用于越冬或促成栽培。温床的选址要求同冷床,并根据地下水位的高低,采用地下式、半地下式或地上式(图 4-26)。

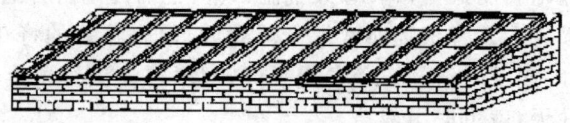

图 4-26　温床

温床根据加温热能源的不同,可分为酿热温床、电热温床、火热温床等。其中最常见的是酿热温床和电热温床。

1)酿热温床:顾名思义,酿热温床是利用细菌、真菌、放线菌等好气微生物的活动,分解酿热物释放热能来提高温床的温度。好气性微生物的活动强弱与许多因素有关,如酿热物的主要成分(又称 C/N)、酿热物内部空气、水分的含量、酿热物的底温等。在空气和水分条件适宜的情况下,酿热物的成分是影响酿热物发热的时间长短、温度高低的主要因素。一般认为,酿热物的 C/N 比大于 30,则发热量小,发热时间长;如果酿热物的 C/N 比小于 20,则发热量大,但持续时间较短。所以酿热物的 C/N 比应配制在 20~30 之间。

温床的底部应设置成如图 4-27 所示的形状,南侧最低,北侧次之,中间最高。这是因为在靠南侧床框处,由于床框的遮光,致使越靠近南框床土温度越低;床的中间偏北部因阳光充足,同时由于北侧窗框的反光作用,所以这一部分土温最高;靠北侧床框的土温又稍稍下降。为使整个温床内床土的温度分布均匀,就要在土温低的地方增加酿热物数量来增加热能,相反,土温高的地方则适当减少酿热物的数量。酿热物的填埋厚度根据当地的气温而定,南方一般为 15~25 cm,北方一般为 30~50 cm。

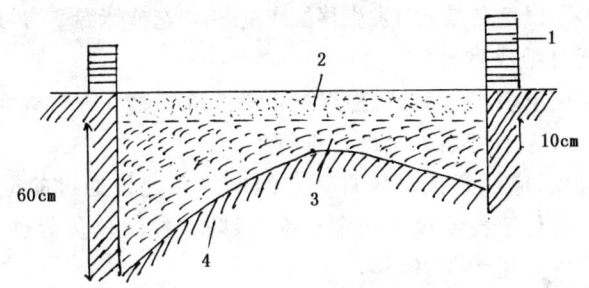

图 4-27 酿热温床底部示意图
1.床框 2.培养土 3.酿热物 4.隔热层

酿热物在填埋前应充分拌和,以防止发热不均匀。酿热物应分层填埋,并保持一定的紧实度和含水量,适宜的含水量为 70%~75%。若酿热物填埋过紧、含水量过高,会造成酿热物内部缺氧,影响好气性微生物的活动,进而影响酿热物的正常发酵,床温上升缓慢。若酿热物填埋过松,酿热物内部氧充足,微生物活动旺盛,升温快,不但温度持续时间短,而且随着酿热物发酵腐烂,而导致床面不均匀下陷。如果酿热物含水量不足,酿热物发酵不完全,床土升温慢。

2)电热温床:是利用电流通过电阻较大的导线时,将电能转变成热量,对床土进行加温的原理制成的温床。电热温床所用的导线称电热线,电热线的主要参数有:型号、电压、电流、功率、长度、使用温度等。型号是各厂家为便于开发、识别时的编号,电压为电热线所使用的额定电压,电流则表示允许通过的最大电流,长度表示每根电热线的长度,使用温度表示电线应在该温度以下使用,以防电线的塑料外套老化或熔化,造成短路事故。在每根电热线的两端都有一段普通线,用于连接电源(图 4-28)。

铺设电热线前,应将床土整平、踏实。根据电热线的长度,确定布线间距、布线方法。

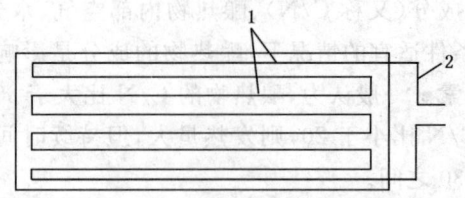

图 4-28 电热温床布线示意图
1. 电热线 2. 普通导线

布线时应注意:

a. 为使床土温度整体较均匀,电热线间距应两侧密、中间稀。

b. 除与电源连接的导线外,电热线的其他部分都要埋入土中。

c. 电热线要绷紧,以免在覆土时发生移位或重叠,而造成床温不均匀或烧坏电热线。

d. 电热线不能打结或重叠。

e. 布线前后要用电表进行测试,检查是否断路或短路。在检查无误的情况下,于电热线上覆盖 15 cm 左右的培养土即可进行生产。

如果安装控温仪,应注意控温仪自额定的电压和允许通过的最大电流及功率。电热线的功率之和应低于控温仪的额定功率,以防止控温仪负荷过重而损坏。带控温仪电热线的连接方法见图 4-29。

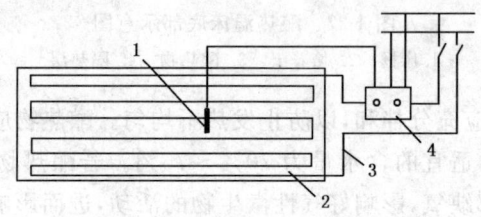

图 4-29 带控温仪电热线接线法
1. 感温触头 2. 电热线 3. 普通导线 4. 控温仪

五、保护地环境的调控

1. 设施内的小气候特点

(1)光照 设施内的光照具有以下几点:

①可见光透过率低。温室和大棚的覆盖材料的玻璃、塑料薄膜等,当太阳光照射时,一部分被反射,另一部分被吸收,加上覆盖材料老化、尘埃、水滴附着,造成透光率

下降至50%～80%。尤其是冬季光照不足时,影响植物的生长。

②光照分布不匀。由于结构、材料、屋面角度、设置方位等不同,使温室内的光照状况有很大差别。如日光温室北侧、西侧光照较南侧和中部的要弱,形成弱光区,影响植物生长。

③寒冷季节光照时数少。不论何种设施形式(高度自动化的现代温室除外),冬季都要盖草帘等保温材料,这就减少了保护地内的光照时数。

(2)温度 设施内的温度具有以下几点:

①气温的季节变化。夏季设施内温度比室外高,除少数高温植物可以在温室内继续养护外,其他植物必须移至室外荫棚中养护。冬季设施内温度比室外高,但我国长江下游地区此时期经常低温、寡日照,设施内外温度差别不很显著。

②气温的日变化。晴天时设施内气温昼高夜低,昼夜温差大,阴天白天温度低,昼夜温度小。

③温度逆转现象。设施内温度比露地高,但变化快,在无多层覆盖的大棚或小棚内,日落后的降温速度往往比露地快,会出现棚内温度低于室外的"逆转现象"。

④温度的分布。设施内温度分布不均匀。晴天白天设施的上部温度高于下部,中部温度高于四周;夜间北侧温度高于南侧,保护地面积越小,低温区比例越大,分布也越不均匀。

⑤地温的变化。与气温相比,地温的季节变化和日变化均较小。

(3)湿度 设施内的湿度状况受棚内土壤蒸发、植物蒸腾和通风等因素影响。在一般情况下,设施内相对湿度高于外界,尤其是冬春季节,因多层覆盖和减少通风,一直处于空气湿度较高的状态,容易引发病害。当室外温度高、光照较强时,尤其是夏天,则会出现设施内湿度太低的状况。

(4)二氧化碳浓度 大气中的二氧化碳浓度约为300 ppm,在密闭通风不良的设施内,由于植物的光合作用,容易出现二氧化碳亏缺,导致植物二氧化碳饥饿,影响光合效率。一天中,设施内早上的二氧化碳浓度较高,这是夜间植物呼吸释放二氧化碳的结果。日出后,随着光合作用的进行,设施内的二氧化碳浓度迅速下降,甚至出现亏缺现象。

2. 设施内的小气候调节

(1)光照的调节

①改善设施的透光率。选用透光性能好、防尘、抗老化、无滴的透明膜作为覆盖材料,白天尽量避免多层覆盖。

②建立合理的棚架结构。在选材上,尽量用强度大的钢材或铝合金骨架,减少遮阳面。

③加强设施的管理。经常打扫、清洁覆盖材料,增加透光率。日光温室后墙涂白或张挂反光幕,可使距反光幕南侧 3 m 之内的地表增加光照 9.2%～40%,离地面 0.6 m 高处增加光照 7.8%～43%。同时,在保护适宜温室的前提下,非透明覆盖材料要尽可能早揭晚盖,延长光照时间。

④采取人工补光措施。补充自然光照不足。

⑤减弱光照。夏季强烈的光照使设施内气温急剧上升,过高的温度对植物生长不利,需要用遮阳措施加以调节。一般用芦帘、竹帘或遮阳网覆盖在屋面上,现代化温室有自动启闭的遮阳网遮光,较理想的遮阳装置是在温室或大棚的顶部设置专用的遮阳棚架,棚架离屋面 50 cm 左右,遮阳幕帘由电动机通过钢丝绳牵引,由计算机根据设定的程序控制启闭。

(2) 温度的调节

①保温措施。温室、大棚白天接受太阳光照,温度上升,夜间室内热量逐渐散失,室温下降,为了达到保温的目的,白天应当加大土壤对太阳能的吸收率,夜间应减少放热,增大地表热流量。主要措施有:

1)增大温室、大棚的透光率:包括全方位的、合理的采光角度,使用无滴薄膜,保持透光面的洁净,增加透光率,使土壤积蓄更多的热量。

2)采用多层覆盖:这是最经济有效的保温措施。多层覆盖分为内覆盖和外覆盖。内覆盖材料多用保温薄膜、无纺布等,如温室、大棚＋保温幕,温室、大棚＋中小棚,温室、大棚＋地膜等。

3)采用保温性能较好的材料:在建造日光温室时,后墙、两侧山墙、后屋面采用保温性能好的材料并适当加大厚度,或用多层材料组合在一起,都可以加强隔热、保温性能。对于前坡透光屋面,夜间用草帘或保温被覆盖,注意覆盖物的厚度和严密程度。

其他的保温措施还有:加强温室、大棚的密封性能,堵塞各种缝隙,设置防寒沟等。

②加温措施。严寒冬季,仅靠太阳能还不能使温室、大棚保持植物生长所需要的温度,必须采取人为加温措施,如燃烧加温、电热加温、多层覆盖等。

③降温措施。通风换气、湿墙降温、微雾降温、遮阳等都是生产中常用的降温措施。

(3) 湿度调节

①通风换气。让室内的潮湿空气与室外空气形成对流,以降低室内湿度。

②覆盖地膜。在室内地面铺设地膜,可防止水分渗入土壤,也可减少土壤水分蒸

发,从而达到降低室内湿度的目的。

③采用无滴薄膜、采用微灌技术。包括滴灌、渗灌等,均可降低室内湿度。

(4)二氧化碳浓度调节　温室内二氧化碳浓度低,需要通过通风换气和人工补充二氧化碳等方式加以调节。实践证明,在密闭的温室内补充二氧化碳,对提高植物的产量与品质有一定的效果。温室内的二氧化碳浓度并非越高越好,超过一定范围,非但不能提高植物的光合效率,反而对植物产生危害。晴天温室内的二氧化碳浓度宜控制在 1 000～1 200 μL/L 之间。

六、保护地栽培技术

温室栽培有温室地栽和温室盆栽两种方式。温室地栽方式主要用于切花生产,如非洲菊、马蹄莲、香石竹、鹤望兰、香豌豆等。温室盆栽除一般温室花卉外,一些露地花卉,如紫罗兰、金盏菊、一串红、美人蕉等,为满足冬春缺花季节的需要,成为供应节日布置的盆花,常采用此种栽培方式。

1. 根据不同花卉种类的要求和季节调节温室环境

(1)温度调节　在北方冬季温室要进行加温,才能保证花卉的安全越冬。温室温度的高低,主要是加温、通风和遮阳的综合效果。冬季除充分利用太阳能外,还需适当加温,北方严寒季节白天也要加温。春、秋两季视地区气候的不同和花卉种类不同来决定是否加温。夏季室内温度很高,一般盆花都需移到室外,放在树荫下栽培,只有一部分热带植物和多浆植物仍留在温室内,温室上面要用黑色遮阳网覆盖。室温的控制和调节应符合自然规律,中午的温度较高,早、晚温度较低,要防止温度的骤然升降和温差过大。调节方法有加温、屋顶覆盖、白天打开门窗、屋顶遮阳、喷水、室内喷雾、根据花卉种类安排适当的摆放位置等。

(2)根据季节和花卉种类调节室内光照　遮阳是调节光照强度的主要方法,冬季阳光不太强烈,一般不必遮阳。春、秋两季应遮去中午前后的强烈光线,朝夕予以充分的光照。夏季阳光强烈,要求遮阳时间长,遮阳程度大。遮阳还应根据花卉种类不同具体安排,阴性花卉的遮阳时间和程度比阳性花卉相应加大。常用的调节方法是:苇帘或竹帘覆盖、遮阳网覆盖、石灰水刷玻璃窗、室内人工补光等。

(3)室内湿度的调节　温室因密闭程度高,水分不易蒸发,因此有时湿度很高。有时又因加温或室内通风、日照强烈等原因,而使室内空气相对湿度变得很低,所以应根据需要给与调节。常用的调节方法有朝室内地面、花台、花架上喷水;修建水池、增大蒸发面积;安装喷雾装置,进行定时喷雾。当室内湿度过大时,打开门窗通风或相应提高室温。

(4)通风　通风可增加室内空气中二氧化碳浓度,提高光合效率,还能达到降温、降湿效果,但在寒冷季节,通风与保温、保湿相矛盾,最好在中午前后开窗通风,以免影响室温。不宜打开北向窗户通风,避免冷风直接吹向植株,通风后,应采取措施提高室内空气相对湿度。

2. 浇水

浇水是园林植物温室栽培管理中的重要环节。浇水按方式不同可分为浇水、找水、放水、喷水和扣水等。浇水多用喷壶进行,用水量以浇后能很快渗完为宜。找水是补充浇水,即对个别缺水的植株单独补浇。放水是指生长旺季结合追肥加大浇水量,以满足枝叶生长的需要。喷水即对植物进行全株或叶面喷水,喷水不仅可以降低温度、提高空气相对湿度,还可以清洗叶面上的尘土,提高植株光合效率。扣水指少浇水或不浇水,在根系修剪而伤口尚未愈合时,或花芽分化阶段及入房前后常采用此方法。

浇水次数、浇水时间及浇水量,应根据花卉种类、不同生育阶段、自然气象因子、培养土性质等条件灵活掌握。蕨类植物、秋海棠等喜湿花卉要多浇,多肉多浆植物等旱生花卉要少浇。进入休眠期时,浇水量要根据花卉种类不同而减少或停止。从休眠期进入生长期,浇水量逐渐增加。生长旺盛时期要多浇,开花期前和结实期少浇,盛花期要少浇。疏松土壤要多浇,黏重土壤要少浇。夏季以清晨和傍晚浇水为宜,冬季以上午10时以后浇水为宜。浇水的原则是:"见干见湿",也称"干透浇透"。

有些植物对水分特别敏感,若浇水不慎会影响生长和开花,甚至导致死亡。如大岩桐、蒲包花、秋海棠的叶片淋水后容易腐烂;仙客来球茎顶部叶芽、非洲菊的花芽等淋水会腐烂而枯萎;兰科植物、牡丹等分株后,如遇大水也会腐烂。因此,对浇水有特殊要求的种类应和其他花卉分开摆放,以便浇水时区别对待。

3. 施肥

温室盆栽植物因长期生长在盆钵之中,根部受盆土限制,施肥对其生长和发育显得更为重要。在上盆和换盆时常施基肥,生长期间施以追肥。常用的基肥有:人粪尿、牛粪、鸡粪、蹄片、羊角等。基肥施入量不要超过盆土总量的20%,并与培养土混合拌匀。追肥以薄肥勤施为原则,通常以沤制好的饼肥、油渣为主,也可用化肥或微量元素追施或叶面喷施。

施肥要在晴天进行。施肥前先松土,待盆土稍干后再施肥。施肥后,立即用水喷洒叶面,以免残留肥液污染叶面或引起肥害。施肥后第二天一定要浇水一次。温暖的生长季节施肥次数多一些,天气寒冷而室温不高时可以少施。较高温度的温室,植物生长旺盛,施肥次数可多些。根外追肥不要在低温时进行,应在中午前后喷洒。叶片的气孔是背面多于正面,背面吸肥力强,所以,喷肥多对着叶背面喷。

盆栽园林植物的用肥应合理配置,否则易发生营养缺乏症。苗期主要是营养生长,需要氮肥较多;花芽分化和孕蕾阶段需要较多的磷肥和钾肥。观叶植物不能缺氮,观茎植物不能缺钾,观花植物不能缺磷。

4. 整枝与修剪

整枝与修剪可调整植株生长势,促进其生长开花,长成良好株形,增加美感。整枝主要包括绑扎、诱引、支缚、支架等。修剪包括摘心、除芽、剪枝、摘叶、剥蕾等。

5. 园林植物在温室中的摆放

在同一个温室中同时栽培多种花卉时,必须根据温室的结构、性能及植物的生态习性,合理安排其在温室中的摆放位置。应把喜光的花卉种类放到温室中光照充足的地方,如仙客来、君子兰、瓜叶菊等,耐阴的和对光线要求不严格的花卉种类放在温室的阴处或半阴处,如旱伞草、天竺葵、万年青、一叶兰、红背桂、扁竹蓼等。

温室各个部位的温度是不一致的,靠近侧窗处温差变化大,温室中部较稳定。近热源处温度高,近门处温差变化较大。喜高温的花卉种类,如扶桑、米兰、叶子花等应放在接近热源的地方;不需要特别高温的种类,如倒挂金钟、天竺葵、文竹等,放在离热源稍远或靠近侧窗的地方。

高大的花卉种类应放在屋脊的下面,如叶子花、白兰花、南洋杉等。处于休眠状态和耐旱的花卉种类可放置在高架上,如仙人掌及多肉多浆植物。在室内继续生长的种类应放在管理方便的地方,如山茶花、瓜叶菊、仙客来、报春花、杜鹃花等。悬垂的植物和蕨类植物最好挂在空中,如吊兰、蟹爪兰、鹿角蕨等。各种植物在排列时,要尽量使植株互不遮光或少遮光。矮的植株放在前面,高的放在后面,走道南侧最后一排植株的阴影可投射在走道上,以不影响走道另一侧的花卉为原则。

6. 园林植物出入温室

温室内部夏季温度过高,通风不良,不利于园林植物的正常生长发育,因此在每年春季晚霜过后,应将其移至室外荫棚中养护,待秋季气温下降、早霜出现以前,再将其搬入室内加以养护。仙人掌及多肉植物以及夏季休眠的种类如仙客来等,可以不出花房,一直留在温室内。

进出花房时间根据各地的气候条件和植物种类来灵活掌握。一般地说,南方春季气温回升较早,秋季气温下降较晚;而北方春季气温回升较晚,秋季气温下降又较早。因此,南方盆栽园林植物出室较北方早,入室又较北方晚。对温度要求不太高的花卉种类春先出秋后进,而喜高温的花卉种类则春后出、秋先进。长时间在温室环境条件下生长的园林植物一般都比较娇嫩,经不起环境的剧烈变化,因此,出花房前一定要给予锻炼。从2月底开始,逐渐打开门窗通风,降低室内温度,让其逐渐适应室外的环境,同时适当减少水分及氮肥的供应,多施磷、钾肥,促进植株组织成熟,增强抵抗力。

园林植物入花房前要将温室打扫干净,并进行彻底消毒,多用硫粉加木屑混合烟熏,或用40%福尔马林50倍液喷洒。园林植物进花房后的初期,也要经常开窗通风,降低温度,使植株逐渐适应室内环境条件。

第五章　花卉应用技术

第一节　切花应用技术

一、切花的含义和分类

切花指的是从植物体上剪切下来的供观赏的枝、叶、花、果等材料的总称。由于具有运输方便、变化性大、应用面广、装饰性强、价格相对便宜等特点，是目前花卉商品主要的销售形式，占世界花卉产品的50%左右。切花可制作花束、花篮、花环、花圈、佩花、瓶插或盆插等。

在切花生产和应用实践中，通常按照其主要观赏部位分成四大类：

1. 切花类

此类作为切花的主要品种，一般花色艳丽，花姿优美。如月季、菊花、康乃馨、唐菖蒲、非洲菊、花烛、百合、满天星、晚香玉、郁金香、金鱼草、鹤望兰、紫罗兰、鸢尾、小向日葵、马蹄莲、叶子花等。其中有些种类的观赏部位并非花冠，而是苞片，如马蹄莲的白色佛焰苞，叶子花的彩色苞片等。

2. 切叶类

这类植物往往叶形奇特美丽。如文竹、蕨类、天门冬、八角金盘、春羽、彩叶草、花叶芋、变叶木、旱伞草、龟背竹、玉簪、马蔺、鹅掌柴、散尾葵、苏铁等。

3. 切枝类

此类剪截未带叶、花、果的枝条，欣赏其造型和线条美。如松、柏、梅花、榆叶梅、腊梅、银芽柳、红瑞木等。

4. 切果类

此类主要观赏其果实。植物往往果实累累,且色彩鲜艳或果形奇特,而其花型较小,茎叶也无多大特色。如构骨、五色椒、冬珊瑚、石榴、佛手、南天竹、忍冬、金银木、火棘、观赏南瓜等。

二、插花应用

1. 基础花型制作

(1)半球型的制作 这是四面观赏对称构图的造型,外形轮廓为半球形,所用的花材长度基本一致,整个插花轮廓应圆滑而没有明显的凹凸部分。半球形插花的花头较大,花器不甚突出,造型时应使花朵与花器融为一体(见彩图1、2)。这种花型比较庄严,常用于餐桌、茶几、会议桌装饰等。采用六枝定位法:

①定高度。顶花高度不高于 30 cm,以不遮挡视线为宜。

②定底边。六枝等长花定出底边,直径以 30~40 cm 为宜,呈水平展开。

③第二层以 30°角插入第一层两花之间,不超出顶花高度与第一层花的弧度线,使花材均匀分布。

④第三层花以 60°角插入第二层两花之间,与第一层花对齐。

⑤填充配叶和填充花,使作品丰富。

⑥制作完成。

(2)椭圆形的制作 椭圆形又称水平形,为完全对称花形,可四面观赏。花形低矮、宽阔,中央部位花枝不能太高、周围花枝渐低,形成中央稍高、四周渐低的圆弧形花体,花团锦簇,豪华富丽,多用于接待室和大型晚会桌饰,是宴会餐桌或会议桌上最适宜的花形。

一般用于会议桌插花、西式长餐台或较低的茶几上,因此高度不能超过 30 cm,以取 25 cm 为最佳。椭圆形的制作步骤如下(彩图3、4、5):

①定高度。第一枝花选开放较大一些的或是焦点花垂直插在花泥正中,高度为 25 cm 左右。

②定长度、定宽度。根据环境、用途来决定作品的大小。将选好长度的第二、第三枝与正中第一枝呈水平方向左右各插一枝。总宽度是总长度的 1/3,将第四、第五枝各插在花泥正中前后位置。

③插底边。在长与宽的顶点连线各插 2 枝,整个底边用 12 枝。

④定轴。在高与长之间,插入 2 枝花定长轴;在高与宽之间定短轴。

⑤其余花分布在剩余的空间里,要求分布均匀,花材在空间组成一个圆滑的弧

面,高度不超过轴和定高度的花。

⑥用填充叶材和填充花材将空隙填充好,使作品丰满。

(3)三角形的制作　这是单面观赏对称构图的造型,是西方插花中的基本形式之一。花形外形轮廓为对称等边三角形或等腰三角形。造型时先用骨架花插成三角形的基本骨架,再把焦点花插在重点的位置,然后插入主体花材,最用填充花填充,使作品丰富。这种插花结构均衡、优美,给人以整齐、庄严之感,适于会场、大厅、教堂装饰或放在墙角茶几或角落家具上。

以等腰三角形为例,进行三角形插花步骤的说明(彩图 6、7、8)。

①定高度。第一片叶子插在花泥中间靠后 1/3 的位置,并向后倾斜 10°～15°,以不超过容器为准。

②定宽度。左右两枝剪成第一枝长度的 1/3,呈水平角度沿容器边缘插在花泥两侧前 1/3 的位置。

③定厚度。正前方的第一枝花是第一片叶长度的 1/4,在花泥的正前中间处水平插入,与第一片叶成垂直角度。

④定腰身。在第一片叶与左右两侧的连线内各插入两枝花,构成三角形的两个腰。

⑤定底座。在第一枝花与左右两侧的连线内各插入二枝花,形成三角形的底边线。

⑥插中轴,选二枝花,等距离插出中轴线,在下三分之一处倾斜 45°角插入焦点花材,形成三角形最高点。注意插入轴花时,花脚可以左右错落一些,而花头在一个直线上。

⑦在中轴线两侧,插入花材,花材不能高过中心轴,在空间排列均匀。

⑧用叶材和填充花材将空隙填满,使作品丰富。

(4)L形插花作品　适合摆放在窗台和转角的地方,一般为单面观,容器最好是用高脚容器。具体的插花步骤如下(彩图 9、10、11、12)。

①第一枝向后倾斜 10°～15°,高度要根据用途而定。

②第二枝水平插入花泥右前 1/3 处,其长度是第一枝的 1/3～1/2。

③第三枝水平插入左前 1/3 处,长度是右侧的 1/2。第四枝插在花泥正前方左 1/3 处,是第一枝的 1/4,决定作品的厚度。

④在第一枝与第三枝的连线上,插入两枝将连线空间均等分,形成 L 形的左边的边。

⑤在第四枝与第二枝的连线上,插入一枝将连线空间均等分,形成 L 形的底边。

⑥在每枝叶片上插入一枝花。

⑦用三枝花插出作品的轴,每朵花之间错落一个到一个半花头,注意花脚可以稍微左右错落一点,花头要排列在一条直线上。

⑧在焦点位置插入焦点花材,向前成 45°角,形成 L 形的最高点。

⑨用两枝花插出 L 形的横轴,L 形基本轮廓清晰。

⑩用花材将两轴之间的空间填充满,要求花材均匀分布,充满空间,且高度不高于轴。

⑪用填充叶或花将剩余空间填满,使作品更加丰满。

⑫用花或叶将后边花泥遮盖。

2. 会议用花的制作

(1)会议桌花的设计与制作

①设计原则和基本思路。根据会议桌的长、宽不同,确定桌花的长和宽;根据会议档次的不同,确定花材的种类。

②基本作品形式

1)半球形(彩图 13)

2)椭圆形(彩图 14)

3)讲台用花(彩图 15)

(2)单面观花束的设计和制作 颁奖用花花束,主要有单面观花束。

①单面观花束的设计与制作步骤

1)整理花材和叶材(彩图 16)。

2)确定绑扎点,并开始制作花束,要求花材要螺旋排列。花束比例为绑扎点向上 2/3,绑扎点向下 1/3(彩图 17)。

3)按螺旋结构排列不同花材,并适当填充花材(彩图 18)。

4)按照设计,填充不同花材,排列好,组成了不同的色块(彩图 19)。

5)绑扎点位置形成圆柱,使作品形成立体空间感(彩图 20)。

6)绑扎的手法及绑扎后的效果见彩图 21、22。

7)用塑料包装纸进行包装,一张横放先包装,然后选择另一张巨型放到绑扎点位置包装(彩图 23)。包装后的效果见彩图 24。

8)用手揉纸进行包装,更美观大方(彩图 25)。

②常用礼仪颁奖用花花束:见彩图 26。

(3)花束制作的基本要点

①花材螺旋顺序摆放。

②手持部分无杂枝叶。

③捆扎后花束紧实不变形。

④包装与花束比例适当,包装不能遮挡花。

注意要点:花材排列要有层次,高低错落,花头之间排列要均匀;花束比例要适当,以绑扎点为点,花束上半部是整个花束的 2/3,花束下半部是整个花束的 1/3;绑扎点以下不能有枯枝和叶子;在制作过程中,绑扎点要呈圆柱状,这样才能使作品具有立体感。

3.庆典用花制作

(1)落地大花篮的设计与制作　落地大花篮主要用于开业和庆典,用来烘托现场环境气氛。

①落地花篮的类型:见彩图27。

②落地花篮的设计与制作。落地大花篮主要用于开业或者是庆典的场合,用其烘托气氛。可用于开业、乔迁、演出、展览等多种场合。花篮高度根据不同场合而不同。如开业庆典花篮其总体高度在1.6～2 m左右,演出舞台献花篮要在1.2 m以下。

篮体一般是编制而成,不能盛水。因此需用保水材料垫于篮底,或在篮内另放盛水容器。对花泥要进行固定。篮体外不能暴露过多防水材料。一般步骤如下:

1)上半部分主要是扇面制作方式

a.首先用塑料包装纸将花泥包裹好,放在放花泥的位置。并用绳子与篮体一起固定好。

b.用叶材打出底边,插入主体花材。

c.焦点花放在作品的中下部。

d.填充上填充花材。

2)篮花腰部分制作:设计和制作方法与基础花型椭圆形一样。根据制作者的爱好,设计不同的形状。

(2)庆典花束的类型　庆典花束多用当面观或者不对称的花束,主要用于表彰先进时烘托气氛用。类型见彩图28。

第二节　花坛应用技术

一、花坛的概念与花坛的作用

1.花坛的概念

花坛,即在有一定明确界限的范围内按照一定的规则栽种花卉的设施。花坛所要表现的是花卉群体的色彩美以及由花卉群体所构成的图案美。现代花坛的概念更加广泛,除了有明确界限的、地栽的固定花坛外,节假日摆放的盆栽花卉组合成的临时花坛,以其应用方便快捷、成景迅速,广受欢迎。花坛是园林绿化的重要组成部分,在改善环境、美化生活等方面有着多方面的功能。

2. 花坛的作用

造型美观、色彩绚丽的花坛设置在公共场所和建筑物四周及大型室内空间时，能起到装饰、美化、突出的作用；节日期间摆设花坛，能增加喜庆欢乐的节日气氛。

设置在交叉路口、干道两侧、公园出入口、街旁的花坛有着分割路面、疏散行人和车辆的作用。在建筑物、广场、会场等设置的文字标牌花坛、徽章纹样花坛等可以起到标志和宣传的作用。

二、花坛分类

花坛可以按照图案分类，也可以按照组合及空间位置分类。

1. 按花坛组成的图案分类

(1)盛花花坛 也称花丛花坛，主要由观花草本花卉组成，表现花盛开时群体的色彩美。这种花坛在布置时不要求花卉种类繁多，而要求图案简洁鲜明，对比度强。常用的植物材料，如一串红、鸡冠花、万寿菊、三色堇、矮牵牛、美女樱等(彩图 29)。

(2)模纹花坛 表现植物群体组成的复杂的图案美，主要由低矮的观花、观叶植物组成。包括毛毡花坛和时钟花坛、浮雕花坛等。常用的植物材料，如五色草、四季海棠、非洲凤仙、香雪球、彩叶草、马蹄筋等(彩图 30)。

(3)造型花坛 以动物(孔雀、龙、凤、熊猫等)、人物(骑士、运动员、神话人物等)或实物(建筑、花篮、花瓶)等形象作为花坛的构图中心，通过骨架和各种植物材料组装成的花坛(彩图 31)。

(4)造景花坛 以各种自然景观作为花坛的构图中心，借鉴园林手法，通过骨架、植物材料和其他设备组装成山、水、亭、桥等各种景观的花坛，如长城、江南水乡、农家小院等(彩图 32)。

2. 按花坛的组合分类

(1)单个花坛 只有一个独立的花坛，花坛的长和宽比一般为 1∶1 或 1∶3。经常设置在公园出入口、单位大门口、建筑物前等。

(2)带状花坛 虽然是独立的花坛，但花坛的长与宽的比在 1∶3 或 1∶4 以上。通常设置于道路两侧或纵向延伸的空间中。

(3)花坛群 在大型广场或草地上可以设置花坛群，由相同或不同形状的多个花坛组成，底色应统一，植物一般为 1~2 种，以突出整体感为主。

3. 按空间位置分类

(1)平面花坛 花坛表面与地面平行，主要观赏花坛的平面效果，花丛花坛多为平面花坛。

(2)斜面花坛　设置在斜坡或阶地上的花坛一般称为斜面花坛,也可用架子搭成斜面摆放各种花卉形成一个斜面为主要观赏面的花坛。模纹花坛、文字花坛、时钟花坛多用斜面花坛。

(3)立体花坛　花坛向空间展伸,可以四面观赏。常见造型花坛、造景花坛是立体花坛。

三、花坛设计与制作技术

1. 花坛设计原则

花坛设计时应遵循总体布局原理。首先要为花坛确定一个主题,如国庆花坛要体现国家的昌盛富强、政策方针等;展览会的花坛要体现会议的会标、吉祥物等。其次要因地制宜,选择适合当地生长的植物材料,根据经济情况决定花坛数量、类型等。另外在设计时,要与周围的环境协调,花坛的形状也应与建筑物、道路和广场的形状协调一致。花坛的体量大小与所处的广场、街道、庭园和建筑物的比例要适宜,一般不应超过广场面积的 1/3,不小于 1/15,大型花坛直径不应超过 20 m,高度应小于 8 m。以不妨碍交通为原则。

2. 花坛设计方法

这里主要介绍不同图案类型的花坛设计方法。

(1)盛花花坛的设计

①植物选择。主要以观花草本花卉为主,通常应用一、二年生草本花及球根花卉。要求植物材料花期一致、花朵繁茂,盛开时达到见花不见叶的程度最为理想。为了保证盛花效果,须经常更换花卉材料。

②色彩设计。盛花花坛主要突出花盛开时群体的色彩美,表现绚丽美景,因此色彩要精心选择,巧妙搭配,不宜太多,要主次分明,一般中小型花坛 2～3 种色彩即可。

③图案设计。内部图案纹样尽量简洁明快,外形几何轮廓可以适当丰富些。花坛大小要适度,大型花坛最大直径不超过 15～20 m。

(2)模纹花坛的设计

①植物选择。以低矮细密、分枝多耐修剪的植物为主。五色草是理想的选择,它枝叶细小、株型紧密,可以做出 2～3 cm 的线条来,善于表现细致精美的装饰图案,同时它又很耐修剪,可长期观赏。另外,花叶细小的香雪球、非洲凤仙、雏菊、四季海棠、半支莲、三色堇等也经常选用。

②色彩设计。应根据图案纹样决定色彩,尽量保持纹样清晰精美。

③图案设计。模纹花坛表现植物所构成的精美复杂的图案美,因此花坛的外形

轮廓力求简单,而内部的图案纹样要复杂华丽。花坛大小要适度,花坛直径最大不超过 8~10 m。

(3)造型花坛的设计　各种主题的立体造型花坛,植物的选择基本与模纹花坛相似。实物、动物、人物等各种造型,可选用五色草、小菊等扦插附着于预设好的模型上,也可选用易于弯曲、蟠扎、耐修剪、易整形的植物制作。

(4)造景花坛的设计　根据主题要求选择各种植物材料,用花量较大,草本、木本、大型观叶植物、水生花卉蔬菜、果树等都可以选用来布置花坛,注意要主次分明。

3. 设计图的绘制

花坛设计图的绘制主要包括花坛的平面图、立面图、效果图和设计说明等。有时还要绘制花坛所处环境的总平面图。这些内容可以布置在同一张图纸上,布局要美观;也可分别绘制、编写,图上应标出比例尺、指北针、设计单位、项目负责人、绘图者等。

(1)花坛平面图　主要表明花坛的图案纹样及所用植物材料。通常采用 1∶50 比例,精细的模纹花坛采用 1∶30 直到 1∶2 比例绘制。绘出花坛的图案后,从花坛内部向外依次用阿拉伯数字或符号编号,标出使用的花卉并与图上的植物材料表相对应。植物材料表一般包括花卉的中文名称、拉丁学名、株高、冠幅、花色、花期、数量等内容。

(2)花坛立面图　主要表明花坛的立面效果。花丛式花坛的立面图简单,斜面花坛、造型花坛和造景花坛绘制要细致。如斜面花坛应绘制出斜面支架的剖面图并标明尺寸和倾斜角度;造型花坛和造景花坛应根据表现要求,绘制出主立面及不同方位的侧立面图,便于施工。一些大的造型造景花坛还应将骨架分解图一并绘制出来。

(3)效果图　主要通过透视图或鸟瞰图来进一步表达设计意图及设计效果。设计说明书主要反映设计方案的新颖、创新之处,突出介绍方案的特点和优势,应精心编写。大型花坛的工程概预算也要做出来。文字要简练、扼要,用花量的计算要具有可操作性。

4. 花坛施工

(1)平面花坛的施工　栽植之前先整地施肥,种一、二年生草花卉土层深翻 20 cm,种多年生球根及宿根花卉应深翻 30~40cm 左右,然后按设计的高度耙平坡面。一般平面花坛保持 4%~10% 坡度。为防止坛土流失,按花坛外形轮廓砌 10~15 cm 的缘石,然后按花坛内部图案纹样放线后就可以栽植花卉了。按照图案先里后外、先左后右、先栽主要纹样后栽次要纹样的顺序进行栽植。栽种完毕立即浇透水,最好用喷淋的办法,以后注意养护管理。根据需要,在观赏季节内更换 3~5 次花卉,花期长的品种更换次数可少些。

(2)斜面花坛的施工　斜面支架花坛,支架可以用木板、角钢或脚手架制成,斜面上用角钢根据种植箱的宽度做成排架,安装时以种植箱能卡在两排角钢之间为准,用铅丝从架子下部开始将种植箱固定好。为了保持花坛的稳定性,一般按总重量 1:3 的比例配重。还应考虑当地风向的影响,一般避免顺风设置,同时兼顾光照的影响,按经验以东西向设置观赏效果最好。

最近几年开始用卡盆与卡盆架组合而形成斜面花坛,应用起来简单方便,值得推广,花卉材料可选用非洲凤仙、四季秋海棠、彩叶草等。

(3)立体花坛的施工　传统的立体造型花坛施工一般分为做骨架、缠草抹泥、放样栽植、养护管理几个阶段。骨架多用木板、钢筋、铁网和砖石筑成,要考虑承重后不能变形等。将泥团抹在草辫子上,把草辫子外用遮阴网或蒲包、麻片包裹,防止泥团脱落,最后用铁丝固定在骨架上。然后将图案纹样放线画到骨架上,用竹扦穿眼将植物栽种到泥里,栽植密度为每平方米 300~400 株。栽后要立即喷水,注意遮阳养护,苗成活后需要进行一次修剪,以保证造型面平整美观。

另外,现在利用卡盆进行立体花坛花卉的种植和图案的表现非常方便和快捷,可以省略以上的缠草抹泥和放样栽植的环节,只需将花卉材料种植到卡盆中,将卡盆安装到配套的骨架上即可。

四、花坛养护技术

永久固定性花坛需要对花坛应用的植物材料进行栽植与更换。北方地区为了维持花坛春、夏、秋三季观赏效果,一般需要对花坛花卉进行 3~5 次更换。每次更换的花卉种类依据设计的要求提早作好育苗计划。用苗量一般根据成苗后的冠幅进行计算。

不同的花卉根据应用的时期,可进行花期调控。常用的方法有长日照、短日照处理法,药剂调控法,摘心、抹芽、施肥、调整播种期等多种栽培措施法等。如一串红可用多次摘心法控制花期。"五一"用花,最后一次摘心的时间在 3 月 10 日左右;"十一"用花,最后一次摘心的时间为 9 月 5 日左右。

花坛施肥以基肥为主,结合整地放入种植床内,基本能保证花卉正常生长。立体花坛和部分喜肥的花卉,可进行叶面喷施追肥,保证花卉的正常生长。

花坛灌水根据环境条件和植物的种类有所不同。夏季天气炎热的时候多灌水,但雨季少灌水。一、二年生草花,根系浅,应勤灌少灌;宿根花卉根系较深,每次灌水量要大些,次数可以少些。立体花坛多采用微喷或滴灌的方式供水。

为了保证花坛的观赏效果,要进行整形修剪,及时剪除残花败叶,促进连续开花,保持植株的冠形整齐。模纹花坛和造型花坛经常进行修剪,可以保证纹样清晰,造型持久。另外还要注意花卉病虫害的发生,做到早发现、早防治。

第三节 容器花卉应用技术

一、容器花卉应用技术

容器花卉是指栽种在盆、箱或槽等容器中,利用有限营养空间进行生长的花卉。容器种植的花卉由于便于搬动,因此在季节或自然环境有限制的场所,有扩大可利用花卉范围的可能。

1. 容器花卉的室外装饰

容器花卉在室外应用既可进行平面装饰,也可进行立体装饰。通过各种形式的容器及组合架,结合色彩美学及园林绿化原则,经过合理的植物配置,将植物的装饰功能从平面延伸到空间,形成三维立体的装饰效果。容器花卉是一门集园艺、园林、工程、环境艺术等学科为一体的绿化手法,具有造型丰富、施工快捷、养护简便、观赏期长、不受场地限制、适应性、移动性、组合性和可调整性的特点。所以在室外装饰中,可以充分利用各种大小的空间,充分体现创造的灵活性,短时间能迅速成景,且日常维护非常便捷,在现代城市的园林绿化中越来越受重视,而且有可能成为中国未来城市绿化的主旋律。

(1) 常规盆栽 由多个同型或异型的大型栽植容器配置植物后组成,从立体的角度,多方位地展示花卉的色彩、芳香以及形态,同时,花卉与容器颜色的对比也是非常重要的主题。栽植容器有多种色彩、式样和规格可供选择。种植配置时,中间栽植直立型花卉,形成弧形隆起,增加立体感,边缘栽种瀑布式花卉,使花卉与容器浑然融为一体。大型花盆容纳的栽培基质较多,花卉根系生长条件与地栽花卉接近,比较易于养护,可供选择的品种多,布置在广场,高雅大方(彩图33)。

(2) 坐地花球 吊球配置花卉,安装在地面上,支撑柱在1m以内。如果搭配合理,布置在碧绿整齐的草坪上,俯视效果非常突出。根据环境的变化,自由选择组群花球的规格和数量,并高低错落搭配,以达到理想的组合。

(3) 组合花墙、花柱 在固定的钢架上,单元花钵镶嵌组合形成墙壁形、柱形花卉展示架,可以拼制各种图案。花墙和花柱的形状、体量选择范围较大,并配备有滴灌系统,后期养护强度较低,非常适合于节日及大型庆典活动,营造热烈的气氛(彩图34)。

(4) 居室窗台、阳台及墙体装饰 建筑物的庇护为植物生长创造了良好的小气候,植物的养护相对容易,可供选择的花卉、容器品种大大增加。植物景观装饰对居室的美化能力非常强,在欧美家庭最为流行,相关的园林产品在欧美国家的园林市场中占有相当大的份额。在我国,这种绿化方式首先会在城镇的居民小区绿化中得到广泛应用,市场前景广阔。

(5)立交桥和街道中间的隔离栏杆　在立交桥栏杆上、街道中间的隔离栏杆上,悬挂吊篮、花槽,可以充分展示花卉立体装饰的效果,植物景观一改钢筋混凝土外貌,为城市增添自然的神韵,在现代化城市建设中具有很大的发展潜力(彩图35)。

(6)空中悬挂或支撑　容器配置花卉植物后,悬挂或支撑在一定的高度,展示花卉的立体美。常见于街道、步行道两侧以及公园中,可以结合灯柱悬挂,也可以竖立独立的组合支撑柱支撑花篮。要考虑到安全性,吊篮的吊链与支撑柱强度必须能够承受花篮的重量,更稳妥些就是选用能与灯柱结合起来的花篮;还要综合考虑组合支撑柱的高度及周围的环境、工程后期的养护条件(诸如采用滴灌时的水源压力、喷水车的喷水高度等)来确定合适的花篮式样、规格和悬挂高度,使整体景观和谐(彩图36)。

2.容器花卉的室内装饰

室内观赏植物是指可以在室内较长时期栽培和欣赏的容器花卉。这些植物大多原产于热带和亚热带地区林下,它们比较耐阴或喜阴,对室内人工的环境条件,如较低的空气湿度、光线暗淡、通风不良和温度变化比较小,有较强的适应能力或耐性。在应用上可根据观赏特点、形态分为几类,在不同的室内空间,采用不同的容器花卉装饰。

(1)室内容器花卉的种类

①观花类。开花时为主要观赏期,有些既可以观花也可以观叶(彩图37)。如非洲紫罗兰、蟹爪兰、杜鹃等。

②观果类。果期有较高的观赏价值(彩图38)。如金橘、朱砂根、薄柱草等。

③观叶类。主要观赏绿色叶或彩色叶,种类繁多,近年在世界花卉贸易中占一定份额,是室内绿化的主要材料(彩图39)。如蕨类植物、草本和木本花卉。

(2)容器花卉装饰的形式　不同的植物,其外观形态特征不同,适于采用的布置形式也不一样,因此应采用多种形式充分展示植物的特征。

①直立式盆栽。将盆栽的花卉单盆摆放于角隅、沙发旁的地面上或者花架、书橱上面,表现盆花的个体美(彩图40)。这种方式在室内布置中比较常用。常用的植物有苏铁、棕榈类、橡皮树、竹芋类等。

②悬垂式盆栽。用塑料、竹、木等制成吊盆或吊篮的容器,种植一些悬垂植物,直接放在柜顶或高脚的几架上,也可以悬挂于窗上、门廊上(彩图41)。

③腾柱式盆栽。主要是用龟背竹、绿萝、黄金葛等具有气生根的植物做成柱式栽培。柱子上绑上棕皮、海绵等吸水物(彩图42)。

(3)不同室内空间,容器花卉的装饰特点不同　室内空间在家居生活中所起的作用不一样,要表现的风格也不一样,选用的容器花卉和布置形式就要有所区别。

①客厅。客厅是家庭成员和客人经常活动、聚集的地方,是室内装饰的重点。客厅的植物装饰应尽量突出典雅朴素大方。如能体现主人的职业、性格、情趣和修养则最为理想。使自己在厅内感到很舒心、温暖;使客人并不感到陌生,而有"宾至如归"的感觉。植物的选择要根据房间的大小、色调、家居等要素来考虑。如果墙面和家具均为浅色调的,可配置深绿色叶片的植物;如果室内色彩较深,应配置浅绿、淡黄、浅黄等植物,才能从环境中显现出来。客厅大,可摆放色彩鲜艳的花卉,给人以丰富多彩的感觉,入口处可采用大而漂亮的盆景,中央可放 1～2 盆高大的南洋杉、散尾葵、国王椰子等,墙角、沙发旁可摆放榕树、棕榈类、橡皮树、发财树等大中型盆栽。客厅小,应选择株型小、枝叶细的植物,或用 1～2 盆鲜艳的花卉,配以观叶植物,既美观醒目又不零乱,在墙角处若有空地也可放置较大的植株。几架上可放置秋海棠、蕨类、多浆类等小型盆栽;桌面上可放置盆花、小型彩叶盆栽、插花等;墙壁与空间可以用绿萝、吊竹草、吊兰、天门冬等悬垂植物进行垂直绿化。

②卧室。卧室是人们放松、休息和睡眠的地方,植物的布置应体现休闲、宁静、舒适和温情,以利于入睡。不宜光线太强,要摆放那些色彩淡雅、株型优美、株型宜矮小的种类。观叶植物如蕨类、文竹、吊兰、龟背竹、一叶兰等;观花植物可用香气淡雅的茉莉、兰花、非洲紫罗兰、中国水仙等。如梳妆台上放一小型插花或一小盆肾蕨,大衣柜上垂下一盆天门冬,墙角处摆上一盆散尾葵、绿萝、鹅掌柴、巴西木等盆栽高杆植物,窗台上再放一盆杜鹃花,一定会使您的卧室温馨浪漫。

③书房。书房是读书、学习的地方,内有书柜、桌椅、电脑等,并常配以书画和工艺品,既要充满浓郁的文化气息,还应体现静穆、安宁之感。因此,进行植物装饰,花色不可过艳,应当以素雅为主,在文雅中求静,以形成安静肃穆的气氛。但植物选择要着力突出清新明快的特点,通过简单的 2～3 盆植物装饰可以改变刻板的家具外形、堆积稠密书籍的状态和灰暗的沉闷色彩,使静谧的书房具有生命活力。如菊花、中国兰花、君子兰、中国水仙等观花植物和文竹、万年青、绿巨人、苞叶芋、一叶兰等台面盆栽,或在书架顶部、墙壁处垂悬一些绿萝、常春藤、天门冬等藤类盆栽。

④餐厅。民以食为天,心情愉快,才增进食欲。餐厅的植物装饰应有利于心情愉悦、食欲大开。餐厅内的植物布置一般要求比较稀疏,适于摆放容易吸引人的观叶和观花植物。如棕榈、发财树、元宝树等高杆盆栽置于墙角、廊柱处,台面处可放凤梨、杜鹃、火鹤等鲜艳花卉。桌面上摆放非洲紫罗兰、矮生仙客来、四季秋海棠等一些小盆花。餐厅和客厅共用一个大房间的,可用室内观赏植物作适当的分隔。一种做法是在房间的指定部位设一个篱笆式的花架,让攀缘植物爬满,使其成为一个活的屏风。也可在地板上放一行稍高的盆栽观叶植物,若隐若现地将房间一分为二。

⑤卫生间。卫生间内湿度较大、温度稍低、光线不足,因此应摆放一些较耐阴的植物。如蕨类、冷水花、常春藤、绿萝、苞叶芋等。装饰形式应力求丰富,可以盆栽摆放,也可以垂吊,只要不影响人的走路就可以。

二、容器种类

容器是容器花卉应用与生产的主要盛物,起着两方面的作用:一是承载花卉,为花卉提供生长的水分、养分;二是花卉装饰的衬物,绮丽芳菲的花草配上造型别致、精致典雅的容器,才能珠联璧合,相得益彰。

容器种类很多,根据应用的不同、材料的不同可进行以下分类。

1. 应用种类

主要为栽培生产花卉的容器,常用的有营养钵、塑料盆、瓦盆等,容积尺寸规格多,但形状简单、整齐一致,储藏运输方便。

(1)营养钵 用软塑料压膜制成的容器,可折叠,且轻巧方便,运输方便,价格便宜。但容积尺寸不宜过大,透水透气性能不好。是小型花卉栽培生产的容器普遍使用的一类(彩图43)。

(2)塑料盆 用塑料压膜制成的容器,主要在生产上应用的容器。容积尺寸规格多,轻巧方便,运输方便,不但价格便宜,装饰效果较营养钵、瓦盆好,抗性强,而且整齐。但不可折叠,透水透气性能不好。既可以是小型花卉栽培生产,也可以栽培生产大型花卉与绿植,是今后花卉与绿植生产中普遍使用的一类(彩图44)。

(3)瓦盆 质地疏松,透水透气性能良好,利于花卉生长,价格也较便宜。但较笨重,加工制作粗糙,造型不美。以前为盆花生产中普遍应用的容器,但随着上两类容器使用的增加,瓦盆的使用量已在逐渐下降。

2. 装饰应用

主要为装饰花卉的容器,如砂盆、素陶盆、彩釉陶盆、瓷盆、塑料花盆、玻璃钢盆、木盆及石器。多以形态、色彩与栽培的花卉组合,显示幽雅静逸,漾溢着美的韵律,装扮着美好的生活,具有锦上添花的美感,是栽花置景的佳器。

(1)砂盆 诸如紫砂盆、均陶盆、红泥盆、雕塑盆,制作工艺比瓦盆精细,素雅大方,质地细密,但透水透气性能不如瓦盆。砂盆具有古色古香、形状独特、造型各异、线条流畅等特点,与观赏植物搭配在一起,可展示其典雅、古朴美,富有生活情趣,且结实耐用,称得上是栽花置景的佳器(彩图45)。

(2)彩釉陶盆 是在素陶盆的外壁施上各色彩釉,制作工艺精细,形状美观,绚丽多彩,精美华贵。但由于釉彩的存在,使其透水透气性能更差(彩图46)。

(3)瓷盆 利用瓷土烧制而成,制作精美华丽、精细,眼感更好,由于渗水和透气性差,不能直接用来栽种花木。但外表比较美观,很适合作装饰套盆用。可摆设在客厅、居室或会议室内作装饰品(彩图47)。

(4)塑料花盆　利用塑料的可塑性及色彩,可制作多种形态、色彩的容器。但不透水透气,多用透气保水的基质栽培花卉(彩图48)。

(5)玻璃钢盆　用玻璃钢材料的可塑性及色彩,可制作多种形态、色彩的容器,坚固耐用。但不透水透气,在室内多作为套盆应用;室外用玻璃钢制作的大型容器,如仿玉浮雕豪华花盆,该盆体积大,直径 1~2 m,盛土量大,栽花品种多,造型豪华气派,欧式古典式造型奇特,浮雕图案栩栩如生,龙飞凤舞;外观光洁如玉,广泛用于城市街道两侧、政府机关大院、酒店宾馆大厅、公园小区、风景区及工厂院校。用玻璃钢制作的大型容器移动方便,可单独摆放,也可组合,为营造城市优美的环境锦上添花(彩图49)。

(6)竹木器花盆　利用竹子、木材制成桶、箱等容器,规格大小不一,外观多用原木材颜色,色彩素雅古朴,木器的渗水和透气性好,保湿性好,既可用于室内装饰,也可用于室外装饰。经过防水、防漏处理的天然竹木筒或桶,用于水养花卉,有返璞归真之感,让人们的生活更加贴近大自然(彩图50)。

(7)石器花盆　取用所需的石料,如花岗岩、大理石等凿制成装盛花卉的石器,利用其特有的色彩装饰花卉,在石材外装修的广场、建筑设置则显得更加华贵庄重(彩图51)。

除此以外,还有很多材料都可以制作成盛花的容器,俗话说"好花妙器才相宜"。盆栽花卉首先要选择好花盆,否则影响盆花整体美感。绮丽芳菲的花草配上造型别致、精致典雅的花盆,才能珠联璧合,相得益彰。

容器有大有小,有高有矮,选择时要根据花卉的不同习性、植株的高低、株形的大小和根须的多少来决定。一般高型的筒类花盆,口小盆深,宜栽根须较长的花卉,例如茉莉、牡丹、紫藤、吊兰、瓜兰、常青藤及悬垂式花木,展示触目横斜,气壮意畅,富有诗情画意。杜鹃、米兰、海棠、石榴、瓜叶菊等丛生状的花木,适宜选用大口径而高矮适中的花盆,枝叶交错,红绿相映,显得丰满动人。一、二年生草木花卉和成龄花卉,可用内径 17~25 cm、深 15~20 cm 的花盆,花盆小巧玲珑,清雅悦目;特大型花盆,又叫花缸,则是栽种铁树、棕榈、金橘、玉兰以及荷花、睡莲等花木的佳器。浅型的盆景盆适宜黄杨、雀梅、榆桩、五针松、乌不宿、枫树等的栽培,能突出曲折苍劲、枯荣相济的枝干、生机益然的细叶,古雅飘逸。耐人寻味的微型掌上花盆,纤美秀雅,栽上文竹、仙人球之类的花草,分外清丽迷人,绢秀娇柔。还有各式水底盆,是用以制作水石盆景的,将秀山丽水缩影于小小盆中,咫尺方寸,万千气象,给人以"一峰则太华千寻,一勺则江湖万里"的艺术感染。作为案几雅设生动自然,美不胜收。为了美化居室环境,所摆设的套装陶盆和瓷釉盆,不仅要求造型美观,还要与花卉和设置环境协调和谐,方能显示幽雅静逸,漾溢美的韵律,装扮美好生活,具有锦上添花的美感。

三、容器花卉养护技术

容器花卉生长受着一定限制,因此要求在有限的容积空间内达到水分充足、疏松通气、养分充足的有利条件。

1. 培养土的配制及盆栽

花卉种类多、习性杂,对土壤条件要求差异很大,必须结合花卉习性配制多种培养土。对于花卉,盆土有限,根系生长受控制,只能在相应的范围内满足花卉的生长要求。通常配制的培养土,一要土壤多孔疏松,通气条件好,不积水,能及时渗透,有利根系呼吸;二要保水效果好,贮量大,能够固持水分、养分,不断满足根系对水、养的需求;三要将土壤的酸碱度调整到适应花卉的生态需求;四要将培养土使用前进行消毒处理,避免有害微生物及其他危害生物侵入。

(1)容器花卉常用培养土基质种类

①农耕土。天然土壤经耕作后,团粒结构好,养分均衡,成本低,但盆栽重量大,易感菌,盆栽中,通常使用一定比例的耕作土。

②泥炭土。埋藏于地下的古代植物,经多年腐化而成,内含大量腐殖质,质地疏松肥沃,保水性好,是容器花卉培养土配制的重要基质。

③沙土。为一般沙质土壤,疏松、排水性好,但养分含量不足,是培养土中疏松基质。

④腐叶土。由落叶堆积腐熟而成,土质疏松、养分丰富、腐殖质含量高,以落叶树种的落叶堆制为好,也可于林地内低洼处采集。

⑤针叶土。是由松、柏类树木的落叶残枝及地被植物堆腐而成,多为林中采腐,腐殖质含量高,呈酸性,适于栽植喜酸性植物,如杜鹃等酸性土壤植物。

⑥石砾。来源于河边的石子、采石场的碎石,以非石灰性的石砾为好,如花岗岩、正长岩等。石砾料在 1.6~20 mm 范围内,以较坚硬的、无棱角的为好。石砾通气排水性能良好,持水能力差,由于比重大,现多用作水培池、定植杯中的填充物。

⑦蛭石。云母类硅矿物,通过 1 000℃ 的加热,使其形成膨松、多孔、呈海绵状的颗粒,形成容重小(0.09~0.16 g/cm^3)、孔隙度大(达 95%),有一定的养分(如钾、钙、镁等营养元素),吸水力强,通气状况好,用在培养土配制中,能够起到保水透气的作用,有利于根系生长。但蛭石随着逐渐破碎形成粉末,即丧失保水通气的功能。

⑧珍珠岩。是由一种灰色火山岩(铝硅酸盐)加热到 1 000℃ 时岩石颗粒膨胀所形成。颗粒为封闭的轻质团聚体,容重小(0.03~0.16 g/cm^3),孔隙度约为 93%,其中空气容积为 53%,持水容积为 40%,pH 值为 7.0~7.5,虽然珍珠岩中有一些元

素,但多不易被植物吸收利用。由于珍珠岩较轻、易碎,在使用上须注意两个问题:一是珍珠岩粉尘污染大,在使用前应先用水喷湿方可混合,以免粉尘飞扬;二是珍珠岩在淋水较多时固体轻而浮于基质之上。

⑨膨胀陶粒。是利用陶土在1 100℃的陶窑中加热制成,容重为1.0 g/cm³,pH值为4.9~9.0不等,受陶土化学成分影响。陶粒颗粒虽然其中有很多小孔可持水,但其排水,通气性能良好,由于其颗粒坚硬,不易破碎,常与其他保水性基质混合使用。单独使用时,多用于水培或要求土壤通气较好的花卉培养,也可在室内盆花土壤表层作装饰用。

⑩树皮和锯木屑。均为木材加工的下脚料,由于树种不同,其成分差异较大,主要为有机质(为98%左右),C/N比较高,其中常有些对植物生长有害的成分,如树脂、单宁、松节油等及酚类物质,需要通过堆沤腐熟促使有害物质分解,并使C/N比下降,原物质中的病原菌、线虫、草籽大多被杀死,堆沤时间不等,视分解程度而定,一般为1~3个月。由于用树皮、木屑作为基质,结构较好,有孔隙、持水好,质地轻,在栽培中可连续使用,但需消毒处理。

⑪煤渣。煤燃烧后的残渣,其容重为0.70 g/cm³,总孔隙度为55%,持水量为33%,含氮量为0.183%,含速效磷为23 mg/kg,速效钾为203.9 mg/kg,pH值为6.8。由于煤渣未受污染,不带病菌,并含有一定养分,多与其他基质混用。

(2)培养土的配制　温室中的花卉种类多,对养分的需求不同,即使是同一种类,不同生长阶段,对养分的需求也不相同。对土壤基质的要求也不相同,因此,在生产花卉的温室,需根据不同种类的花卉生产,不同培育期,根据花卉的习性,确定相应的配方培养土,以调整培养土的养分、结构及pH值。

①调整土壤养分状况。由于温室花卉多为盆栽,盆中养分有限,除在生长过程中追施肥料外,培养土中应掺入些肥料,以增加植物生长所需的养分。一般多以腐熟的有机肥按一定比例混入培养土中,如腐叶土、草炭、马粪、羊粪、鸡粪等。腐叶土、草炭在培养土中的比例应达30%~50%,而禽、畜粪便等肥料中养分含量高,为防止施肥量过大而造成烧苗,在培养土中配比仅占5%~10%。有机肥掺入培养土,既可保证养分的供给,又有利于改善土壤肥力,是促进花卉及绿植生长的基本条件。应用时须根据当地肥源来选择有机肥。

②调整土壤物理性状。由于温室花卉多为盆栽,盆内培养土体积有限,不同植物的根系对土壤中水分、空气的需求不同,需要采取不同比例的基质进行配制,使用腐叶土、泥炭、蛭石等基质材料有利于水分的保持,使用沙、砾、陶粒、煤渣有利于通气透水。

针对单一基质很难满足温室花卉对养分、水分、通气状况的要求,且不同花卉对这些条件需求不同,因此,培养土不同基质的配比应多种多样。

1)泥炭+蛭石+沙:泥炭与蛭石具有含水率高、通气性能好、育苗效果好、物质轻等特点,但成本高。为了养分提供方便,在育苗过程中,以此两类物质为主,配比分别为 3∶5、4∶4 等,再混入两成沙物质增加疏松程度。

2)农业耕作土+腐叶土+沙:此类配比中有机养分较高,质地较黏致密,成本低,大苗或成长的植株,有较大根系与茎秆,要求培养土致密黏紧。三者比例分别是:育苗用 3∶5∶2,定植用土为 5∶4∶1,但此类培养土较重。

不同地区培养土的主要基质多取自于当地的土壤、肥源,因地制宜,综合利用,既经济又合理,有利于降低育苗成本,促进花卉生长,如广西主要采用的基质为塘泥,福州采用烧土,武汉采用煤渣土,河北承德采用含腐殖质的山皮土。虽然各地都有不同的配制习惯,但配制的培养土都应满足所培育的花卉的生长发育需要。

③调节土壤酸碱度。由于花卉的种类不同,对土壤酸碱度的适应能力也差异很大,如天冬草、文竹、瓜叶菊、四季报春等适宜 pH 值为 6.5~7.5,而八仙花、兰科植物、蕨类植物及梨科植物需要 pH 值控制在 4.0~5.5。一些严格要求酸性土的盆栽花卉在灌溉用水呈碱性的地区进行栽培,会导致花卉生长极度不良,甚至死亡,如一些南方的木本花卉茶花、杜鹃、白兰、黄兰、栀子等。可采用"矾肥水"改善土壤的 pH 值,以满足要求酸性土壤的盆植花卉需求,配制的方法:在缸内分别加入 2.5~3.0 kg硫酸亚铁,豆饼或油粕 5~6 kg,粪肥 10~15 kg,水 200~250 kg,搅拌混合,于阳光下发酵约 20 天左右,全部腐熟成黑色液体后,即可稀释后浇花。除冬季不施矾肥水外,随着天气渐温暖时,开始进行施肥,并且随着气温升高,逐渐增加施肥的次数,如 3—4 月 2~3 次,5—6 月间,每月可追肥 4~5 次,7 月份可再增加次数,8 月以后,次数逐渐减少,9 月以后停止施用。施用矾肥水的花卉,由于土壤 pH 值的改善,对铁的吸收能力加强,则叶色浓绿,生长健壮,着花量大。

(3)花卉盆栽 是指将花卉种植于盆状容器中。根据花卉种植在容器中的方法不同,可分为上盆、换盆两种。

①上盆。是指将苗床或育苗盆中繁殖的花苗栽植到花盆中的操作,亦可是将露地栽植的植株移植于花盆之中。具体做法:根据花卉的大小,选择相应的花盆,用碎盆片盖于盆底的排水孔;盆底填入一层排水物,如砂砾、碎砖瓦块等粗物质,以利排水,上面填入一层培养土;然后左手将花卉放在盆中央深浅适宜的位置,填培养土于其根部四周,将土压实,盆土面与盆口应留有适当距离,便于浇水。栽植之后,用喷壶充分浇水,使根系与土壤密切结合。由于移苗过程中伤根失水,宜暂置于阴凉处缓苗数日,待根系恢复后,花苗生长,再逐渐移到光照充足的地方培育。

②换盆。将盆栽的花卉换到另一个盆中的操作,称为换盆。换盆由于目的不同,有以下两种换法:

1)花苗促生培育换盆:不同规格花卉种植在相应规格盆中,随幼苗的生长,原有盆已无法满足根系扩展,花盆抑制根系生长,同时抑制了地上部生长,及时由小规格盆栽换成大规格盆栽,可扩大植株根系的营养空间,促进花卉生长。小盆花卉换盆时,可用左手手指按住植株基部,然后将盆提起倒置,用右手轻扣盆沿,土球即能取出;如果盆土较紧,根系粘盆,用盆沿向其他物体轻扣,即可使花卉根部连土从盆中脱出。

2)维持培育换盆。一些成型花卉,不需增加形体,而是保持相应的形体,由于多年生长,植株耗尽盆中的土壤养分,物理性状变坏,到处为老根,此时换盆应修剪根系,更换盆土,但盆的规格不变,以利控制植株的规格。大盆、木桶花卉或绿植换盆由于土球较重,植株较大,无法提起倒置,可侧倒在地上滚动,使土球与容器分离后撤出。木盆、瓦盆破损,也可打破或拆除以保土球完整。取出土球后,视花卉的种类、种植目的的不同,确定土球是否进行去土去根。为控制植株形体不继续扩大,将其原土球肩部和四周的旧土去除一层,并剪除近盆的老根、枯根及盘卷根。很多宿根花卉在换盆时,可以采取分株的办法,缩小植株个体,以利植株的生长发育。木本花卉无论促生培育换盆,还是维护管理换盆,均需修剪盘盆的根系,依不同种类修理根系,并在修剪根系的同时,对地上枝叶进行修剪,既可保持树形,也能保持树体的水分平衡。

换盆以后,要保持土壤湿润。第一次要浇水充足,使根与土壤紧密结合,此后在新根生出之前,灌水不宜过多,以免造成根部伤处腐烂。新根生出,植株逐渐生长,逐渐增加灌水量,以满足树体的水分供给,伤根多的植物换盆后,最初数日宜将其置于阴凉处缓苗,然后逐渐见光。

对容器花卉进行促生培育时,小盆换大盆应按植株发育情况逐渐换到较大的盆中,不能直接换进过大的花盆,因过大的盆栽小苗,不但费工费料成本高,而且水分、通气状况不易调节。一、二年生花卉生长速度快,在开花前,根据所需要的冠径,随着植株的生长而选择相应的换盆时间,一般要换盆2~4次。换盆次数多,有利于促进整株花卉生长强壮充实、株高低矮、株形紧凑,但易拖延花期。最后一次换盆称为定植,一般以容器大小确定植株冠径的大小。多年生草本花卉、绿植一般一年换盆一次;木本花卉和绿植一般可2~3年换盆一次。通常选择休眠期间换盆,培养土中掺有肥料,在植株处于生长停止状态、换盆时不伤植株根系为好,若养护管理周到,则一年当中可随时换盆。

2. 容器花卉施肥

容器花卉施肥主要分两种肥施用,一种作为容器花卉基肥,在上盆、换盆时掺入培养土,置于盆底或盆边,待其缓慢发酵,为花卉提供养分;一种在容器花卉生长期内以追肥施入,及时促进花卉生长。在生长季中追施肥的方法很多,往往视容器花卉管理而定。在大株木本植物养护时,多易采取土壤施肥,将有机肥混入盆边土壤中,以求缓慢分解,逐步供给;也可采用颗粒化肥施于土表,浇水溶进土壤,液体肥料先按比例稀释,然后浇入容器中。一、二年生草花及宿根花卉的生产和养护的施肥方法,多采用颗粒撒施于盆土表层,浇水稀释于土壤中;也可用滴管直接将稀释肥液浇于盆花土壤中。而叶面施肥用喷灌设备进行喷肥,此种方法省工效果好,但一次性投入大。常用的花卉肥料有以下几种。

(1)有机肥种类

①蹄片和羊角。为花肥中优良迟效肥料,多用作大盆花木基肥,将其埋入盆边或盆底,蹄片和羊角不可直接与根系接触,避免烧伤植株根系;也可置于容器中加水发酵,制成液肥,在生长期中追肥。

②饼肥。作为盆栽花卉的重要肥料,一作为追肥,配制液肥,饼肥末1.8 kg,加水9 L,加磷酸钙0.09 kg,发酵腐熟后成为原肥,根据花卉的需求,加水稀施,生长强壮的喜肥花卉加水10倍施肥,一般花木及野生花卉,加水20~30倍施肥,一些要求量少的花卉,宜加水200~300倍施肥。二可作为基肥,将饼肥置于容器中,加水4成后发酵,然后干燥作基肥,或碾碎混入培养土作基肥,或埋入盆边的土壤中,慢慢分解,不断供给养分。

③牛粪。是温室花卉常用的肥料,用作基肥,须先堆沤充分腐熟后才可混入培养土作基肥。牛粪疏松,有利改良土壤,也可用水沤泡,取其清液作盆花的追肥。

④油渣。榨油之后的残渣,将其加水发酵腐熟,取清液作盆花追肥;也可将油渣制成小颗粒,混入盆内土壤,供给木本花卉养分,如白兰、栀子、茉莉花等。

⑤鸡粪。现多为温室盆花用量较大的有机肥料,含磷丰富,适用于多种花卉,多混入培养土用作基肥,也可于容器中加水50倍发酵后作液肥追施花卉。

(2)常用无机肥料种类　该肥速效养分多,多用作盆花在生长季施肥用的追肥,少量混作基肥。

①硫酸铵。为含氮速效肥,含氮量20%,是育花常用的氮肥,吸湿性少,易溶于水,为生理性酸性肥,施用应量均匀,过量会造成花苗徒长。既可作土壤施肥,也可用于叶面施肥。

②尿素。为中性肥,含氮量46%~48%,有吸湿性,易溶于水,肥效较其他氮肥长,可以0.5%~1%的溶液施入土壤,也可以0.1%~0.3%的水溶液进行叶面施肥。

③磷铵。为氮磷复合速效肥,易溶于水,是高效肥料。既可作基肥,也可作追肥。

④过磷酸钙。温室花卉常用磷肥,多作基肥施用;也可加水100倍作追肥施用,叶面喷肥时,可用2%的水溶液。

⑤硫酸钾。为花卉常用钾肥,多用于基肥混入培养土,也可作追肥加以施用。

⑥磷酸二氢钾。含磷、钾的速效肥,纯度较高,多用作温室花卉的叶面施肥。

由于盆花的土壤容积有限,施肥时须控制养分用量,以避免施肥量过大而造成肥害,使花卉受到伤害。

3. 水分管理

容器花卉大多为盆栽,容积有限、水分不足或积水都会造成花卉死亡,因此如何根据温室的综合环境条件、花卉的生态习性及生长发育阶段、花盆的大小、土壤状况等因素,确定浇水次数、浇水时间、浇水量,对花卉生长的好坏至关重要。

(1)不同花卉的生态习性影响浇水量 喜湿植物,如蕨类植物、兰科植物、海棠类植物等花卉要求生长期内有丰富的水分;而耐旱植物要求较少的水分,如仙人掌类、多浆植物等,水分过多易造成根系腐烂,仅保持适宜的湿度即可。

(2)花卉生长的不同时期影响浇水量、次数 在生长期里,尤其是生长旺盛时期,枝叶量大气温高,植株水分蒸腾量大,为保持植株水分平衡,须增加浇水次数、浇水量;而在植物休眠期,叶易少或没有,蒸腾量少,过多水分会造成植株烂根死亡,须减少浇水次数及浇水量,只要保持土壤适度湿润即可。

(3)不同的环境条件下影响浇水次数、时间和水量 在天气干旱、气温高的条件下,水分蒸腾、蒸发量大,花盆容积少,持水能力差,须增加浇水的次数、浇水量,在连阴天、气温低、空气湿度大的条件下,水分的蒸腾蒸发量少,花盆容积大,基质持水能力强,可减少浇水次数、浇水量。连阴天、气温低的条件下,随时可浇水,若天气炎热、光照充足的天气,以早晨或傍晚浇水为宜。

室内盆花的浇水除了根据以上一些条件确定浇水的次数、时间、水量以外,浇水还要掌握盆花浇水的原则:浇水要见干见湿;浇水一次要浇透,有利于盆花根系的吸收水分和通气呼吸,否则连续浇水会造成土壤水分过多,通气不良植株系生长受抑,甚至窒息死亡;而浇水不透易造成盆内下部根系因水分缺乏而生长衰弱,甚至死亡,影响植株的生长发育。

4. 温室环境条件的管理

容器花卉生长所要求的光、热、水、养、气、空间控制都需要人为调整,粗放管理不但影响植株的生长,甚至会导致死亡,且很多容器花卉需利用温室进行育苗和养护。因此,多结合温室环境综合考虑,全面安排。

(1)温室光照调控 进入温室的光线对花卉生长有两方面影响,一是光照的强弱影响花卉的光合作用、生长与发育,尤其是观花植物对光周期要求尤为迫切。光照不足造成下方枝叶死亡、秃裸,由于冬季光线不足造成枝叶的徒长,影响观赏效果,温室中有很多耐阴的观赏植物,过强的光照会造成叶面的灼伤,光照强时,需遮阴调节光照强度。二是光照的强弱影响室内温度的变化,光照在温室中是影响室温变化的重要因素,北方大多数温室在冬季都利用光能的转化来补充一部分热能,以提高室温,而在光照充足的生长季,温度上升较高,会造成植物夏休眠,也需要采取相应的措施调节光照强度。

遮阴、补光是调节光照强度、光照时间的方法,兼顾温度的调节,如仙人掌、扶桑、多浆植物等需要充足的光照,不需要遮阴;一般温室花卉,在夏季强光条件下需要遮去 30%~50%的日光,而冬季需要充足的光照,不需遮阴,春、秋两季,遮去中午前后的强烈光照,其余时间可充分光照,如蒲葵、龙舌兰;而喜阴花卉如兰花、文竹、龟背竹、秋海棠类及蕨类植物,必须采取适度遮阴。生产温室,采用遮阴网遮阴,夏季光照强度大,遮阴程度大,且时间长,而冬季的光照强度明显低于夏季,此时遮阴程度可小些,全阴天或雨天不需要遮阴,室内花卉温室,可把喜阴花卉置于高大花卉的下方或后方。观花花卉在温室内生产时,长日照性的花卉要延长光周期,可灯光照射,以达到提早开花的目的,如紫罗兰、蒲包花、麝香百合、天竺葵、瓜叶菊、四季报春、三色堇、金鱼草等。短日照花卉,为在夏季促其提早开花,可用暗棚缩短光照周期,如可在国庆节前,促成栽培的一品红、叶子花等提早开花。

(2)温室的温度调控 温室的温度变化影响花卉的生长质量,容器花卉因对高温、低温的忍耐能力各异而形成四种类型:

①高温花卉。主要生长在热带地区,一年四季都需要较高温度,且昼夜温差小,温度低于 18℃时,即停止生长,温度若再低或时间维持较长,还会遭到冻害。如鱼尾葵、红背桂、槟榔等,一些林下的热带花卉,如蝴蝶兰、火鹤等,温度高于 35℃时生长缓慢,甚至出现夏休眠现象,而温度低于 18℃以下时即停止生长,甚至会发生寒害。

②中温花卉。多产于亚热带地区。温度低于 14℃以下时停止生长,最低温度不得低于 10℃。如龟背竹、橡皮树、南洋杉、棕竹、文竹等。

③低温花卉。多产于亚热带与暖温带交界地区,温度降到 10℃以下仍能缓慢生长,能忍受 0℃以下的低温,在短时间-5℃的低温条件下仍能存活。如棕榈、苏铁、南天竹、常春藤等。

④耐寒花卉。多原产于暖温带地区,这类花卉对低温有较强的忍耐能力,有些能忍耐-15℃以下的低温,但遇干旱寒冷的风袭,易造成生理干旱或冻害。盆栽时,为保持观赏效果,多于冷室中越冬。如龙柏、大叶黄杨、凤尾兰、观赏竹类。

由于温室花卉不同物候形态直接影响室内绿化装饰效果,因此,调控室温以利容器花卉在不同温度条件下的生理活动。根据花卉生长、观赏所需要的适宜温度,采取相应的室温管理措施,如加温(包括日照加温、人工加温)、降温、通气调节、遮阴等方法,促进花卉生长发育,达到所需要的观赏效果。

夏季,气温较高的地区,当温度在 30℃以上时,对大多数温室花卉生长不利,可以采取多种措施给室内花卉提供适应的条件,可遮阴降低光照强度以减少热量,开启窗户促进气流畅通,将一些花卉移到室外荫棚下养护,也可采用排风扇加强空气对流以降低温度,排风扇结合水帘降低室温,采用喷淋、喷雾系统降温。

北方地区的冬季,温度很低,不利于花卉的生长、生存,甚至危及其生命,在温室内,除了利用光照增加温度,很大程度还需根据当地气候条件、花卉在生长中对温度的要求,选择相适应的取暖设备加热,如蒸汽或水暖、电加温、烟道加温。

根据不同类花卉对温度需求不同,一个大型、生产多种花卉的容器花卉种植场内需要设置多种控温温室,如高温温室:夜间温度不低于18℃;中温温室:夜间温度不低于10℃;低温温室:夜间温度不低于3~8℃。温室的昼夜温度应有变化,由于白天植物要进行光合作用,所需温度要高一些,通常要比夜间高3~5℃,甚至高近10℃,但一般不宜超过30℃,以免对花卉生长不利。气温低于适宜温度可加温,过高可利用通风降低。根据气候条件及时调整。夜间室外可盖蒲席保温。切花生产时,需及时根据植物对室内温度需求状况进行调整,而室内花卉的养护以维持花卉的生长状况即可。

(3)温室的湿度调控 容器花卉除少量花卉适宜在干燥的环境里生长外,大多数花卉要求有一定的空气湿度,一些林下植物对空气湿度条件要求更高,因此在花卉生产和养护中,需要依据植物对湿度的要求调节空气湿度,以满足植物的湿度要求。

耐旱的仙人掌、多浆植物要求温室中空气湿度低,干燥的空气条件有利于这类花卉生长,湿度大时,植株易上病、烂苗,采用减少浇水量、浇水次数或利用通风设施降低室内湿度。一般盆花有一定的空气湿度要求,在一般温室中,可在室内地面盆壁上洒水,利用水分的蒸发和植物叶片的蒸腾增加湿度;也可利用加湿器等设备自动调节湿度变化,但此法成本高。一些对湿度要求高的热带植物、喜阴植物,如蝴蝶兰等热带兰花、球根海棠、波斯顿蕨、食虫植物等花卉不但需要用根系吸收水分,还需要叶面从空气中获得水分,否则会因空气湿度不足而造成叶面卷曲,叶缘、叶尖干枯,加大空气湿度可避免、减少这些现象。观赏温室及一般养护温室在利用前面的一些措施外,还可将温室内除通道外的其他地面设置为水面,增加水分的蒸发面积,以利加大空气湿度。生产温室中需要加湿时,夏季可采用室内微喷设备增加空气湿度,冬季可利用水蒸气,既可增加空气湿度,也能增加室温。

当空气湿度过大时,利用通风的办法降低空气湿度,夏季通风可打开温室的全部天窗、侧窗,利用空气流通将水分排放到室外。冬季由于室外空气温度低,将室外气流直接引入会对花卉造成冻害,一般采用加热通风,既可降低室内湿度,也能增加室内温度,避免花卉受到冻害。

第四节 绿地花卉应用技术

在园林绿地中,需要用多种植物覆盖地面。即使是水面,也要利用起来,布置各种水生植物。这些植物包括乔灌树木、草本植物,它们既可以充分显示出巨大的卫生防护与美化的功能,也可创造出花团锦簇、绿草如茵、荷香拂水、空气清新的景观与意境,以最大限度地利用空间,来达到人们对园林的文化娱乐、体育活动、环境保护、风景艺术等多方面的要求。

一、绿地花卉装饰类型及景观配植要点

1. 露地花卉

在园林中,花卉的应用多以其丰富的色彩起到重点美化园林的作用,常用于布置花坛、花境、花丛、花群及花台;或用以装饰柱、廊、篱垣及棚架等。下面分别介绍各类花卉布置的特点及花卉选材的要求。

(1)花坛　花坛一般多设于广场和道路的中央、两侧及周围等处,主要在规则式布置中应用。有单独或连续带状及成群组合等类型。形态多样,在道路两侧花坛用花卉所组成的纹样,多采用对称的图案。花坛要求经常保持鲜艳的色彩和整齐的轮廓,因此,多选用植株低矮、生长整齐、花期集中、株丛紧密而花色艳丽(或观叶)的种类,一般还要求便予经常更换及移栽布置,故常选用一、二年生花卉。此部分见本章第二节"花坛应用技术"。

(2)花境　是在树丛、树群、绿篱、矮墙或建筑物作背景的边角、带状绿地进行连片的多种花卉自然式布置,是既结合自然风景中林缘野生花卉自然生长开花的特性,又加以人为设计、艺术提炼而应用于园林绿地里的草花景观。花境的边缘依环境的不同,可以是自然曲线,也可以采用直线,而采取自然斑状混交对各种花卉进行配植,可形成色彩斑斓、花期长久的景观(彩图52)。

花境中各类花卉配植应考虑到同一季节中彼此的色彩、姿态、体量及数量的调和与对比,整体构图又必须是完整的,色彩分布要自然,还要求一年中有色彩变化、季相变化。几乎所有的草本花卉都可以布置花境,一、二年生草本花卉在花境应用中易栽,一年多次栽种,可发生多次色彩变化,但投入大,用于公园中有利于花境的景观变化。宿根及球根花卉能更好地发挥花境特色,并且维护比较省工,配置之后可多年生长,不需经常更换,形成周期性的景观。但对各种花卉的生态习性必须切实了解,有丰富的感性认识,并予以合理安排,才能体现上述的观赏效果。例如荷包牡丹与耧斗菜类在夏季炎热地区,仅在上半年生长,炎夏到来时即因休眠而茎叶枯萎,这就需要在株丛间配植夏秋生长茂盛而春至夏初又不影响其生长与观赏的其他花卉。石蒜类根系较深,开花时多无叶,如与浅根性、茎叶葱郁而低矮的景天类植物混植,不仅不影响生长,而且互有益处。相邻的花卉,其生长势强弱与繁衍速度,应大致相似,否则设计效果不能持久。

(3)花丛及花群　即在绿地内以同一种花卉采用丛生的方法种植并形成的景观。

这也是将自然风景中野花散生于草坡的景观应用于园林。常布置于开阔草坪的周围，使林缘、树丛、树群与草坪之间起联系和过渡的效果；也有布置于自然曲线道路转折处或点缀于小型院落及铺装场地(包括小路、台阶等)之中。花丛与花群大小不拘，简繁均宜，株少为丛，丛连成群。一般丛群较小者组合种类不宜多，花卉的选择，高矮不限，但以茎秆挺直、不易倒伏(或植株低矮、匍地而整齐)、植株丰满整齐、花朵繁密者为佳。如用宿根花卉，则花丛、花群持久而维护方便。

(4)花台 是将花卉栽植于高出地面的台座上，类似花坛而面积常较小。设置于庭院中央或两侧角隅，也有与建筑相连且设于墙基、窗下或门旁的。花台用的花卉因布置形式及环境风格而异，如我国古典园林及民族形式的建筑庭院内，花台常布置成盆景式，以松、竹、梅、杜鹃、牡丹等为主，配饰山石小草，重姿态风韵，不在于色彩的华丽。花台如栽植草花作整形式布置时，其选材基本与花坛相同。由于通常面积狭小，一个花台内常布置一种花卉。因台面高于地面，故应选用株形较矮、繁密匍伏或茎叶下垂于台壁的花卉。宿根花卉中常用的如玉簪、芍药、萱草、鸢尾、兰花及麦冬草、沿阶草等。其次，如迎春、月季、杜鹃及凤尾竹等也常用作花台布置。

(5)篱垣及棚架 草本蔓性花卉的生长较藤本迅速，能很快起到绿化效果，适用于篱栅、门楣、窗格、栏杆及小型棚架的掩蔽与点缀。许多草本蔓性花卉茎叶纤细，花果艳丽，装饰性较藤本强，也可将支架专门制成大型动物形象(如长颈鹿、象、鱼等)或太阳伞等，待蔓性花草布满后，细叶茸茸，繁花点点，甚为生动，更宜设置于儿童活动场所。

2.岩生花卉

借鉴自然山野崖壁、岩缝或石隙间野生花卉所显示特有的风光，在园林中结合土丘、山石、溪涧等造景变化，点缀以各种岩生花卉。最美丽的岩生花卉多数分布在数千米的高山上，高山的生态环境是阳光充足、紫外线强而气候冷凉；高山岩生花卉一般耐瘠薄及干旱，在形态上除花色艳丽外，且枝细密、叶片小、植株低矮或匍匐，不少为宿根性或基部木质化的亚灌木类植物。

除了海拔较高的地区外，一般低海拔地区自然条件对大多数高山岩生花卉难以适应生长，所以实际上应用的岩生花卉主要是由露地花卉中选取，有些可引自低山区的岩生野花。从园林艺术的要求来说，它们的形态也应类似高山花卉。岩生花卉能耐干旱瘠薄，所以适合栽植于岩缝石隙及山石嶙峋之处，在山阴、林下或泉石之间，也需要有好阴湿的如卷柏、蕨类、秋海棠、虎耳草、苦苣苔等类植物，甚至还需人工铺栽苔藓。为维护方便，应尽量选用宿根种类。

岩生花卉的应用除结合地貌布置外，也可堆叠山石以供栽植岩生花卉；也有利用台地的挡土墙或单独设置的墙面、堆砌的石块留有的较大隙缝，墙心填以园土，把岩生花卉栽于石隙,根系能舒展于土中。另外,铺砌砖石的台阶、小路及场院,于石缝或铺装空缺处,适当点缀岩生花卉,也是应用方式之一。

3. 草坪及地被植物

草坪及地被植物常占据园林中很大面积。在园林艺术上,它把树木花草、道路、建筑、山丘及水面等各个风景要素,更好地联系与统一起来;在功能上,为游人提供了广阔的活动场地,并可防止水土流失,减少尘土,湿润空气及缩小温差;在经济上,有些种类的草坪及地被植物也能直接提供饲料或药材。现就草坪及地被植物在园林应用中的不同类型,分别介绍如下。

(1) 观赏草坪 主要供装饰美化观赏,不允许游人入内游憩活动的草坪属观赏草坪。此类草坪对草种要求返青早、枯黄迟、观赏性高;是否耐踩则要求不严。主要应用茎叶细小而低矮的草种,如羊胡子草、异穗苔等。有时也可适当混种一些植株低矮、花叶细小、适应性强、有适度自播能力的草花,形成嵌花(或称彩花)草坪。

(2) 游憩草坪 主要供人们散步游憩及小活动量的体育运动或游戏的草坪称为游憩草坪。一般面积较大,分布于大片的平坦或缓坡起伏的地段及树丛、树群间。所选草种要求耐践踏、茎叶不污染衣服及高度可控制在 8~10 cm 为宜;最好是具有匍匐茎的草种,生长后草坪表面平整。丛生性草种的根丛,因常高出地面,使草坪凸凹不平,最好不用。宜用于游憩草坪的草种有野牛草、结缕草、中华结缕草、狗牙根、假俭草、朝鲜芝草、细弱剪股颖及匍匐剪股颖等。

(3) 体育运动草坪 主要是指供足球、网球及棒球等球类正规练习及比赛的球场所用的草坪。对草种的要求是更耐践踏而表面应极为平整,草的高度要控制在 4~6 cm,要有均匀的一定的弹性;其他与游憩草坪的要求相似。常用的草种有结缕草、野牛草等。游泳日光浴场的草坪,要求茎叶柔软而草层较厚,对耐踩性要求可略低,如狗牙根、羊胡子草及野牛草等均可。

(4) 固土护坡草坪及地被植物 在栽种护坡植物的地段上种植的草坪及地被植物。所选草种要求适应性强、根系深广、固土能力高的种类。通常不供游人的活动,故对地上部分生长的高度等无特殊要求,但对航空港如机场跑道四周的植物覆盖物,除了上述要求外,还要求是低矮的,且能吸尘、消声并抗碳氢化合物等废气者。

可用作固土护坡的草坪及地被植物种类很多,但要求具备下列特点。

① 抗性强,在山坡要求抗旱耐寒,在林下需耐阴,在水边要耐水湿。
② 栽种后能迅速自繁蔓延扩大,在较长年限内生长稳定。
③ 对人畜(在水边还包括对鱼贝类)无毒害,也无特殊气味。
④ 对有害气体有一定的抗性。
⑤ 植物群体及季相变化有一定的观赏价值。

⑥最好还可作饲料或药材、纤维、蜜源等。

固土力强的种类有红顶草、大剪股颖、赖草、无芒雀麦草、野苜蓿等。对有害气体抗性较强的种类有野牛草、羊胡子草、狗牙根、结缕草、大花金鸡菊、萱草、金银花、加拿大一枝黄花、葱兰等。

草坪及地被植物除上述应用目的外，还可以把树旁、林下、路边等一切裸露地面掩盖起来。其选材范围很广，凡生长强健，又能适应当地环境的均可，包括各种露地花卉及部分低矮匍匐的木本植物。对植物种类的观赏、实用功能与经济收益的要求，应根据不同地段有所侧重。有些城市的园林中已大量应用葱兰、萱草、金针菜、晚香玉、吉祥草、万年青、沿阶草属、土麦冬属、酢浆草、杭白菊、薄荷、留兰香及石菖蒲等作为园林地被植物。其他如景天属、虎耳草、蔓长春花、针叶福禄考、金鸡菊、玉簪、紫萼、各种蕨类等草本植物，木本植物如常春藤、络石、云南黄馨及薜荔等也有应用。

4. 水生花卉

水生花卉（或水生植物），不仅限于植物体全部或大部分在水中生活的植物，也包括适应于沼泽或低湿环境生长的一切可观赏的植物。园林景色只有当水面栽种了各种水生花卉后，才能使景色生动。

水生花卉因种类的不同，从低湿或沼泽地以至 1 m 左右的浅水中都可生长。少数可在 2～3 m 或更深的水中生活。因此，必须按其对水深的要求筑坝来布置水生花卉面积，也可用缸架设水中。在不需栽植水生花卉的地方，水应较深，以防水生花卉自然蔓延，影响了设计景观，并妨碍了对水中倒影的欣赏。多数水生花卉要求在静水或稍小有流动的水中生长，但有些必须在流水中，如在溪涧中才能成活，这在布置上也应予以注意。

水生花卉常植于湖水边点缀风景，也常作为规则式水池的主景；在园林中也有专设一区，创造溪涧、喷泉、跌水、瀑布等水景，汇于池沼湖泊，栽种多样水生花卉，布置成水景园或沼泽园；在有大片自然水域的风景区，也可结合风景的需要，栽种大量既可观赏，又有经济收益的水生植物。

二、一、二年生草花的栽培管理

1. 繁殖方法

一、二年生花卉由于生长史短，生产种子方便，绝大多数花卉利用有性繁殖方法，繁殖系数大，根系强健，但后代会出现分离现象，若进行花坛、色带种植，要求色彩一致，通常需要较多的花卉生产量，要进行花卉选种与育种，从中选出所需色彩的花种，用提纯较高的种子繁殖。少量的花卉利用根、茎、叶、芽的一部分进行无性繁殖。繁殖量由于受母本的限制，繁殖系数小，根系弱，生长发育不及前者，但能保持原有的种质特性。

播种繁殖因花卉的生长习性不同,采用的方法不同。一些大粒种子的花卉或耐寒力强的花卉,如紫茉莉、虞美人、花菱草、香豌豆、牵牛花、二月兰、茑萝、扫帚草等,可直接将种子播种在绿地中,以免造成根系损伤,有利于花卉生长健壮,如需提前育苗时,须利用营养钵、小花盆育苗,成苗后及时定植于绿地。小粒种子,尤其是耐寒力弱的花卉,通常选择在温室中播种育苗,成苗后待天气适宜时下地种植,更多的是在培育的花苗见花后,栽种于花坛、花境或色带中立即见景,如矮牵牛、鸡冠花、万寿菊、一串红等。

一、二年生草花生长期短,为了提高观赏效果,应提前播种培育花苗。营养繁殖多在温室内进行,并在营养生长的时期,在时间允许的条件下,利用生长、分枝的营养枝条扦插育苗,增加某些品种的苗量,如金鱼草、五色苋、矮牵牛、旱金莲、美女樱、一串红、万寿菊、半支莲等。

2. 间苗

种子发芽后,幼苗拥挤,影响植株的生长,通过将多余的花苗去除,以扩大保留苗的营养空间,这种措施称为"间苗"或称为"疏苗"。即通过间苗扩大花苗的间距,使幼苗间空气流通、光照充足、生长苗壮。否则,幼苗生长柔软,容易引起病、虫害。

间苗生长可在子叶发生后开始,过晚造成花苗拥挤出现徒长,不利于培育壮苗。间苗在雨后或灌溉后进行,有利于将苗根拔出。应细心操作,以免损伤保留的根系。间苗采取留强去弱的方法,去除弱苗、徒长苗、畸形苗及混杂其中的其他种、品种的幼苗与杂草,拔出的幼苗也可用于移植。每次间苗后,须及时浇水将土壤与根系紧密结合,以利花苗生长。最后一次间苗称为"定苗"。由于间苗是一个费工费时的工序,因此,在播种前应做好选种工作,确定适宜的播种量,播种要均匀,使幼苗分布均匀,尽量不使用间苗或减少间苗的次数,降低花卉的生产成本及工序。

3. 花卉栽植

一、二年生花卉的绿地应用,除少量不宜移植而直播的花卉外,大多先育苗,后分苗移植,然后定植于绿地内。

花卉移植有利于幼苗扩大空间、增加光照、空气流通、生长健壮。通过移植断根,促进侧根数量增加,并可抑制幼苗的徒长,使幼苗生长充实、分枝多、株丛紧密,有利于定植,使根系容易恢复生长。花卉的移植通常在花圃生产中利用。一、二年生草花多数叶嫩苗脆,移植时易造成根损苗伤,根系吸收水分的能力下降,植物体内水分代谢平衡丧失,植株萎蔫,影响成活。因此移植时以无风的阴天最为理想,气温高的时候不宜栽植,须选择早晨、傍晚或日照不强时进行为好。栽植的技术主要是裸根苗栽植、土球苗栽植两种,根据花卉苗成活状况选择栽植技术,一般小苗及栽植易活的大苗,可采用裸根移苗,而一些大苗,尤其是栽植后立即见效的花卉,用土球苗栽植可缩短花卉的缓苗期。

绿地中一、二年生花卉栽植包括"起苗、运输、定植"三个步骤,由于草花过于脆弱的特点,这三个步骤对花苗成活非常重要。

(1)起苗　花苗起掘应在土壤湿润的条件下进行,如果天旱或土壤缺水,可在起苗前一天或数小时前灌水,裸根苗起掘,用手铲将苗带土掘出后,将根群附着的土块轻轻抖落,少量土壤颗粒附着根群上,有利保湿,勿将细根拉断或受伤,起苗后,最好及时栽植。土球苗起掘,须先用手铲将苗周围土壤铲开,然后用手铲在侧下方将苗挖起,形成完整的土球,并用包装物包好,以免土球破碎。现花圃多采用营养钵提前为小苗移栽形成土球苗,根系减少受损,又有包装,栽植后缓苗期短,观赏效果好。

(2)运输　一、二年生草花比较脆弱,运输不宜挤压。为了提高运输效率,多立花架于车上,土球苗、花盆苗、营养钵苗在架中排放,既有利于保证花苗质量,也减少运输费用。花架上部须用车棚、苫布遮盖,避免由于车速快,导致花苗失水。运输途径、运输时间愈短愈好。

(3)栽植　栽植方法可分为沟植法、穴植法两类,沟植法是按一定的行距,用开沟的工具(如镐、开沟器)开沟,在沟内依株距栽植;穴植法是按一定的株行距挖穴,或利用移植器打孔栽植。裸根苗栽植,须将根系在穴内舒展开,不宜卷曲在一起,覆土后均匀镇压,以使根系与土壤结合,避免因受力不均造成根系伤害。土球苗栽植时,在土球苗四周填土并镇压与土球接合紧密,但不能镇压土球,以免土球破碎伤根,影响花苗的成活与生长。花卉栽植深度与栽前的深度基本相同,定植在松软的土壤中,可稍植深一些。从根基部出叶的花卉不宜深植,避免叶、芽埋在土中造成腐烂。栽后及时用细喷头充分灌水,洗去地上部叶、枝上的泥土,起到保湿的作用,畦内采用浸灌浇透。第一次充分浇水后,在新根未生出前,不宜灌水过多,否则因土壤水分过多,通气不良,造成根系腐烂。若栽植后阳光充足强烈,易造成小苗蒸腾失水,可采用遮阴网减少花卉的蒸腾。

4.植后管理

植后管理是根据花卉在栽植成活后,进行生长时所需采取的管理措施,使花卉通过管理,达到美化景观的要求。

(1)灌溉　一、二年生草花根系生长较浅,不耐旱,在生长期间,一旦缺水即会影响以后的观赏效果,严重时甚至会造成死亡。因此,除天然降水提供水分外,灌溉是其主要的水分供给。

①灌溉方法。主要有两种:一种是地面灌溉,常用皮管引自来水或中水进行畦面灌溉、沟灌或穴灌,此法使用设备费用少,灌水充足,下渗深,促进根系深生长,但灌溉

后易造成土壤板结,整地不平易造成水量分布不均;另一种是喷灌,利用机械压力将水压向水管,并通过水管终端的喷头喷出细小水滴进行灌溉。此法与地面灌溉相比,有省水、省工、不占地面、保水、保肥、地面不板结、防土壤盐渍化、提高用水率、改善小气候、增加空气湿度、降低气温的作用。但第一次投入资金较大,在小块栽植地里应用困难。

②灌溉次数或灌水时间。绿地直播生长的幼苗,因苗小,宜用细孔喷壶喷水,避免水力过大,造成间隔时间短,一般2～3天浇一次水,待花苗生长大了,每一次浇水量可加大,间隔期可延长5～6天。花苗栽植在花坛、绿地后,花苗由于根系受伤,尚未与土壤充分密接,吸水力较差,土壤水分不足会影响花苗成活率,不及时灌水,花苗会因干旱而萎蔫,甚至死亡。在移植后,应及时"灌三水",即植后灌水一次,过3天第二次浇水,再过5～6天进行第三次浇水。每次浇水把畦灌满,三次灌溉后,进行松土保墒。以后的灌溉次数、时间、灌水量根据土壤保水性能、季节、花卉的种类确定,夏季、春季干旱时期,应有较多的灌水次数,喜湿花卉较耐旱花卉灌水次数多,沙壤土较黏质土壤灌水次数多。灌水时间取决于季节,秋、春早晨、傍晚气温偏低,灌水以日间为好。夏季白天光照充足,水温与土壤温度差异大,易抑制根系生长,土壤蒸发量也大,灌水以清晨、傍晚为好,水分下渗到土壤深处,可减少蒸发。

(2)施肥 一、二年生草花在整个生长史中,主要分两个时期。前期营养生长,后期开花结实,两个时期对氮、磷、钾及其他元素均有不同的需求;土壤中矿物养分状况也是影响施肥量的因素;土壤质地既影响施肥量,也影响施肥次数。

花卉施肥类型:

①基肥。通常在配制营养土或整地时施入。利用有机肥既改善了土壤理化性状,也为花卉提供养分。为了提高养分速效比率,在有机肥中配比时,可掺入一些无机肥料混合使用。配制营养土时有机肥要混匀,若使用无机肥料作基肥,整地混入土壤则不宜过深,或在播种和移植前进行沟施、穴施,上面覆盖一层细土,再进行播种或栽植。

②追肥。在花卉生长过程中,为补充土壤肥分的不足,满足花卉在不同生长期对养分的需求施用的肥料,多为无机肥料。如在幼苗生长期利用施氮肥促进枝叶生长,在经过营养生长后,磷钾肥施用可促进开花结实。追肥可用撒施进行土壤施肥,也可采取根外施肥,将营养液喷施在叶面上。

无论是基肥、还是追肥,施肥后均应及时灌水,以降低局部浓度,避免对植物根系造成危害。

(3)松土除草 松土是利用工具疏松土壤,调解土壤孔隙度,通气透水,减少水分蒸发,增加土温,促进土壤微生物活动,促进土壤固体养分的分解。而除草是为了减少杂草与花苗争夺水分、养分、光照,保持环境的美观清洁。中耕可兼代除草,除草并非进行中耕。

从植物生长阶段看,幼苗期,花苗无法覆盖地面,大部分表层土壤暴露,土壤易干燥,水分蒸发量大,也易滋生杂草,需要采取松土除草。当幼苗长大,植株覆盖地表,既有利于抑制杂草生长,也可减少土面水分蒸发,松土即止,以免伤及根系,使植株生长受到抑制。花丛中窜高长出的杂草,可进行拔除。

从不同季节看,在春季,温度稍低,杂草生长缓慢,此时以松土为主;在夏季,杂草生长迅速,对花卉生长造成很大威胁,此时以除草为主。

松土深度一般在 3～5 cm,花卉根分布深的,松土可深些,根系分布浅的可浅松土。幼苗时松土宜浅,随着幼苗长大而加深。松土时,株行的中间处可深些,而近根处可浅些,以免伤害太多的根系,随着花卉的株形长大覆盖地面后,松土即止。

除草时须注意:除草应在杂草发生之初进行,除小,除了;杂草开花结实前全面清除,以免一次结实,多次除草;多年生杂草须将根系全部清除,避免杂草根系继续萌芽生长。

(4)花卉整形修剪 一、二年生草花栽植观赏通常栽植密集,以量取胜,即需要大量的分枝、叶片和花朵,加强营养生长,提高营养物质的生产与积累,才能增加花量。由于营养生长时间短,无法采用强修剪,而应采取较轻的修剪方法,减少伤害。

①摘心。针对易形成多枝的花卉,为促进枝多花密,在营养生长时期,可摘除枝梢先端,抑制枝梢的徒长,促进分枝生长,增加枝条数量,达到植株低矮、株丛紧凑、花朵密集的目的。如矮牵牛、一串红、百日草、万寿菊等。

②除蘖。针对大花穗的一、二年生草花,分枝过多,营养分散消耗,不利于单个花朵或花序充实、美丽及增大。去除过多的侧生芽,限制枝数、花朵数量的增加,使保留的花朵、花序大、花期长。如花穗大且长,花自基部抽生的及自然分枝力强的花卉鸡冠花、虞美人、雏菊、紫罗兰等。

③折梢和捻梢。折梢是将新梢折曲,捻梢是将枝梢捻转。通过这两种方法抑制枝梢的徒长,促进花芽生长。如牵牛、茑萝。

④去残花。有些一、二年生草花开花后立刻结籽,造成营养消耗、缩短花期、植株衰老,可通过去残花,促进营养积累,促进花芽形成及开花,以达到延长花期的作用。如金盏菊、小丽花等。

三、宿根花卉的栽植技术

多年生草本花卉的寿命长,能够多年生长、开花结实,但由于其地下部分在形态上的不同,可分为宿根花卉:地下部分形态正常,如萱草、芍药、玉簪、菊花、蜀葵等;球根花卉:地下部变态肥大,如水仙、唐菖蒲、美人蕉、大丽花、鸢尾等。

多年生草本花卉由于各种花卉遗传特性的不同,生长差异很大,但有一个共同特点,即休眠时以地下部存活。

1. 繁殖方法

多年生草本花卉的繁殖方法比一、二年生草花多,有播种、扦插、分生等方法。通常根据植物的生长特性采取不同的繁殖方法。

由于绿地栽植的花卉很多需要露地越冬,播种期依耐寒力的强弱决定,幼苗耐寒力弱的花卉宜春季播种,延长生长期,提高抗寒力。一些要求通过低温完成休眠的种子,如芍药、鸢尾、飞燕草等须利用秋播进行低温催芽,在春季萌芽整齐、生长健壮。耐寒性强的多年生花卉可在春、夏、秋季播种,种子成熟后即播,发芽率会更好。为了延长生长期,也可利用温室、温床提前育苗。播种育苗方法可见一、二年生草花。

很多多年生花卉的营养器官具有再生能力,在脱离母体后,能发生不定芽、不定根,并形成新的植株,保持一些花卉优良品种的观赏性状,多以营养繁殖为主。其地下部分形态异样,分生能力很强,或生长出一些小个体,利用这个特点,人为地将植物体分生的幼嫩植株个体及植物营养器官的一部分与母体分割或分离开,另行栽植而形成新的植株。由于取自植株的器官不同,营养繁殖的方法也不同。

(1) 扦插　利用植物的枝、叶从母体切下,插入基质中,发生不定芽、不定根,并形成新的植株,如早小菊、荷兰菊、宿根天人菊、铁丝莲、景天类。

(2) 分株　将根系或地下茎发生的萌蘖切下进行栽植,如萱草、芍药、鸢尾、玉簪、蜀葵、宿根福禄考、荷兰菊等。

(3) 吸芽栽植　将某些植物根部、地下茎叶间自然发生的短缩、肥厚呈莲座状的短枝进行分离,另行栽植,如八宝、费菜、垂盆草等景天属植物。

(4) 株芽、零余子栽植　利用某些植物所形成的特殊芽,如卷丹叶腋间的珠芽、薯蓣类叶腋间的零余子繁殖新的植株。

(5) 根茎繁殖　利用一些多年生花卉肥大的地下根茎切分成各有 2~3 个芽的部分,繁殖成新的植株,如美人蕉等。

(6) 球茎繁殖　一些地下变态茎成球状的多年生花卉,每年生长过程中,老球茎萌发生长后,在基部形成新球茎,在其周边形成子球,利用小球茎作繁殖用,如唐菖蒲、慈姑、小苍兰、球根鸢尾、葡萄风信子等。

(7) 鳞茎繁殖　鳞茎类多年生花卉进行繁殖,有皮鳞茎多采用子鳞茎进行繁殖,如水仙、风信子、郁金香等;无皮鳞茎类可采用鳞片分栽培育鳞茎。

2. 花卉栽植

多年生花卉由于种类很多,繁殖的方法各异,因此栽植中起苗、运输、种植三个步骤因栽种季节、栽植方法不同而有着差异,除一些花卉进行播种繁殖育苗、扦插育苗外,分生繁殖可以与栽种相结合,直接种植在绿地之中。

多年生花卉的根系较一、二年生草花强大,生长旺盛,贮藏营养的能力强,而且很多根系肥大,对栽植土壤的要求很高,整地时要深翻土壤,增施大量的有机肥,起到熟化、改良、疏松土壤的作用,并采取相应的排水措施,使其形成良好的排水条件、疏松肥沃的土壤。球根类对磷肥有较高要求,磷肥对球茎充实、开花极为重要,施肥中比例可大些,钾肥需量中等,氮肥量不宜过多。整地深度一般在 40~50 cm。

栽植的季节一般以生长期为主,具体时期视栽植方法(裸根栽植、带土栽植)而定。春、秋季,多年生花卉,尤其是球根花卉,采用裸根栽植的方法在起苗、运输、栽植上更为方便。土球苗即可在春季进行,也可在生长期其他阶段进行栽植。移植的时期以花卉水分蒸腾量较低时刻进行最适宜。以清晨、傍晚或无风阴天为好,并且在栽植过程中,每栽植完一畦,立刻灌水。

栽植的距离根据多年生花卉生长的特性来确定,根据栽培环境与栽培措施来确定。生长快、体形大的花卉,间距要大一些,而生长较慢、体形小的花卉则间距宜小些;肥沃土壤生长的植株旺盛,距离可大些;贫瘠、干旱条件下种植的植株可间距小些,以保证观赏效果;种植早的或栽植之后多年不移植的,间距大些,以保证生长空间的充足,而种植较迟的或每年栽植的,可依其单株范围种植。株行距大小如:大丽花 60~100 cm,风信子、水仙 20~30 cm,葱兰、番红花等仅为 5~8 cm。

多年生花卉的栽植深度依据不同时期、不同种类的习性确定:如已形成花苗的带土栽植,可按原土印处加厚 2~3 cm;从根茎处长叶的花卉不宜深植,避免造成花苗腐烂;未发芽的裸根苗栽植时,宿根花卉上部覆盖 2~3 cm 厚土壤即可,而球根花卉栽植深度,通常为球高的 3 倍(覆土约为球高的 2 倍);黏重的土壤栽植略浅些,疏松的土壤可深些;为繁殖子球,每年要掘起收获的可种浅些,若要多年生长后收获、促进花开多、花开大的,可埋深些,如唐菖蒲、郁金香、百合等,而晚香玉、葱兰,覆土到球根顶部为适度,朱顶红则需要将球根的 1/4~1/3 露于土面之上。

多年生花卉栽植时需注意以下几点:

(1)多年生花卉栽植需根据不同花卉种类采取不同措施栽培,以免影响花卉的成活、生长。

(2)宿根花卉栽植需三、五株成丛状,在绿地栽植才能达到效果。

(3)球根花卉栽植需分离侧方小球,以避免养分不足影响开花效果。

(4)球根花卉的吸收根少而脆,断后很难再生新根,因此须在发根前栽,或盆栽培苗,移植时磕盆栽植,不伤根,地栽后,生长期内不宜移动。

(5)球根花卉生长期内多数叶片少而且有定数,生长期栽植的不宜损伤,以免影响营养物质的吸收、积累,且有碍观赏和新球的生长。

(6)花后及时剪除残花,避免因结实耗费营养,有利促进新球的充实。

(7)花后是植物营养物质积累时期,加强肥水有利于宿根花卉地下萌芽数增加、球根花卉新球的充实。

3. 栽植后的管理

在定植后,虽然管理比较简单,但针对不同花卉种类,应采取不同措施。

(1)灌水、排水　多年生花卉根系生长较深,为了提高深根性、抗旱性,每次浇水量大些,间隔期长些,有利根系深生长。灌水时间因季节变动,夏季以清晨、傍晚为好,天气凉爽时以白天浇水为好,排水设施须做好,并经常检查,以免因积水造成根茎腐烂。

(2)施肥　多年生花卉分生扩展是否迅速,取决于植株光合作用,取决于营养物质的积累,取决于土壤养分的状况。为了使植物生长茂盛、花多、花大,应把握好施肥时间、次数。春季新芽生长,施追肥促进营养生长;花前施肥促进光合作用为花大、花期延长创造条件,花后施肥以补充植株营养消耗;秋后休眠时施入基肥,以改良土壤,促进根系生长及植株扩展。

(3)修剪　宿根花卉和球根花卉在绿地中的作用决定了修剪的目的与方法。宿根花卉、球根花卉的作用是美化绿地,修剪是针对其生长健壮、花多、花大、花期长而采取的措施,因此对不同植物修剪也不同。

可以分枝扩展花卉冠幅,增加单株开花数量的花卉如小丽花、菊花等,可利用营养生长期采用摘心的方法,促进枝权的增加,为开花期增加花量创造条件。一些大花类的花卉,提高花卉的单花质量是关键,如单花观赏的菊花、大丽花、芍药等,为使顶端花蕾生长健壮、开花大,每个枝上利用抹芽、摘心、摘蕾的方法除去过多的侧芽和花蕾,减少营养消耗,限制过多的花朵发生,使保留的花朵充实、花朵大、花期长。一些花期长,可以接连开花的花卉,可以在花后利用修剪的措施,去残花、去果实,减少营养物质消耗,促进分枝生长、花芽分化和开花,延长花卉的观赏时间。一年一次开花的花卉,花后修剪有利于营养物质的生产、积累,有利于宿根花卉植株的扩展、分株。

(4)松土除草　主要在多年生花卉植株长大、枝叶覆盖地面之前需要采取的措施。在花卉的枝叶覆盖营养空间之前,利用松土除草减少土壤水分蒸发、杂草的养分竞争,待花卉的枝叶、根系控制了地上、地下部空间后,即可停止松土,花丛中窜高生长出的杂草,可进行拔除。

(5)休眠期管理　绿地多年生长的花卉能否越冬,主要取决于花卉的抗寒能力、当地的环境特点及采取的防寒措施。由于不同花卉生态特性不同,抗寒性不同,采取的防寒措施也不同。如美人蕉类在寒地无法越冬,须在秋季经1~2次霜后,等茎叶大部枯黄后进行挖起,适当干燥后沙藏于室内,保持温度5~7℃即可越冬;而在江南的暖地,冬季可不须挖起收获,直接越冬,有些在偏南地区,如海南岛、西双版纳地区无休眠状态。一些适应性强的多年生植物,可隔数年掘起或分栽一次,调整植株空间,此种露地越冬休眠的花卉,尤其是球根花卉,易出现开花参差不齐的现象,且由于其抗寒性不同,须采取不同的措施对其越冬防护。

休眠期中,对绿地里越冬的多年生花卉多采取以下措施:

①覆盖法。霜冻到来之前,在多年生花卉越冬的畦面上,可用干草、落叶、马粪、草席覆盖,待晚霜过后,再行清理。若在其上用塑料布覆盖,创造一个有利的小气候,效果更佳。

②培土法。冬天地上部分枯萎后的多年生花卉上部,采用培土防寒是利用当地条件的简单易行的方法,防寒效果较好,春季到来后,萌芽前再进行撤土。

③熏烟法。针对露地越冬的已萌芽的花卉,为防止晚霜的危害,可采用熏烟法防寒,在气温下降低于 $-2℃$ 效果显著,当晴天夜间气温降到 $0℃$ 时即可开始熏烟。熏烟方法以地面堆草熏烟为主,每堆放柴草 50 kg 左右,每亩 3~4 堆。熏烟造成环境污染,在城区绿地中不宜选用。

④灌水法。利用水的热容量比土壤、空气大的特点,通过灌溉、喷水,提高土壤的导热能力,提高表土层空气的温度,减缓表土层温度的降低。用喷灌法,利用空气中的蒸汽凝结成水滴并放出潜热,提高气温。利用冬灌以减少或防止冻害,利用春灌起保温、防晚霜的作用。

(6)采收　球根花卉虽然很多可以留在地中生长多年,但在专业栽培中,一些在观赏上要求生长整齐、观赏效果好的花卉,如郁金香、风信子等,一些在当地需贮藏越冬的如美人蕉、大丽花仍需每年秋季进行采收。采收还可以解决以下一些问题。

①易受冬季冻害的花卉,秋季贮藏越冬,如美人蕉;夏季高温休眠须采收贮藏,以免在土壤中由于多雨湿热、微生物活动频繁造成腐烂死亡,如郁金香、风信子、水仙。

②一些种球一年生长后繁育新球、子球,大小不一,拥挤,影响生长和开花,采收调整栽植密度。球根采收后,大小、优劣分级,将充实大球种在一起,观赏效果好;小球集中培育,去除病残球根。

③球根花卉起掘后,要阴干至外皮干燥,唐菖蒲、球根鸢尾、郁金香等风干后,可于室内设架,铺上席箔、苇帘,摊放种球;或置于竹篮、麻袋中,放于通风处。一些要求一定湿度条件休眠的花卉,根系起掘后,只要阴干至外皮干燥即可,不可造成失水干缩,采用埋藏或堆藏,如美人蕉、小丽花等。春季栽植的球根花卉贮藏,温度应在 0~10℃ 范围,最适温度为 4~5℃,对通风要求不严;秋季栽植的球根花卉贮藏主要条件是环境的干燥与凉爽。

④采收后的土壤翻垦、施肥、消毒,有利下季的种植。采用轮作方法,减少连作带来的病虫害,也可调整新的景观。

四、花木栽植管理技术

绿地花木是绿地观赏植物中的主要构成,木本植物由于其特性,在所有观花植物中,具有花量大、冠形大、生长开花年限长等特点,而且具有明显的主体效果,在绿地美化中应用广泛。基于木本花卉的这些特点,其栽植管理比草花管理要严格、复杂。

1. 花木树种选择的意义和原则

绿地花木生长受到当地的气候、地形、土壤、水文、植被等各种因素的综合制约,应根据栽植目的,正确选择树种。花木的选择,一方面要考虑树种的生态特性与环境的关系;另一方面要使花木最大限度地满足生态与观赏效应的需求。花木选择须遵循以下原则。

(1)适地适树 所谓适地适树,就是要使栽植树种的特性,主要是生态特性和栽植地的立地条件相适应,达到在当前技术、经济条件下的较高水平,以充分发挥所选树种的最大功能效益。"树"与"地"之间的相互适应是动态变化的,随着树木的生长,年度变化及环境因素的变化,将导致景观变化,可以说适地适树是相对的,两者之间的适应需要采取相应的栽培措施来协调。

花木与环境相适应的三种途径:

①单纯性选择。即为树木选择能满足其生存的环境条件,或特定环境条件选择相适应的树种,即称为选地适树,或选树适地。这种途径是树种选择中最简单、最方便、最可靠的方法。

②改地适树。即当栽植环境中某些因素不适应树种的生态学特性时,可以通过相应的措施改善不适应的方面,如利用整地、换土、施肥、灌水、灌溉、遮阴、覆盖、防寒措施等使环境适应树木对生态的要求。

③改树适地。当"地"与"树"在某些方面不相适应时,可采用选种、引种、育种、嫁接等方法,改变树木的某些特性,使其能够适应当地环境的生长,如提高树种的抗寒性、抗热性、耐旱性、耐水湿性及抗污染性,以此扩大树种的适应范围。

选择最适树种进行种植,无论是当地的乡土树种,还是外来树种,通常以乡土树种为主,若选择外来树种须调查其与当地环境的适应性,进行引种试验,取得经验才能逐步推广。

(2)具备栽培目的 绿化花木的选择利用主要是为了创造良好的景观效果,因此,选择花木关键看能否达到设计者的意图,从两个方面看,一是花木的形态特征能否形成需要的景观,二是花木在设计者特设的环境中能否生长发育,在栽培养护的管理中达到特有的景观效果。因此,选择花木时,既要从花木的形态上选择,又要了解花木的生态习性,还要考虑当地绿化养护能力。

(3)苗源充足,栽培易行 选择花木要考虑苗源是否充足,在当地管护是否能满足树木的生长发育。苗源不足,就无法满足设计要求。因此,选择花木要了解是否能满足苗木数量、质量的要求,并且要了解当地有没有栽植该树种的技术措施,且易于操作。若花木养护操作烦琐复杂,不但不易管理,管理费用过高,而且不利于景观效果的形成。

(4)不污染环境　选择的绿化花木,还要考虑不污染环境。有些花木有毒(枝、叶、花、果),或花粉过敏、有异味造成空气污染;有些花木易染病虫造成污染,打药又造成药害。因此,应考虑花卉在园林绿化中与人们的贴近程度。有毒的花木一般不宜在绿化中应用,但由于一些花木(如夹竹桃、一品红、醉鱼草、络石、黄婵、凌霄、黄杜鹃、羊踯躅)具有一定的观赏效果,因而有选择地栽植在一些地方,以避免受到影响,有些花木虽本身无污染,但会产生一些体小、量大的害虫(如蚜虫、粉虱)满天飞给人们造成污染,一些体大的害虫(鳞翅目的幼虫),大量啃食叶片,造成景观破坏,有的甚至会造成对人们的伤害(如刺蛾类),如用化学药剂杀灭,又会形成药物污染。因此,在绿化设计时,选择此类花木须适量,避免面积大形成危害;栽植适距,避免对人们造成不良影响,尤其是对儿童的威胁。

2. 繁殖方法

花木的繁殖育苗主要在苗圃进行,其繁殖方法主要有播种、营养繁殖两类。

(1)播种繁殖　是利用种子繁育花木,其种源丰富,便于大量繁殖。培育出的播种苗苗根发达,适应性强,寿命长。但苗木分化,不能保持每树固有的遗传特性,性成熟期晚,在绿化美化中,保持品种的特性困难,多作品种选育、嫁接的砧木应用。

(2)营养繁殖　是利用花木营养器官(如根、枝叶、芽等),在适宜的条件下培育成独立个体的育苗方法。培育出来的营养繁殖苗具有保持母本的优良性状、成苗迅速、开花结实较播种苗早等特点,可以解决一些树种、品种不结实或结实率低的问题。但有根系不发达、抗性差、寿命短、易退化等不足。花木营养繁殖主要用扦插、压条、分株、嫁接等方法。

①扦插繁殖。是营养繁殖中应用最广泛的方法,主要采用硬枝扦插、嫩枝扦插、芽叶插、根插等方法,采用促进生根的技术提高成苗率。用硬枝扦插的如玫瑰、月季、迎春、木槿、石榴、紫藤、凌霄、无花果等。嫩枝扦插的如月季、栀子花、茉莉花、梅花、茶梅、瑞香等;芽叶插的如茶花、桂花、八仙花等;根插的如泡桐。

②压条繁殖。主要针对扦插成活困难或枝条接近地面便于压条繁殖的树木,有些枝条较硬、树体较高的花木也可采用高接法,如连翘、迎春、玉兰、桂花、山茶等。

③分株繁殖。是一些绿地丛生花木繁殖经常采用的一种方法。利用植株根蘖、丛生的特性,从母株上分割独立植株的办法,此种方法成苗快,如黄刺玫、玫瑰、珍珠梅、绣线菊、蜡梅、紫荆、连翘。

④嫁接繁殖。是花木生产、提高花木抗性、保持品种性状的一种重要方法,也可使一树多种、多头、多花,提高其观赏价值。主要利用枝接、芽接等多种嫁接方法育

苗,如月季、碧桃、蜡梅、梅花、樱花、玉兰等。

3.花木栽植

绿地花木栽植的主要目的是满足绿化设计意图,确保成活和生长,达到绿化施工的效果。因此,绿地花木种植中的各个项目都是围绕着目的进行的。

花木不同于一般草花,由于植株个体较大、根系深广、叶量很多,一旦在移植过程中,根系受到伤害,根系的水分供给不足,会造成植物体水分亏缺,整株树体内因水分代谢失去平衡,导致生长衰弱,甚至死亡。因此,施工中的各项目在操作中必须协调好树体内以水分为主的代谢平衡,使树木根系能在植后较短的时间内与土壤结合在一起,恢复生长和吸水功能,为栽植树木的成活、生长创造条件。

(1)花木栽植季节　我国地域辽阔,虽然自然条件相差悬殊,但只要措施得当,一年四季都可种植花木。要想降低成本,提高效果,不但要了解树种的生长习性,还要掌握当地适宜的栽植季节和具体时间。最适宜的栽植季节,要有适合于保湿和树木愈合生根的气象条件——温度、水分,而且树木具有较强的发根和吸水能力,两个方面结合在一起,有利于维持树体内部的水分代谢平衡,提高栽植成活率。

①春季栽植。春季的气温逐渐由低升高,大多数地区在早春土壤水分较为充足,是树体结束休眠开始生长的发育时期。随着气温的逐渐升高,树木的根系生理复苏,并率先开始活动生长,然后枝茎开始萌芽放叶。春季栽植符合树木先生根、后发枝叶的物候顺序,有利于水分代谢的平衡。一些不耐寒的树种、常绿的树种,尤以春植为好。可以说春植适于大多数园林花木。

华北地区的春季栽植多在3月上中旬至4月中下旬,华东地区以2月中旬至3月下旬为宜。偏北地区晚些,偏南地区早些;落叶树种早些,常绿树种晚些。

②夏(雨)季栽植。春季土壤中缺水的地区,雨季栽植为好,利用雨水补充水分不足,以保持树体的水分平衡,虽然雨季的土壤水分充足,空气湿度大,但由于气温高,短时间的强光照射就能使新植树木的水分代谢失调。为了保证新植花木的成活和观赏效果,减少根系的损伤,采取土球苗或容器苗移植为宜。而且掌握当地的降雨规律,尽量抓住连阴雨的有利时机,减少水分丧失,可以达到事半功倍的效果。

③秋季栽植。秋季的土壤水分状况稳定,气温逐渐下降,花木地上部分逐渐进入休眠,对水分需求量逐渐减少,地温还较高,地下根系由于树体营养充足,仍处于生长阶段,此时移植,花木被切断的根系能够尽早愈合,发生新根。秋植时间多为10月中下旬到12月上旬,以落叶树木落叶后到土壤封冻前为宜。早春开花的树木宜在11月之前栽植,不耐寒、不耐旱的树木不宜秋植。

(2)花木栽植方法　花木因种类不同,个体大小不同,在不同的栽植季节里,选择的栽植方法也不同,以裸根植苗法或土球植苗法将花木直接种植在绿化地上。由于花木植株较高大、长期生长的特点,在操作工序上须采取相应的措施提高花木栽植的成活率。

①挖穴、施肥　与草花相比,花木树高根深,为了保证花木栽植后生长壮、花量多,挖穴、施肥,进行土壤改良是必要的。体小、片植的花木,可确定片植范围,确定相应深度,进行翻地清杂,并施入肥料改良土壤,此类花木如迎春、丰花月季等,土壤深度为30～40 cm即可。单植花木,通过挖穴种植,树穴的大小、深浅应根据花木的规格、土层厚薄、质地状况等因素确定,坑穴一般较起苗规定根幅或土球大,应加宽40 cm左右,加深20 cm左右,并使穴壁垂直,避免坑穴形成上大下小的锥形或锅底形,导致根系拳曲上翘,不舒展而影响以后的生长,然后施入有机肥混合改良土壤,但数量不宜过大或与根系靠得太近,避免因肥料发酵而烧根伤苗。

②栽植修剪。花木栽植修剪的目的主要有以下三个方面。

1)花木出圃,根系损失很多,影响对水分吸收,并导致树木体内水分平衡失调,通过对花木地上部、地下部的修剪,可保持树体水分平衡,提高栽植的成活率。修剪时,对花木地上枝条进行短截、疏剪或平茬,减少地上部的耗水量来保证树体水分平衡。修剪要适当,剪得太重,虽能保证成活,但难保树形和景观效果。

2)花木通过修剪能保持基本树形。

3)花木起、运、栽会出现损伤,需通过修剪,减少伤害。不同树木种类、不同时期,修剪的强度不同。落叶树种叶片较大,蒸腾量大,以休眠期移植为宜;为保证成活、保持树形和花量,早春开花的花木以疏枝为主,短截为辅,保持树形和一定的花量;夏秋开花的则尽量采取较重的修剪,以保证成活、保持树形;非移植季节栽植的花木,通过疏剪减少枝量,通过短截再进一步减少叶量;常绿花木通过疏枝、疏叶减少蒸腾,也可通过短截除去嫩枝、嫩叶,减少蒸腾,利用老叶部位的芽、下部潜伏芽再扩大树冠;大型花木通常在植前修剪,如合欢、玉兰等,而小型花木可在植后修剪,以保证栽植的景观效果。

③花木栽植方法

1)裸根苗栽植:一些根系受伤后再生力强、易移植成活的树种,以裸根苗进行栽植。在挖好的穴内,穴底填些表土成丘状,置苗于穴中,比试根幅与穴的大小、深浅是否适应,立好苗,先填入1/2的穴土,轻提苗,使根呈自然向下舒展,然后踩实,再填满穴,再踩实,最后盖上一层土壤,使填土与苗木原根茎痕相平或略高2～3 cm。操作技能综合归纳为"一提、二踩、三培土",最后用剩余土壤围成灌水堰,若为密度大的片植地可按片筑堰。此方法省工、省力、投放少,但影响植物的景观效果,而且限树种、限季节。

2)带土球苗栽植:为保证苗木成活率和景观效果,对一些珍贵树种、根系再生力弱的树种及非适宜季节栽植的树种,以土球苗移植为宜。先确定土球高度及穴深,然后将坑穴进行适当地填挖调正后,将土球苗植入穴中,在土球下部四周垫放少量土壤,将树立稳,再剪开包装,并撤出,先填入 1/2 坑深土壤,用木棍将土球四周砸实,再填至满穴并砸实,在穴边做好灌水堰。此种方法的优势在于可以在任何时候应用于任何树种,并保证景观效果。不足在于操作较裸根苗复杂,起苗、运输、植苗需要投入较大的人力、物力和资金。

花木的土球苗可以直接从苗圃地中挖掘,也可先假植于容器之中,如小苗可植于塑料盆、瓦盆之中,大苗可置于木桶、竹筐之中,运至栽植地起坨种植。

④花木栽后管理。树木栽植后,伤害过重,处于弱势生长,需采取相应措施。灌水是栽后管理的最主要措施,提供充足水分,保持树体内水分平衡,促进根系生长,方能保证成活。栽后立即灌上第一遍水,无雨天气最迟不能超过一个昼夜,干旱、炎热天气应抓紧连夜浇水、浇透,三五天之内须连浇三遍水,以利土、根结合紧密。每次浇水渗入后,须及时将歪斜花木(较大规格的花木)扶直,培土填实,避免影响景观。水少地区,三茬水浇足后,可及时封堰保墒,减少浇水次数,节约用水;在能保证水源的地区,可根据天气情况继续安排浇水。树木弱势生长易受到病虫危害,须根据各树种特点及时检查,及时打药防范。植苗后,及时清理现场,做到清洁美观,及时设专人巡查,保证绿化景观效果。

4. 花木的养护管理

花木与草本花卉的不同在于花木较长时期地生长在一个地区,景观效果是长期的、连续的,生长发育也需要长期的、连续的才能保证景观效果。因此养护措施的长期性、连续性对树木的生长发育和景观效果有着非常重要的影响。花木养护措施主要有以下几个方面。

(1)花木的灌水管理　露地的花木根系较草本花卉深而较乔木浅,耐旱能力较乔木差,较草本花卉强,需根据花木根系分布的深度和需水特点确定灌水时间、次数和灌水量。花木的灌水时间自春季土壤化冻开始,直到深秋土壤冻结为止。

①根据花木地上部分活动情况分为休眠期、生长期两个阶段。

1)休眠期灌水:在秋冬和早春进行,北方地区冬春季雨量少,天气寒冷,易造成花木缺水而死亡。因此,在秋末冬初,土壤冻结之前灌"冻水",在冻结时放出潜热提高树木越冬能力,保持土壤中的水分,避免冬春缺水干旱;早春土壤开始化冻,花木要萌动时,灌"解冻水",溶入土壤,放出热能,化解冻层,补足土壤中的水分,促进树木提早萌动、生长,达到花繁叶茂的作用。

2)生长期灌水:可根据花木在生长期内物候变化的时节分为花前灌水、花后灌水和花芽分化灌水。对一些春季开花的树木,北方地区早春干旱、多风少雨,常出现春寒、晚霜,大气干旱和土壤干旱造成返盐,不利于花木萌芽、开花和新梢的生长,通过灌水,可以减轻旱情、散热防寒、灌水排盐,满足花木生长中对水分的需求,尤其是花木开花前的水分供给,有利于延长花期。花木开完花后,新梢开始迅速生长,若土壤供水不足,不但不利于树木新梢的生长,而且一些观果树木会因水分不足而造成大量落果,通过灌水,可促进花木的营养生长,打下光合作用、营养贮藏的良好基础。在花芽分化灌水时期,大量新梢生长使树体已经有营养生产的基础条件,果实迅速生长,花芽开始分化,都需要水分、养分,此时适量地灌水能够促进春梢生长,延缓封顶,抑制秋梢的生长,有利于花芽分化和果实生长。

小型花木由于根系浅,吸收水分的能力差,灌水的间隔期可短些,7～10天左右,视降水情况适度掌握。大型花木根系深,抗旱能力强,灌水间隔时间可长些。

灌水量的多少主要受以下因素影响:不同树种、品种、砧木等对水分需求情况,不同土质、不同气候条件、植株大小差异及生长状况的差异等。喜水树种、深根性树种、植株大生长旺盛的树木,灌水量大一些,有利于根系的扩展,而耐旱树种、浅根性树种、植株小的树木,灌水量可少些;沙性土壤持水力差,灌水量不宜过大,以免造成浪费;低洼绿地的灌水量不宜大,避免造成积水。因此应根据当地状况适宜调整灌水量、灌水间隔期。

②花木灌水的方法

1)地面灌水:这是木本植物灌水使用最多的、最有效的方法。大面积可漫灌,也可采用畦灌,带状或沟植的花木采用沟灌,单株花木采用穴灌。此种方法灌水可以满足花木对水分的需求,在不同土壤层次的根系都可获得水分,有利于根系向深生长,但用水不经济,浪费较多。

2)喷灌:也称为人工降雨或空中灌水,是采用人工降雨机及输水管道等全套设备进行灌水。优点在于节水,减少水土流失,增加空气湿度,节省人力,灌水迅速,有利于提高绿化效果及水平根的生长。缺点是一次资金投入高,易受风力影响,有风时喷洒不均且不易浇透,影响根系垂直生长。

3)滴灌:以水滴或小水流缓慢施于植物根区的灌水方法。优点是节水,水流失率低,以每次提供少量的水分满足花木的需水,减少土壤水分蒸发量、流失量,设施灌水节省劳力,有利于保持土壤结构、通气透水。缺点是一次设施、劳力、资金的投入量大,管材与滴头容易堵塞,不能调节小气候,由于采取点灌,得不到水的根系易萎蔫死亡,导致根系分布不均,易造成灌溉根区附近土壤盐渍化,造成根系伤害。此方法适于单株花木,成片花木采用滴灌,成本投入大。

③不同灌水时期,灌水量及灌水方法的应用需要注意以下几个事项。

1)适时适量:在不同的季节,根据花木根系分布深度,确定适宜灌水量。秋浇"冻水",为提高树木抗寒、抗旱能力,灌水量要充足,日化夜冻之时,过早浇水不宜保持土壤中的水分;春浇"解冻水",早浇宜升温供水,避免树木生理干旱,促进花木萌芽,过晚不但起不到作用,反而降低土温造成抑制花木生长。生长期内,干旱季节里灌水量宜大,可保持花木的生长,雨季降水多,可根据土壤水分状况,减少灌水,避免因土壤中水分过多造成土壤通气条件不良。

2)适法适量适间隔:不同灌水方法,每次灌水量不同,每次灌水的间隔时间长短不同。地面灌水用水量大,下渗较深,土壤持水时间长,灌水次数可少,间隔期长些。喷灌为节水灌溉,属小水浅灌,每次量少,浇水次数多,间隔期短。滴灌的水量可多可少,视花木形体大小、根系深浅、灌水次数适量而定。

3)灌水与施肥、土壤管理相结合:灌水要考虑与其他措施的关系,施肥须灌水配合,以降低局部土壤肥料浓度,并促进根系吸收;灌水后及时进行松土保墒,既可以起到通气作用,也可减少土壤中水分的蒸发。

4)把握灌水时机:干旱气候条件下可根据土壤含水量、树木缺水的反应选择灌水的时间,晚了会加重旱情、抑制树木生长。每年生长后期,须减少或停止灌水,避免花木徒长,促进木质化,提高花木的抗寒能力。生长季灌溉宜在早晨或傍晚进行,此时蒸发量小,水温与地温差异不大,有利于根系吸收,而在气温最高的中午前后用温度低的水源灌溉,会导致土温的突然下降,影响根系吸收能力,导致树木受害。

5)重视水源的质量:选择水源,要了解水源的矿化程度,矿化程度大,盐分多,会造成土壤盐渍化。若利用污水浇灌,更需要分析水质,如果含有害盐类或有毒元素或其他化合物质,须通过处理后才能使用,否则使用的量愈大,次数愈多,污染愈严重。

(2)花木施肥　花木的多年生长,会造成土壤中某些营养元素的缺乏,并导致树体由于营养不足而生长异常、枝叶量小、繁殖生长差、树体逐渐衰老。合理施肥可补足土壤供给不足的养分元素,促进枝叶茂盛、花繁果密,加速生长,延缓树体衰老,也会促进树体伤口愈合。

由于花木多年生长,不同阶段对营养元素需求特点及城市土壤条件的特殊性,形成了园林花木施肥上的一些特点。

①施肥原则。为了使施肥经济合理、利用率高、流失少,提高土壤的肥力,增加树体营养,须遵循以下几个原则。

1)明确施肥的目的:施肥的目的不同,选择施肥用料的种类、施肥的方法、施肥的量均有所不同。如生长期针对花木的某些器官生长所需的元素而选择相应的肥料施用,为了改善土壤,多施用有机肥料,要在生长期用最短的时间,使花木及时获得所需元素,所以应采取叶面施肥的方法达到目的。

2)掌握花木的生长特性:不同花木在不同时期、不同器官的生长过程中,对不同元素需求是不同的,新梢、叶片的生长对氮素需求量大,随着新梢加长生长的结束,对氮量需求下降,此时对磷、钾的需求逐渐增加。为使新梢及时停长和提高抗寒力,增施钾肥有利树体的木质化,在树体停长、营养积累时,多施磷肥有利新梢上的芽由叶芽向花芽转化。

3)掌握环境因素对花木需肥的影响:环境因素的变化不但影响着花木的生长发育及对养分元素的吸收,而且影响着施肥的效果和措施的使用。光、热、水、气等条件适宜,光合作用强,根系吸收养分就多,如阴天光照不足、气温偏低或高、土壤水不足而造成的干旱,或降水过多造成的通气状况不好,均会导致植物的光合作用下降、对养分的需求下降。气候条件(多因子的综合)在一年内的周期性变化,导致花木在生理、形态上出现相应的物候特征,以此反应植物的生长状况和对养分的需求,因此确定施肥措施要考虑当地的气候条件。生长期内,温度低,植物需肥少可以少施,温度高,植物吸收养分多可以多施;夏季大雨后,造成土壤中速效养分大量淋失,可追肥促进植物生长,在小雨前追施可节省一次灌水。根外追肥以清晨、傍晚或连阴天施用效果为好,在大雨前、雨中施易造成流失,光照强的时候施用会造成药害。土壤状况的差异对施肥措施有着紧密的联系。土壤质地疏松、通气状况好,施用有机肥能增加土壤的保水、保肥效果,施用追肥应少量勤施,减少流失。土壤质地黏重、保水效果好而通气条件差时,施用有机肥有利于形成团粒结构,增加土壤孔隙,土壤 pH 值影响肥料施用种类和植物吸收作用,在酸性土壤条件下,有利于植物对 NO_3^- 的吸收,宜施用硝态氮。在中性或碱性土壤条件下,有利于对 NH_4^+ 的吸收,宜施用铵态氮。

4)施肥要熟悉肥料的种类和成本:肥料种类不同,其营养元素成分、性质、施用对象、时间、方法均有所不同。有机肥的营养成分较全面,但需养分逐渐分解利用,称为迟效肥,一般用于休眠期施用,改良土壤,并逐渐释放养分供植物利用。无机肥一般为单质速效化肥,多用于生长期的追肥。前者成本低,肥效低,改良土壤效果好;而后者成本虽高,但肥效高,见效快,在花木生长期应用可促进生长。

②施肥时期。施肥既要考虑花木生长的长期性,又要把握花木生长的阶段性。可分为两个主要时期:一是休眠期施肥,也称为基肥施用时期。主要是利用有机肥的多元素、分解释放慢、改良土壤的特点,对花木长期的生长发育具有很好的作用。基肥于秋末、春初施入,尤其是秋末施肥,通过施肥促进根系生长,提高土壤孔隙度,使土壤疏松、保墒防旱、提高地温、减少冻害,肥料通过逐渐腐烂分解,有利于春季植物生长萌发时利用。春季施肥,有机肥分解晚,肥效发挥慢,在早春植物萌发生长时不能及时供给,生长后期才发挥作用,往往造成新梢的二次生长,不利花木的花芽分化,因此不如秋末施肥的效果好。二是生长期施肥,也称为追肥时期。是针对花木生长期内某个阶段、某种器官生长发育中所需某种元素时,及时补充施肥,如花前追肥、花后追肥、新梢生长追肥等,此时的追肥,须视花木情况灵活掌握,合理安排,随时根据树体营养状况调整施肥。此时以施用速效化肥为主。

③施肥量。花木的施肥量须根据树种对肥的需求、植株生长情况和土壤养分状况确定肥量。虽然也可以采取理论施肥量的计算公式确定,或按果树栽植的经验施

肥量来确定,但花木施肥可以不考虑直接效益,而是考虑保持花木的生长、开花、形成景观效果及经济成本和环境污染,因此在保持生长发育、景观上,施肥量可少些。如常绿花木杜鹃、桂花等成片栽植,在缺氮的贫瘠土壤中可每 10 m^2 面积施 24 kg 的动物下脚料或棉籽粉,若施化肥约 0.98 kg,为提高效能和减少流失可采取多次少量施用。

④施肥方法。花木施肥通常采用两种施肥方式。

1)土壤施肥:即将肥料施入土壤中,通过根系吸收,运往植物的各个器官加以利用。土壤施肥有利于植株各器官的养分吸收,促进植株全面生长,有利于土壤改良,促进植物生长,但见效慢,且流失量大。土壤施肥需要注意:一是不要靠近苗株基部,以免造成伤害;二是控制好施肥深度和范围,以利吸收。

施肥方法:一是撒施,也称地表施肥,即将肥料撒施于地表的一种方法。针对成片栽植、较为密集的浅根花木,利用化肥的速溶可移动的特点,撒施后通过松土浇水使养分逐渐下渗到根系生长的深度、范围,此方法操作方便,根系吸收范围大。但不宜移动的元素,如 P、K 等采取这种方法会诱使树木根系向地表移动,降低树木的抗性。二是沟施,即在花木根系范围挖沟施肥的方法。在成片、株行距整齐的栽植地上,可在株间、行间开沟施肥。在单株栽植的大花木周边可采用环沟状、辐射状沟施,挖沟至根系分布集中的深度,将肥料和适当的土壤混合,后填入沟内,上覆少量表土层。这种方法施有机肥效果好,有利于改善土壤条件,通过断根促进更新。但施肥面积占根系分布范围比例小,造成分配不均,且开沟损伤根系。

2)叶面施肥:是根外施肥的一种,将配制好的可溶性液肥喷施在叶面上,利用叶片气孔、角质层缝隙或叶背细胞间隙渗透、吸收,供给植株利用的施肥方法。肥液通常用速效的尿素、磷酸二氢铵、磷酸二氢钾、硝酸钾及一些可溶性微量元素配制,浓度在 0.1%~0.5% 之间,不宜过高以免造成肥害。叶面施肥简单易行,用量少,速度快,能及时满足花木某些器官对元素的需求,避免某些元素在土壤中易被固定,在缺水地区,采用这种方法较土壤施肥省水。但叶面施肥有一定的局限性,即吸收的养分移动性小,肥效期短。

因此土壤施肥和叶面施肥这两种施肥方法各具特点,互补不足,只要使用得当,可以发挥肥料最大效益。

(3)土壤管理　土壤是花木生长的基础,是花木生长所需水分、矿物质提供的主要场所。花木每年、整个生命周期生长的好坏都与土壤有着密切关系。花木土壤管理的作用是将施肥、灌水措施更好地作用于花木生长,达到景观效果,并起到改良土壤、保持水土、减少污染的作用。主要通过以下几个方法起到作用。

①松土除草。绿地的环境较复杂,土壤板结,杂草丛生,对矮小的花木造成不利的影响。因此,松土除草成为每年不可缺少的例行措施。

松土可以通过疏松表土,既可改善通气条件、促进微生物活动、分解有机质、提高土壤中养分水平状况、促进树木生长,又可切断土壤毛细管通道、减少土壤中水分蒸发、起到保墒作用。除草则是为排除杂草对水、肥、气、热、光的竞争,避免对花木造成危害,破坏植物景观。

在每年花木生长期的不同物候阶段中,松土和除草的作用是不同的。春季,气温逐渐上升,杂草生长缓慢,但土壤水分蒸发迅速,易造成干旱,此时,以松土保墒为主,在松土同时兼作除草;当雨季来临时,气温高,水分足,杂草生长迅速,此时除草是主要目的。松土除草宜在灌水或降雨后二三天表土层成壳之后进行。一年中6~7次在二三次灌水后,土壤板结杂草生长,即可进行,松土深度为3~5 cm,要掌握靠近基部浅、远离基部深的原则。

②土壤改良。土壤改良通过物理、化学及生物等措施,改善土壤理化性质,通过不断地调节,以满足花木几十年至数百年生长发育的需求。因此这是一项经常性的工作,其主要目的是改善土壤质地结构,提高保水、保肥、通透疏松的土壤条件,并根据花木对土壤 pH 值及盐分的适应性采取措施,有利花木生长。

1)土壤物理改良:根据土壤的质地状况采用客土,施肥改良。黏性土壤加沙、加有机肥,促进土壤疏松、透气透水,避免渍水而造成根系腐烂。沙性土壤可采用加入黏土、有机质(尤其是纤维含量多的有机质,如草炭、半分解状堆肥等)有利增加黏性、土壤的团粒结构、毛细管孔隙,起到保水、保肥的作用。

2)土壤化学性状改良:花木对土壤的酸碱度及盐分有一定的适应范围,超出这个范围不利于花木的生长,并会造成不良影响,需根据原产地气候条件、土壤特点,对土壤 pH 值、盐分进行调节。

对于 pH 值过低的土壤,可用石灰改良,如南方酸性土壤;对 pH 值过高的土壤可用硫黄、硫酸亚铁或石膏施入土壤进行改良。须根据当地土壤作试验,确定调节的化合物量。如 pH 值 4.0 的土壤,每 kg 土壤加入 1.5 g 消石灰能将 pH 值调整到 6.0。在酸性强、缓冲作用也强的土壤中,钙的施肥量有时可高达 3 kg/1 000 kg 以上,但一次加入很难与土壤混匀,可分 2~3 年施入,每次施用量为 1.0~1.5 kg/1 000 kg。同样,pH 值高的土壤也以此为例应用调整。

当盐碱土中盐分为 70.2% 时,会导致对植物的毒害,使根系难以从土壤中吸收到矿物质,造成"生理干旱"和营养缺乏,不但生长势差,而且易早衰。盐碱地的改良主要措施有灌水洗盐,利用深挖、筑台器、施有机肥改良减少盐分,利用松土、覆盖减少地表蒸发,防止盐碱上升渍盐。

5. 花木修剪

绿地中花木整形修剪的目的是为了保持花木健康生长和充足的花量,满足绿化、美化的效果。通过修剪减少花木无效消耗,促进保留枝叶生长,提高光合作用和营养物质积累量,调节地上部与地下部的平衡,调节枝条角度及各器官的合理分布。针对衰老花木,通过修剪去除衰老枝条,刺激隐芽长出新枝,逐渐形成新的树冠,以提高花量。如月季、八仙花、连翘、迎春、丁香、忍冬等花木,通过重剪进行更新,可延长绿化寿命。修剪中可根据树种、品种的遗传特性,树木的生长状况,景观效果要求,确定修剪时期、修剪方法等基本技术措施。

(1)修剪时期　花木种类多、习性不同、观赏要求不同时,可以确定不同季节的修剪。虽然一年中任何时候都可以对花木进行修剪,但是具体时间的确定,修剪会达到不同目的。根据花木年周期变化的特点,修剪也可分为两个时期:休眠期修剪和生长期修剪。

①休眠期修剪。是指秋季落叶树木地上部树体营养回输到根部、叶片脱落至第二年春树木地上部枝条上芽萌动之前的修剪。在休眠期间,树体贮藏营养充足,通过修剪,减少植株枝芽数量,使保留的枝芽营养集中、生长加强,有利于早春开花树木的花大、花期长;有利于夏秋开花树木生长健壮,有利成花;一些抗寒能力差的花木,通过修剪等措施,可以达到防寒越冬的作用,此期间修剪还有利于树体伤口愈合,减少病虫害的伤害。

②生长期修剪。是指在花木地上部各器官生长的时期,针对花木生长状况,通过修剪终止或延缓某些器官的生长,促进其他器官的生长。为了避免在生长期修剪导致病虫危害,修剪应较轻,主要针对幼嫩部位修剪,有利伤口迅速愈合。生长期修剪根据不同器官可分为:花前修剪,可控制花量,减少营养消耗,促进花大和花期的延长,如牡丹春梢生长时采取的摘蕾;花后修剪,减少残花、幼果的营养消耗,控制新梢生长的部位和数量,如月季、茉莉花等每次花开之后,剪去残花,控制萌梢的部位,促进新梢的生长和成花;新梢修剪,新梢生长时期,为促进花芽分化,旺长的枝条通过修剪由营养消耗到物质积累以促花芽形成,夏、秋梢生长时,可通过修剪,终止生长,促进物质积累,以利越冬防寒。

无论落叶花木还是常绿花木,均可根据其生长特点在不同时期修剪,但修剪方法、修剪强度不同。

(2)花木整形修剪的基本技术

①花木整形的基本类型。花木修剪整形与其在绿地设计设置有密切关系,根据设计配置要求,将花木修剪成相应形态,以满足景观上的需求。常见的有以下几种。

1)色带、色块:通常按照设计图案成片种植低矮的花木,通过修剪利用花色形成与其他植物配置成花坛、色带、色块。修剪不以个体的形态、植株高低进行,而是以整体观赏要求修剪。通过修剪,促进花量,保持整个植株群体的高低、形态,达到景观效果。因此在种植时将花木按图案采用密集种植成片,集约养护,通过经常性的修剪,让花木生长整齐,花开一致,形成具有很强观赏效果的美丽景观。目前经常用丰花月季、矮生紫薇等花木在设计、种植、修剪中形成这种类型。

2)花灌丛形态:在园林绿地设计自然式配置时,为了形成乔、灌、草具有层次、色彩的景观效果,对于易于丛生的花木,如丁香、连翘、迎春、糯米条、山茶、紫荆、贴梗海棠、珍珠梅等丛生性强的花木,顺应其自然丛生的习性,适当疏枝、调整,使其形成下接草坪、上连树木、色采鲜艳、具有一定形态的植株。因是丛生,在修剪后,树冠是圆球形态的居多。

3)小乔木形态。一些生长较高大的花木,如玉兰、西府海棠、碧桃、杏等生长多具主干,绿化中多可单株观赏,在修剪整形中,利用其生长迅速、顶端优势强的特点,通过修剪形成具有主干的小乔木形态树形。

4)攀缘形态:针对藤本花卉的特点,在绿化中,采用立花架、建花廊等方法,供藤本攀缘,形成侧方观花、上部观花的效果。

②花木修剪的基本方法

1)截干:对干茎或粗大的骨干枝进行截断的措施称为截干。在花木修剪中,小乔木主要针对较大的主枝、侧枝利用锯将其截断、删除,以促进树冠调整和树木回缩更新;丛生花木多是从地面附近将衰老的枝干全部除去,利用其萌蘖能力,刺激发达根系萌生新枝,新枝数量的增加补充,扩大了树冠。由于枝条粗重,为防止因修剪伤口劈裂而造成的伤害,截干的操作通常分三步进行:首选在要除去的粗枝下方锯入1/3~2/5;然后在上方略前于伤口处将粗枝锯下,以避免因枝条重力作用造成的劈裂;最后将伤口削平滑并涂上保护剂防病虫危害。

2)短截:剪去一年生枝条的一部分的修剪称为短截,也称短剪。短截可调整枝条生长势,调整剪口芽的生长方向,在一定范围内,短截愈重,局部发芽愈旺。按短截程度可分为:轻剪,剪去一年生枝的梢头或1/4部。此法留芽多,形成枝多,但较短,枝条长势弱,易成花枝;中剪,剪去一年生枝条的1/2部分,多位于枝芽饱满处,剪后反应是,剪口下能萌发几个旺盛枝条,再往下形成中短枝,有利于促进枝条的长势;重剪,在枝条饱满芽以下剪截,约剪去枝条的2/3~3/4,剪截后保留下来的芽少,多为发育稍差的芽,成枝率低,但修剪后,芽的数量少,营养供给集中,所剩芽有生成旺枝条的可能;极重短截,剪至一年生枝基部轮痕处或保留2~3个芽,剪截后一般抽生几个弱枝,降低了枝的位置和生长势,起到抑制作用,但要在整株树采取这种修剪,营养集中,也能促生旺枝。短截程度的不同能调节枝条生长势,利用营养的再分配为保留芽提供不同的生长条件。

3)疏剪:也称为疏枝,即从分枝处剪去枝条。此方法不但用于一年生枝的修剪,而且也可用于多年生枝的修剪。疏剪可以通过减少枝条的数量,使树冠内枝条分布均匀、通风透光,有利于保留枝条的生长发育,有利于花芽分化,在减少总叶面积的过程中,提高有效营养物质生产。在操作过程里,主要疏除过密枝、重叠枝、并生枝、徒长枝、衰弱枝、病虫枝及枯枝死杈。

以上三种修剪方法主要在休眠期内使用,有利于伤口愈合,避免病虫害发生,减少树木营养成分的流失。

4)除芽:把多余的芽从枝条上除掉称为除芽,也称为抹芽。此措施可以通过减少芽的数量,改善保留芽的营养条件,增加生长势,这种修剪伤口小、愈合快。针对一些芽量大、萌蘖多的花木均可采用。

5)摘心:将新梢顶端摘除的措施称为摘心。当新梢生长到一定长度后,将正在生长的新梢顶端生长点摘除,以终止其加长生长,减少营养物质的消耗,促进光合产物的积累,促进花芽分化,促进枝条健壮,提高花木的抗性。

6)摘蕾:将枝上已显露的花蕾除去的措施称为摘蕾。此法是为了使保留花朵开放得更大、更艳丽,通过摘除花序的较多花蕾或侧枝上的花蕾,将营养供给主蕾或保留枝条上的花蕾,以提高开花质量和花期。如牡丹、月季等大花类,采用这种措施,单花开放效果好。

7)摘花、摘果:将枝上的残花、幼果摘除的措施称为摘花、摘果。为了避免花木不必要的营养消耗,在花朵已显残相、幼果还未生长起来时,为了促进未开完的花朵开放、保留下来的果实生长及新梢的生长,将对残花、不须保留的幼果剪除,如牡丹、月季、碧桃、丁香等。

8)剪梢:在生长季中对未能及时摘心且加长生长依然过旺、枝条伸展过长并部分木质化的新梢进行剪截称为剪梢。此法针对一些发条较长的花木,如连翘等,当枝条生长过长、营养消耗大、枝条木质化程度差、抗寒力弱、花芽分化质量低时,通过修剪,促进营养积累,保留枝上花量大,有利观赏。

以上五种修剪主要用于生长期修剪,修剪的伤口小,愈合速度快,生长季里能够短时间内迅速终止某些器官的生长,促进保留器官的生长,且对树木的伤害小。

(3)修剪时须注意的事项

①利用剪口芽调控花木生长。保留剪口芽的位置不同,影响花木的形态、生长势。短截强度不同导致枝条生长的强弱,剪口芽位置不同影响树冠规模,密集种植的花木树冠小,利用保留内芽、直立芽,可提高新梢的长势。单株、散生花木修剪时,为了扩大树冠,增加景观效果,以外芽作为剪口芽,可扩大树冠,增加花量。

②因地制宜、随景修剪。掌握不同的生态环境条件,依据花木与生态环境的关系确定整形修剪的措施。在贫瘠的土壤条件下,花木生长势弱,单株树体不宜过大,多形成冠小、树矮的形态。而在地肥水美的土壤条件上,花木长势旺盛,在修剪过程中,可根据其生长特点,适度扩大花木整体的范围,不宜压抑太重。在有地形起伏地区和各种植物配置时,应根据各花木在景致中的比例、比重,通过修剪确定其在景致中的

位置,顺应景观变化,形成层次效果。

③随树整形、因花修剪。不同花木的遗传特性不同、花朵大小不同,是影响修剪措施应用的主要因素。根据不同树种、品种的高矮不同,修剪成高矮不同、形态各异的树形;根据花朵大小的不同,修剪成不同的景观。如牡丹、大花月季等大花类,在修剪时通常要求单株形体美观,单花观赏效果好;紫薇、象牙红一些大花序的花木等通过修剪,在形态上、花序观赏上有较好的效果。而一些株矮、花小的花木修剪以确定花量来取得观赏效果,很多采用群植,利用多花达到提高景观的作用。如丰花月季、连翘、矮花紫薇、锦带花等,利用修剪促进多枝多花,提高开花时花多、色艳的效果。

④把握树势、更新复壮。花木寿命短、易衰老,影响植物造景,除了利用土、肥、水的日常管理外,利用修剪可以促进树木的生长发育,保持旺盛的生长势。因此在修剪上,要掌握花木衰老的特点和更新的能力,根据花木定芽潜伏力的长短、不定芽萌生能力把握修剪时机、确定修剪方法,始终使花木处于旺盛的生长势,是保持绿地花木长久景观的主要措施。

第六章　花卉生产与应用各论

第一节　一、二年生花卉

1. 翠菊

学名：*Callistephus chinensis*

别名：江西腊、蓝菊、七月菊、六月菊。

科属：菊科，翠菊属。

产地和分布：原产于我国，分布于吉林、辽宁、河北、山西、山东、云南和四川等地。现世界各地均有栽培。

翠菊有许多变种品种，依据植株形态分类可分为：直立性、半直立性、分枝性和散枝性等。按植株高度分类可分为：矮型、中型、高型。株高 30～50 cm 为中型种，30 cm 以下为矮型种，50 cm 以上为高型种。按花型分类分为：单瓣型、芍药型、菊花型、放射型、托桂型、鸵羽型等。

习性：为浅根性植物，干燥季节注意水分供给。植株健壮，不择土壤，但具有喜肥性，在肥沃沙质土壤中生长较佳。喜阳光、喜湿润、不耐涝，高温高湿易受病虫危害。耐热力、耐寒力均较差。高型品种适应性较强，随处可栽，中矮型品种适应性较差，要精细管理。忌连作，需隔 3～4 年栽植 1 次。盆栽宜每年换新土 1 次。

繁殖与栽培要点：均采用种子繁殖，条播易出苗。在 14～16℃ 条件下 4 天发芽出苗。1g 种子可出苗 150～200 株小苗。用充分腐熟的优质有机肥作基肥，化学肥料可作追肥。一般多春播，也可夏播和秋播，播后 2～3 个月就能开花。可根据需要分批播种控制花期。矮型种 2—3 月在温室内播种或 3 月在阳畦内播种，5—6 月即可开花;4—5月露地播种,7—8月开花;7月上中旬播种,可在"十一"开花;8月上中旬播种,幼苗在冷床中越冬,翌年"五一"开花。中型品种5—6月播种,8—9月开花;8月播种需冷床越冬,翌年5—6月开花。高型品种春夏皆可播种,均于秋季开花,但以初夏播种为宜,早播种开花时株高叶老,下部叶易枯黄,影响观赏。翠菊幼苗期间移植2~3次,可使茎秆粗实,株形丰满,须根繁密,抗旱、抗涝、抗倒伏。春播幼苗长高至5~10 cm,播后1个月左右时可移苗,播后两个月左右定植。育苗期间灌水2~3次,松土1次。定植后灌水2~3次,然后松土,雨后松土。一般定植后和开花前进行追肥灌水。要注重中耕保墒,以免浇水过多或雨水过多而土壤过湿、植株徒长、倒伏或发生病害。当枝端现蕾后应少浇水,以抑制主枝伸长,促进侧枝生长,待侧枝长至2~3 cm时,再略增加水分,使株型丰满。追肥以磷、钾肥为主。不要连作,也不宜在种过其他菊科植物的地块播种或栽苗,以保证其健壮生长。

翠菊易遭受多种病菌危害,其中以枯萎病和黄化病发生较普遍。可通过用1 000~3 000倍升汞泡半小时等方法进行种子消毒。发病初期用50%苯来特1 000倍浇灌土壤,防治枯萎病等病害,黄化病还要通过铲除杂草、治虫来防治侵染性病害。不使土壤过湿、不连作,适当多施磷钾肥,及时拔除烧掉病株,并用100倍福尔马林消毒土壤,以防治多种病害。

园林观赏用途:品种多,类型丰富,花期长,色鲜艳,是较为普遍栽植的一种一年生花卉。矮型品种适合盆栽观赏,不同花色品种配置五颜六色,颇为雅致。也宜用于毛毡花坛边缘。中、高型品种适于各种类型的园林布置;高型可作为"背景花卉",也可作为室内花卉,或作切花材料。翠菊花叶均可入药,有清热凉血之功效,可治疗感冒、红眼病等症。

2. 一串红

学名:*Salvia splendens*

别名:爆竹红、墙下红、西洋红。

科属:唇形科,鼠尾草属。

产地和分布:原产于南美洲巴西,现世界各地栽培甚广。我国园林广泛栽培。

习性:喜温暖、湿润及阳光充足的环境,不耐寒,怕霜冻,较耐热,最适生长温度为20~25℃,在15℃以下叶黄枯脱落,30℃以上则花叶变小。在温室内越冬,可养成丛株径1 m的盆栽大株。对土壤要求不严,但喜疏松肥沃土壤。

繁殖与栽培要点:可采用种子繁殖,也可扦插繁殖。3月播种于阳畦内,要先整平地,浇足水,水渗下后均匀撒种,上覆细沙一薄层,8~10天或更长时间种子萌发,适时浇水。1个月后,当苗高约3 cm左右时分苗,株行距5 cm见方,再过1个月带土球植于露地畦中,株行距20 cm见方。温室播种在春节前后最为适合,播于盆中。

扦插繁殖,四季均可进行,一般从4月下旬至9月上旬,可结合摘心进行,取枝条先端5～6cm,插入薄沙土中约二分之一,保持土壤湿润,株行距4～5cm,蔽荫养护,20天左右发根,而后分苗。以采种为目的的生产,最好用实生苗。一串红种子成熟变黑后会自然脱落,所以,在花冠开始退色时把整串花枝剪下晾晒,坚果变黑后妥善保管。

一串红栽培,要求肥沃疏松的土壤,生长前期不宜多浇水。浇水过多根部通气不良,常发生黄叶、落叶现象,最好掌握"见干见湿",干后一次浇透,有利于根系生长。进入生长盛季增加灌水量,炎热夏季蒸发快要及时补水。植株发黄,生长缓慢可适当追施氮肥,花期施磷肥,勤施薄施为好。阳光强烈、气温过高影响一串红的生长,可用遮阳网遮阳降温,维持植株的生长。

为使一串红株丛茂密,增加花枝数量,在幼苗长出4片真叶以后开始摘心,促使其萌发侧枝,使每株能有4～6枚侧枝。可在侧枝长出4片真叶时仍然摘心,再长再摘,这样会达到株形丰满的目的。幼苗定植后要注意浇水、松土、除草。开花前追施1次磷肥有利于开花结实。

一串红如果管理周到,一年可以开3～4次花。如采用播期控制花期,一般春播可在9—10月到盛花期。北京地区"五一"节用的一串红在上年8月中下旬露地播种(尽量避开雨季),国庆节用的一串红于2月下旬或3月上旬在温室或阳畦播种。

一串红易发生红蜘蛛、蚜虫为害,可喷1 500倍的乐果防治。

园林观赏用途:常用作花坛、带状花坛、花丛的主体材料,也常植于林缘、篱边或花群的镶边。盆栽后是配置盆花群的好材料。全株均可入药,有凉血消肿之功效。

3. 鸡冠花

学名:*Celosia cristata*

别名:鸡冠头、红鸡冠、鸡公花。

科属:苋科,青葙属。

产地和分布:原产于印度和亚热带地区,世界各地均有栽培。在我国应用较广。

习性:不耐寒,怕涝、耐旱、喜炎热而空气干燥的环境条件,适宜于在阳光充足,土地肥沃排水良好的沙质壤土中种植。生长迅速,能自播繁衍。高杆品种单株栽植易倒伏。鸡冠花为异花授粉,品种间易杂交。

繁殖与栽培要点:均采用种子繁殖。高大品种生长期长,播种太晚花期短,常因秋季温度低而结实差。播种期在3月下旬至4月中旬,种子播入露地苗床,覆土要薄。白天保持21℃以上,晚上17℃以上约10天可出苗,长出2～3片真叶或1个月时移植1次。6月初定植于露地,或移苗后20天定植。移植或定植后要适量浇水。通常于4—5月播于露地,早花品种6月中旬播种,国庆节即可开花。

鸡冠花忌受涝,但在生长旺期耗水量大,夏季炎热时须充分灌水。但防止灌水过多徒长。在养护上采取摘除侧枝方法促主枝生长,也有在株高 20~30 cm 时进行摘心的,可推迟花期 1 周,用于切花。土壤较瘠薄时,可追施 1~2 次液体肥料。采用母株结实可多留侧枝,因品种间较易天然杂交,出现品种混杂,观赏品质降低,因此花种生产要重视品种间的隔离。种子以花序中下部者为佳。鸡冠花病虫害较少,但注意苗期发生立枯病,及时用乐果防蚜虫危害。

盆栽鸡冠花可每盆 3 株成"品"字形,刚移植的小苗在阴凉处数天,尔后置阳光充足处;苗稍大,每隔半个月左右施 1 次液肥(腐熟人粪尿或豆饼 10% 稀释液),以免徒长。待花冠形成后可勤施薄肥,促其长大。注意避免沾污下部叶片,保持叶片清洁,以免叶片脱落,影响美观。

园林观赏用途:高型鸡冠花适作花境及切花,布置花径或装饰在建筑物周围。子母鸡冠及凤尾鸡冠还可作切花或制干花。矮型品种则适于布置花坛或作观赏盆花。花序和种子是收敛剂,可止血、止泻等。

4. 金鱼草

学名:*Antirrhinum majus*

别名:龙口花、龙头花、狮子花、洋彩雀。

科属:玄参科,金鱼草属。

产地和分布:原产于欧洲南部地中海沿岸及北非,目前世界上应用较广。

金鱼草栽培品种多达数百种,按照植株高矮可分为:高型,株高 90~120 cm,花期长且晚;中型,株高 45~60 cm,花期中等;矮型,株高 15~25 cm,花期最早。依花型分金鱼型和钟型。高型品种可作切花。

习性:有一定的耐寒性,可在冷床内越冬。生长适温 18~20℃,夜间 10℃ 左右,喜向阳且排水良好的肥沃土壤。在凉爽的环境中生长健壮,开花多且鲜艳。怕酷暑,可在轻碱性土壤上正常生长。可自播繁衍,品种间容易混杂引起品种退化,应注意留种母株的隔离。

繁殖与栽培要点:常用播种繁殖,也可用扦插繁殖。金鱼草为多年生植物,我国大部分地区是作为二年生栽培,多进行秋播繁殖,于 8 月末至 9 月上旬播种,发芽适温 20℃ 左右,播后保墒,间苗 1 次,移植 1~2 次,10 月下旬移入冷床囤栽越冬,第二年 4 月下旬移入花坛定植。6—7 月开花。春播繁殖可在 4 月中旬,但开花、生长不及秋播的好,花期也短。3 月下旬定植的苗,4 月下旬可开花。4 月定植的苗,5—7 月间将陆续开花。春秋都可播种,但因其种子小,整地要精细,灌水后将种子均匀撒播于畦面覆薄土,10~15 天出苗,长至 10 cm 左右移栽于花坛或花盆内,花后摘心或重剪,伏天防涝适当遮阴,立秋后萌发新的株丛,花期可到 10 月。高茎品种株距 40~45 cm 为宜,不摘心而摘侧枝培养独杆可作切花;中茎种株距 25~30 cm 为宜;矮茎种株距可在 8~10 cm 范围。中、高茎品种在长出 4 片真叶时进行第 1 次摘心,待侧枝长出后再摘心 1 次,花后剪掉凋谢的花蕾,以促使侧枝成花,延长花期。生长期间,如果地力不够肥沃,可视情况每隔 10 天左右施 1 次肥水。花种生产要重视品种间的隔离,品种间容易混杂引起品种退化,应注意留种母株的隔离距离,注意种子成熟后(蒴果变成棕黄色)进行摘剪,以防自然脱落。一些优良品种不易结实,常用扦播繁殖。夏初剪取嫩枝扦播,秋季开花。一般常在 6—7 月或 9 月进行扦插。注意防蚜虫危害。

园林观赏用途:花色繁多,美丽鲜艳,高、中型可作花丛、花群及切花;中、矮型宜用于各式花坛、观赏盆花等。全株可入药,有凉血和消肿之功效。

5. 金盏菊

学名:*Calendula officinalis*

别名:金盏、金盏花、黄金盏、常春花、长生菊。

科属:菊科,金盏菊属。

产地和分布:原产于欧洲南部加那列群岛至伊朗一带地中海沿岸。现世界各地均有栽培,我国栽培极为普遍。

习性:性较耐寒,不耐酷暑,炎热的夏季多停止生长,温度 10~20℃生长良好。生长迅速,适应性强。对土壤及环境条件要求不严,较耐干旱、耐瘠薄,忌潮湿,在肥沃疏松的土壤中且向阳的地方生长更好。栽培容易,可自播繁殖。

繁殖与栽培要点:用播种法繁殖,可春播和秋播,秋播在 9 月上旬,7~10 天出苗,长出真叶二三片时移植 1 次。地栽越冬苗,在 10 月中下旬移到避风、向阳的冷床(小畦)内,11 月下旬至翌年 3 月初,夜间顶部覆盖防寒,3 月下旬可移到室外栽种,4 月开花。盆栽金盏菊应置于室内冷凉而阳光充足之处,3 月上中旬就可开花。春播可在 3 月末至 4 月初室外直播,苗齐后间苗或定植,6 月即可开花,但生长发育不如秋播效果好。金盏菊在生长期间不宜浇水过多,土壤保持经常湿润即可。也可根据具体土壤状况,追施 1~2 次肥料,能使其生长旺盛,花大而多。幼苗期应连续摘心,多发侧枝增加花量,如用作单朵切花或观赏大花,应摘除侧芽,促使顶芽的花蕾充分发育,观花期间,每朵花开 3~4 天后即开始萎蔫、卷缩,从花柄下第 1 片小叶剪去残花,以促发新枝新蕾。采收种子应抢在雨季来临之前,避免种子发霉。当金盏菊花盘边缘瘦果发黄时即可采摘,如果不饱满种子过多,可通过加大播种量来解决。高温高湿通气不良时易得白粉病,要注意通风。该病用百菌清防治。

园林观赏用途:栽培容易,生长迅速,色彩夺目,花期较长,庭院多作花坛、花境栽植,或作盆花、切花,入冬时将一部分盆株养在低温温室内,可冬季开花观赏。全草可入药,有祛热止咳功效。

6. 百日草

学名:*Zinnia elegans*

别名:百日菊、步步高、火球花、对叶菊。

科属:菊科,百日草属。

产地和分布:原产于南美洲墨西哥高原。目前世界各地均有分布。

习性:喜温暖,不耐寒,喜阳光充足,怕酷暑,性强健,耐干旱,耐瘠薄,忌连作。根深茎硬不易倒伏。宜在肥沃深土层土壤中生长。生长期适温 15～30℃,适合北方栽培。矮型品种在炎热地区,宜植于稍阴处。同属约有 20 种,如小百日草、细叶百日草等。

繁殖与栽培要点:以种子繁殖为主,发芽适温 20～25℃,且需要黑暗,覆土时切勿让种子暴露在外面,7～10 天萌发,播后约 70 天开花。盆钵育苗,当真叶 2～3 片时移苗,4～5 片时摘心,经 2～3 次移植后可定植。华北地区露地播种多于 4 月中下旬进行,大约 1 周发芽,2～3 片真叶时移植或间苗。田间栽植株行距因品种高矮而定,在 15～40cm 范围。盆栽时须待摘心后移植到盆中,可倒盆 1 次,矮茎种盆栽要反复摘心,促生侧枝,形成丰满丛株。"五一"节用花可于 2 月上旬播种于室内,盆播 3 月下旬分苗入盆,4 月下旬脱盆栽植。追肥以磷钾肥为主。留种要在外轮花瓣开始干枯、中轮花瓣开始失色时进行,剪下花头,晒干去杂、贮存。

百日草花期长,后期植株会长势衰退,茎叶杂乱,花变小,可在生长期中修剪施肥进行调整,也可针对秋季花坛用花在夏季重新播种,并摘心 1～2 次。扦插繁殖可在 6 月中旬后进行,剪侧枝扦插,遮阴防雨。

园林观赏用途:品种类型很多,一般分为:大花高茎类型,株高 90～120 cm,分枝少;中花中茎类型,株高 50～60 cm,分枝较多;小花丛生类型,株高仅 40 cm,分枝多。按花型常分为大花重瓣型、纽扣型、鸵羽型、大丽花型、斑纹型、低矮型。高型种可用于切花。因花期长,可按高矮分别用于花坛、花境、花带,也常用于盆栽。叶片花序可以入药,有消炎和祛湿热的作用。

7. 毛地黄

学名:*Digitalis purpurea*

别名:自由钟、洋地黄。

科属:玄参科,毛地黄属。

产地和分布:原产于欧洲西部。我国各地也有栽培。

习性:较耐寒、较耐干旱、耐瘠薄土壤。喜阳且耐阴,适宜在湿润而排水良好的土壤上生长。

繁殖与栽培要点:春夏播于疏松肥沃的土壤中,幼苗长至 10 cm 左右移植露地。

夏季育苗应尽量创造通风、湿润、凉爽的环境。播种后要在第 2 年开花,而 7 月后播种第 2 年常不能开花。秋凉后生长快,冬季适当保温,6—8 月开花,至夏秋多因湿热枯死。如环境适宜其有多年生习性,冬季防寒越冬后可再度开花。老株可分株繁殖,分株在早春进行易成活。

园林观赏用途:适于盆栽,若在温室中促成栽培,可在早春开花。因其花序高大、花形优美,可在花境、花坛、岩石园中应用。可作自然式花卉布置。为重要的药材。

8. 雏菊

学名:*Bellis perennis*
别名:春菊、延命菊、马兰头花。
科属:菊科,雏菊属。
产地和分布:原产于欧洲西部。我国各地广泛栽植。
习性:为多年生草本,常作二年生栽培。喜冷凉气候,可耐-3~4℃低温,在10~18℃的温度范围内生长良好,忌炎热,6 月中下旬生长势衰退或死亡,在半阴的条件下,可延长花期。宜在富含腐殖质的土壤条件下生长。

繁殖与栽培要点:播种、分株和扦插繁殖均可,种子发芽适温为 22~28℃。华北地区秋季 8—9 月间露地播种,5~10 天萌发,移植 1 次,10 月下旬移至阳畦内越冬。翌年 3 月底至 4 月初露地定植,株行距 12~20 cm,定植时多使用腐叶肥或厩肥作底肥,4 月下旬即可开花。南方可于秋季 11 月上旬定植,然后防寒越冬,生长季节每半个月追施液肥 1 次,水肥充足,生长旺盛,在多数花蕾未长出前在叶面上喷施 0.1%的磷酸二氢钾,以促使开花茂盛,花期也可延长。花后若要保留植株,应避免温度过高,夏季开花后分株繁殖,秋凉移入温室,加强肥水管理冬季可再次开花。寒冷地区可于春季播于阳畦或盆中,经 1 次移植后于 5 月底 6 月初露地定植。雏菊种子较小,成熟期不一,采种需及时进行,以免散失。注意选种,以防退化。

园林观赏用途:因其植株较矮小,宜栽于花坛、花境的边缘,或沿小径栽植,装点岩石园,室内也可盆栽观赏。同属植物约 10 种,如全缘叶雏菊、林地雏菊。

9. 万寿菊

学名:*Tagetes erecta*
别名:臭芙蓉、臭菊、千寿菊。
科属:菊科,万寿菊属。
产地和分布:原产于南美洲墨西哥等地。现世界各地均有栽培。
同属常见栽培的还有孔雀草、细叶万寿菊、香叶万寿菊。矮生种株高仅 30 cm,高生种可达 90~100 cm,中生种 60~70 cm。
习性:耐早霜不耐寒。酷暑中能开花但不能正常结种。喜温暖和阳光充足的条件。抗性强,耐半阴。对土壤要求不严,生长迅速,栽培容易,病虫害较少。

繁殖与栽培要点:可播种繁殖或扦插繁殖。于3—4月在温床中播种,种子发芽适温为20℃左右,真叶2～3片时移植1次,5月下旬定植露地,或4月下旬直播于露地花盆内,5月下旬定植。高茎种株距45 cm,矮茎种株距30 cm。自播种后约50～80天开花,生长期摘心分枝可延迟花期,也可增加花量。夏插一般50～60天开花。夏季伏天开花停止,这时可对高茎和中茎种的花、茎、叶全面修剪1次,施以肥料,注意防涝,立秋后的新生枝可开花。扦插可在6—7月间进行,取10 cm长的嫩枝直接插于露地,遮阴覆盖,可迅速生根,约1个月可开花。在10月上旬开始采收到的秋花种子种质较好。舌状花干枯开始,总苞由绿变黄时适时采收。剪下花头,晒干脱粒。

园林观赏用途:万寿菊是北方花坛的主要花种之一。常见用于庭院中花坛、花径,也可作盆栽观赏和作切花,高型种还可作带状栽植。花、叶可入药,有清热化痰、补血通经之功效。

10. 麦秆菊

学名:*Helichrysum bracteatum*

别名:蜡菊、贝细工。

科属:菊科,腊菊属。

产地和分布:原产于澳大利亚,在东南亚和欧美栽培较广。我国有栽培。

栽培品种有"帝王贝细工",分高型、中型、矮型品种。有大花型、小花型之分。同属植物500余种。

习性:不耐寒、怕暑热,夏季生长停止,多不能开花。喜肥沃、湿润而排水良好的土壤,喜向阳处生长。施肥不宜过多以免花色不艳。

繁殖与栽培要点:为种子繁殖。发芽适温15～20℃,约7天出苗。温暖地区可秋播,一般3—4月播种于温室,3～4片真叶时6～8cm株高分苗,7～8片真叶时定植,株距为30～40 cm。定植前深翻整地,并施有机肥,混合均匀,栽植后浇足水。日常浇水见干见湿,每隔20～30天施1次液肥,摘心可促分枝。生长期易受红蜘蛛的危害,注意及时防治。从播种至开花约需3个月。采种尽量选择花色深的花头,清晨进行手摘,以免种子散落。

园林观赏用途:可布置花坛,或在林缘自然丛植。可作干花材料,色彩干后不褪色。

11. 三色堇

学名:*Viola tricolor*

别名:蝴蝶花、蝴蝶梅、鬼脸花、猫儿脸。

科属:堇菜科,堇菜属。

产地和分布:原产于欧洲南部。我国各地有栽培,北方栽培极普遍。

同属植物约500种,供观赏栽培的有:丛生三色堇、香堇、角堇等。

习性:喜充足阳光,较耐寒,喜凉爽,耐半阴,怕暑热。在昼温15~25℃、夜温3~5℃的条件下发育良好,炎热多雨的夏季常发育不良,多不能形成种子。在肥沃湿润的沙壤土上生长良好,在贫瘠土壤上品种显著退化。日照不良,开花不佳。

繁殖与栽培要点:以种子繁殖为主,也可扦插和分株。秋播一般于8月下旬或9月上旬播于露地或盆中,在20℃左右的气温下,10天左右即可出苗。幼苗长出2~3片真叶时即可分株移植,于10月下旬移入阳畦,或设风障并覆盖越冬。翌年3月下旬施1次肥水,4月初带土球定植于花坛或盆中,4月下旬开花。也可春播在3月间于温床中或温室中进行,但以秋播为好。花坛定植后5~7天浇1次水,盆栽花应视情况每天浇水或隔天浇1次水,浇水过多易发生猝倒病,生长期应掌握"见干见湿"的原则。花期应保持水分充足,盆土过干花朵易早萎蔫,影响观赏。生长旺盛期每隔10天施1次富含磷钾的液肥。栽植地过于荫蔽,会造成植株生长不良、开花不佳,日温连续在30℃以上会导致植株花芽消失或难以形成花瓣,拖延花期。秋播的花苗花繁叶茂,种子质量高,以首批成熟种子最好,在果实上翘、蒴果外皮发白时采收即可。在夏季初可在花苗上剪取嫩枝扦插,最好选根茎新发的短枝扦插,易发根,可供秋季花坛栽植。夏季凉爽的地区用种子繁殖的老株可安全越夏,立秋后进行分株移栽,冬季冷床越冬,翌年早春移入花坛。栽植三色堇要精细整地并施大量有机肥,一般行距25~30 cm,起苗多带土。北方干燥烈日下影响开花,适当注意选择合适地段养护。

园林观赏用途:三色堇株丛矮,紧密整齐,开花早,花期长,常用于春季花坛、花坛镶边、组织图案,长梗品种可作切花。可作止咳剂而入药。

12. 紫罗兰

学名:*Mattliola incana*

别名:草紫罗兰、草桂花、香对瓜。

科属:十字花科,紫罗兰属。

产地和分布:原产于欧洲地中海沿岸,在欧美各国较流行。我国南方栽培较广。

紫罗兰品种及变种很多,按株高可分为高、中、低三类,按花型分单瓣和重瓣类型,按花期分为春、秋、冬季紫罗兰。其同属植物50余种。

习性:紫罗兰喜冷凉、光照充足环境,稍耐半阴,生长适温白天15~18℃,夜间10℃左右。高温多湿易枯萎,易遭病虫危害。对干旱有一定的抵抗力,淋水不宜过多。要求疏松肥沃湿润深厚的中性或微酸性土壤。除一年生品种外,二年生品种均需低温以通过春化阶段而开花。在8~15℃条件下,处理20天可通过春化阶段。

繁殖与栽培要点:靠种子繁殖。二年生品种9月初播种,播后保持湿润土壤,约

2周萌发,发芽最适温度16～18℃,4天即可发芽,移苗尽量早,在未发真叶前进行。10月下旬定植,栽植前阳畦或盆中应施足底肥,植株根系再生能力差,须多带土不要伤根太多。定植于盆中在室内养护,也可栽于阳畦中越冬,定植后生长期要给以充分光照和通风,使其增强抗病力。在阳畦中越冬,翌年春定植露地,"五一"节前后开花。秋播不可过晚,否则植株矮小,影响开花。花坛用花春季控水,促使植株矮密。如供切花,充分灌水,株行距,不分枝品种 12 cm×12 cm,分枝品种 18 cm×20 cm。要立支架防倒。在生长盛期每周施1次稀薄液肥,促进植株萌发更多的侧枝以增加花数,抽生花葶后每隔3天浇1次0.1%的磷酸二氢钾液肥。紫罗兰的角果不易开裂,可在全部成熟后将整个花枝剪下来放入萝筐内脱粒。

园林观赏用途:花朵丰盛,色艳香浓,花期长,是春季花坛的主要花卉,可作花境、花带及盆栽和切花。

13. 凤仙花

学名:*Impatiens balsamina*

别名:指甲草、小桃红、金凤花、急性子、透骨草。

科属:凤仙花科,凤仙花属。

产地和分布:原产于我国南方、印度和马来西亚。现各地园林及庭院栽培较广。

凤仙花园艺品种极多。按株形可分为直立型、开展型、拱曲型、龙爪型。按花型可分为单瓣型、玫瑰型、山茶型、顶花型;按株高可分为高、中、矮三型。高达1.5 m的品种,冠幅可达1 m。在凤仙花属500种中,我国有150种,资源极丰富。

习性:喜阳光充足、温暖而湿润的环境条件,不耐寒怕霜。适宜深厚潮润、疏松肥沃、排水良好的微酸性土壤。对土壤要求不严格,瘠薄土地也能生长。不耐干旱。生长迅速,易自播繁衍。

繁殖与栽培要点:为种子繁殖。可于3—4月在温室中播种,经移植,5月末可定植露地。若露地播种,于4月中下旬播,7月中旬即可开花,花期40～50天。7月中下旬播种可在国庆节开花。在盛夏高温天气,水分蒸发旺盛,中午前后淋足水。要勤施肥水促形成壮株。遇霜凋萎。春播凤仙花可采收到优良种子,采种时在果皮发白时及时收取,以防爆裂自行散失。夏季连阴多雨天,易受白粉病危害,可喷200倍硫黄粉液或托布津1 000～1 500倍稀释液防治。

园林观赏用途:凤仙花为我国民间栽培已久的草花之一,依品种不同可供花坛、花境、花篱栽植。茎、叶、花均可入药,种子在中药中叫急性子,可活血、消积。

14. 霞草

学名:*Gypsophila elegans*

别名:满天星、丝石竹、缕丝花。

科属:石竹科,丝石竹属。
产地和分布:原产于高加索至西伯利亚。现世界各国均有栽培。
习性:耐寒,要求阳光充足的凉爽环境。忌炎热多雨。以排水良好、具腐殖质的石灰性沙壤土生长为好。须根少,少移植为好。
繁殖与栽培要点:以种子繁殖为主。寒冷地区宜春播,南方土壤不结冻地区可秋播。最适温度为 21～22℃,7～10 天幼苗出土。栽培方式有:(1)9 月初播种于室外或盆内。冬季南方覆盖越冬,北方放入冷床越冬,翌年 4 月上旬定植,5 月开花。株距 40 cm。(2)可于 11 月下旬直播露地,冬季覆盖,翌年 5 月中旬开花。(3)春季 3 月初直播,5 月中下旬开花。一般不进行移植,3～4 片真叶时进行间苗、除草、中耕,株距 40 cm。切花用株距 20 cm。一般每隔 10～15 天施一次薄肥,管理要求不高。定植后长至 8 节左右摘心,侧芽长至 5～10 cm 时抹芽,花芽开始形成时适当控水。
园林观赏用途:因霞草花丛蓬松、繁花点点,适宜与石竹类、金鱼草、飞燕草等间作。常用作切花配花,也常栽入花坛、花境。

15. 五色苋

学名:*Alternanthera bettzickiana*
别名:模样苋
科属:苋科,虾钳菜属。
产地和分布:原产于南美洲巴西。现热带、亚热带地区均有分布,我国东北种植尤盛。
习性:喜温暖而不耐寒,虽为多年生,但温带地区均作一年生栽培观赏效果好。宜在 15℃ 以上越冬,要求阳光充足、土壤沙质湿润及排水良好条件,夏季生长很快。"小叶黑"适应性最强,"小叶红"生长势最弱。
繁殖与栽培要点:主要用扦插繁殖。在气温 22℃、相对湿度 70%～80% 条件下,4～7 天即生根,半个月左右要定植。株行距 8～10 cm。一般 8 月中下旬或 9 月初选取优良插条扦插于浅箱,9 月中下旬移入温室,通风节水,作翌年繁殖母株。翌年 3 月中旬将母株移至温床,4 月取新枝扦插繁殖。6 月露地扦插。夏季扦插宜略遮阴。在黏重或低湿地块生长不良。
园林观赏用途:植株矮小,分枝力强,耐修剪,叶色鲜艳,适用于毛毡花坛,成浮雕式或立体图样。剪枝可作花篮配叶。

16. 红叶苋

学名:*Iresine herbstii*
别名:血苋。
科属:苋科,红叶苋属。

产地和分布:原产于南美洲,尖叶红叶苋原产于厄瓜多尔。现我国有广泛栽培。

习性:喜温暖湿润条件,怕寒冷,怕湿涝。耐干热环境和瘠薄土壤,在阳光充足、排水良好的肥沃疏松沙质土壤中生长良好,叶色美丽。

繁殖与栽培要点:主要以扦插繁殖。扦插极易生根,露地在夏季进行。在温室中四季均可扦插,保持在15～25℃生根较快。也可进行播种繁殖。修剪控制高度为10～60 cm。越冬保持12～15℃。

园林观赏用途:叶色浓艳,常与五色苋类配合,供毛毡花坛布置,也可盆栽观叶。

17. 矮牵牛

学名:*Petunia hybrida*

别名:番薯花、碧冬茄、灵芝牡丹、杂种撞羽朝颜。

科属:茄科,矮牵牛属。

产地和分布:原产于南美洲,由野生种杂交而成。现世界各地均有栽培。

园艺栽培变种主要有多花类、大花类、矮丛类、垂枝类。同属约25种,见于栽培的有撞羽矮牵牛(花紫堇色)和腋花矮牵牛(花纯白色)。

习性:耐寒性不强,喜凉爽的季节。较耐热,耐空气干燥,在35℃下可正常生长。喜在向阳通风的环境中生长。土壤疏松、沙质、酸性条件利于其生长。雨涝或阴凉天气影响生长开花,在室内保持15～20℃条件下可全年开花。

繁殖与栽培要点:一般以播种繁殖为主,也可扦插繁殖。播种可采取春播或秋播。秋播在9月上旬进行,冬季移入温床越冬,露地春播一般在4月下旬进行,花期6—9月。盆栽:11月中旬温室播种,1月下旬上盆,4月中旬开花;春季花坛可在1月上旬温室播种,3月下旬至4月上旬定植,5月中旬开花。矮牵牛种子细小,最好用"盆底浸水法"上水播种后上覆一层细沙,并盖上玻璃保湿增温,约在20℃左右温度时7～10天发芽。出苗后控温在9～15℃可防徒长。在长至2～3片真叶即可进行移植,6～7片真叶时可定植于露地或盆中。扦插一般取基生嫩枝,20～25℃约15～20天生根,根长5cm时移植,不要伤根。

冬季在温室之中进行养护,温度不得低于10℃,到翌年春季可开花。开花期需要充足水分,尤以夏季切不可缺水。生长期对过长的花枝进行修剪,有利促进生长和开花。要想获得种子,栽培环境以温度21～24℃、相对湿度70%～80%为宜,高温环境不宜结籽。为保存大花重瓣品种的繁殖材料,可在秋季花落后,挖一部分老根放入温室贮藏越冬。一般露地定植株距为30～40 cm。定植时苗带土团,以免伤根太多小苗恢复缓慢。在采种时应选清晨把微裂的蒴果采下,日晒开裂。

园林观赏用途:花色丰富,花期长,适应性强。适于花坛及自然式布置。大花和重瓣品种常供盆栽,也可用作切花。在室内盆栽可四季开花。种子可入药,能够驱虫和泻气。

18. 美女樱

学名:*Verbena hybrida*

别名:美人樱、草五色梅、铺地锦、四季绣球。

科属:马鞭草科,马鞭草属。

产地和分布:原产于巴西、秘鲁、乌拉圭等地。现我国园林也有栽培。

同属常见栽培种有:加拿大美人樱、红叶美人樱、细叶美人樱。

习性:喜阳光,较耐寒,耐阴差,不耐旱。北方多作一年生草花栽培,在炎热夏季能正常开花。在阳光充足、疏松肥沃的土壤中生长,花开繁茂。

繁殖与栽培要点:用播种、扦插、压条、分株法均可繁殖。播种可在春季或秋季进行,常以春播为主。早春在温室内播种,2片真叶后移栽,4月下旬定植。秋播需进入低温温室越冬,翌年4月可在露地定植,从而提早开花。4月末播种,7月即可盛花。播种后反复浇水会降低发芽率,所以应在播种前把土壤浇透,播后保持土壤及空气湿度。扦插于4—7月进行,在15~20℃条件下,2周左右即可生根,成活后适时摘心,促进叶繁茂,多开花。露地定植的苗株不要过大,以免横生侧枝脱叶,株距一般40 cm左右。早摘心促二次枝。花后剪掉花头,夏季常浇水,同时追施1~2次液肥。江南越冬花株只留地下部在土内越冬,翌年用新枝扦插或分株繁殖。采种采取一次收割株丛,晒干脱粒。

园林观赏用途:株丛矮密,花繁色艳,花期长,可用作花坛、花境材料,也可作盆花成大面积栽植于园林隙地、树坛中。全草可入药,具清热凉血之功效。

19. 飞燕草

学名:*Consolida ajacis*

别名:千鸟草、翠雀、萝小花。

科属:毛茛科,飞燕草属。

产地和分布:原产于欧洲南部。现我国各省均有栽培。

飞燕草有矮生种、高茎重瓣种、低茎重瓣种。本属现有许多杂交选育的品种,如美丽飞燕草、高飞燕草及大花飞燕草、裸茎翠雀等。

习性:为直根性植物,须根少,宜直播,移植需带土团。较耐寒,喜阳光,怕暑热,忌积涝,宜在深厚肥沃的沙质土壤中生长。夏季宜植于冷凉处,昼温20~25℃,夜温13~15℃。酸性土壤为宜。

繁殖与栽培要点:可种子繁殖或扦插繁殖。发芽适温为15℃左右,土温最好在20℃以下,2周左右苗萌发。秋播在8月下旬至9月上旬,先播入露地苗床,入冬前进入冷床或冷室越冬,但不宜囤苗,宜直栽,春暖定植。南方早春露地直播,间苗株距保持25～50 cm。北方一般事先育苗,于4月中旬定植,2～4片真叶时移植,4～7片真叶时进行定植。春季定植后,灌水要充足,切勿土壤过干,雨天注意排水。扦插繁殖在春季进行,当新枝长出15cm以上时切取插条,插入沙土中。分株繁殖春、秋均可进行,一般2～3年分株1次。日常管理是在开花前适量追施氮肥,开始开花时施用磷钾肥,作切花要防倒伏。果熟期不一致,熟后当自然开裂,故应及时采收。一般在6月将已熟种子先采收1～2次,7月选优全部收割晒干脱粒。

园林观赏用途:植株挺拔,叶纤细清秀,花穗长,色彩鲜艳,开花早,为花境及切花的好材料。根、茎可入药,能治风湿骨疼。

20. 福禄考

学名:*Phlox drummondii*

别名:小洋花、洋海花、草夹竹桃、桔梗石竹。

科属:花荵科,福禄考属。

产地和分布:原产于美国加利福尼亚州。现世界各地栽培较广。

福禄考有高型和矮型,根据花瓣型分为圆瓣种、星瓣种、须瓣种、放射种。

习性:喜欢凉爽环境,耐寒性较弱,怕暑热,忌干旱。宜在疏松肥沃、排水良好的中性土壤中生长,忌水涝、碱地。

繁殖与栽培要点:多用播种繁殖,也可扦插繁殖。我国大部分地区夏季气温都很高,春播时大多开花不良,华北以北宜春播。发芽适温15～20℃。利用温室可在早春2—3月播种,土温在15～20℃之间,春季移栽,6—7月开花。秋播在9月进行,10月上旬至11月上旬带土团成丛起出,4～6株一墩,在冷室或冷床内铺盖防寒,早春移植露地,4月中下旬定植,一般株距30 cm。嫩枝扦插可于7月初进行,剪取一部分嫩枝扦插,遮阴养护发根后栽入花盆,国庆节前后可开花。

栽培要求疏松肥沃、排水良好的中性土壤,在生长季节施肥2～3次即可。平时要保证水分供给,但不能积水,雨水过多要排涝。在第1次花后可摘心,促萌发新芽能再开花。采种一般在大部分蒴果发黄后将全部花梗取下来,放入萝筐内晒干脱粒。

园林观赏用途:植株矮小,花色丰富,着花密、花期长,管理可粗放一些,是基础花坛的主要材料。适合盆栽、摆设盆花群,高型品种可作切花。

21. 波斯菊

学名:*Cosmos bipinnatus*

别名:大波斯菊、秋英、秋樱、帚梅。

科属:菊科,秋英属。

产地和分布:原产于墨西哥及南美其他一些地区。现我国已引入栽培。

园艺变种有白花波斯菊、大花波斯菊、紫红花波斯菊,园艺品种分早花型和晚花型两大系统,还有单、重瓣之分,可大量自播繁衍。

习性:喜阳光,喜温暖,不耐寒,怕霜冻、忌酷热。耐干旱及瘠薄土壤,不择土壤,忌潮湿,肥水过多易徒长而开花少,甚至倒伏,种子成熟自然落种,翌年发芽自生。

繁殖与栽培要点:可播种繁殖和扦插繁殖。4月初播种,露地床播或直接条播,温度20℃,约6～7天发芽,幼苗生长快,要及时间苗。4片真叶后摘心,促分枝矮化。6月初定植,株行距50 cm。移苗前,结合整地施用一些有机肥,以后可不追或少追肥。移植成活后为使根系下扎,防止倒伏,浇水不要太多。扦插常在6月进行,夏季枝叶繁茂,结合矮化修剪,从节下剪取15cm左右的健壮枝条,插于沙质土壤内,适当进行遮阴、保湿,5～6天生根成苗。夏季注意摘心修剪,入秋如期开花。也可在7—8月播种,植株生长矮小整齐,秋季照常开花,但单株花量少,需利用苗多增加花量。波斯菊生长强健,高大植株需用支柱支撑,以防倒伏与折损,或通过多次修剪矮化植株。采种宜于瘦果稍变黑色时摘采,一般瘦果陆续成熟,强光高温条件易自然脱落,及时在清晨露水未干时摘采花头,以免种子散落。

园林观赏用途:植株较高而纤细,多用作花境背影材料。常植于篱边、宅边、崖坡、树坛。适用于花丛、花群,大量用于切花。花可入药,清热解毒。

22. 矢车菊

学名:*Centaurea cyanus*

别名:蓝芙蓉、翠兰、芙蓉菊、荔枝菊。

科属:菊科,矢车菊属。

产地和分布:原产于欧洲东南部。现在我国园林中普遍栽培。

同属植物约500种,常见栽培的有香矢车菊、美洲矢车菊、山矢车菊等。

习性:较耐寒,南方可于早春直播露地。适应性强,喜阳光充足,较耐寒,喜冷凉,不耐暑热和阴湿。要求排水良好、疏松土壤。直根性,不耐移栽,宜春秋直播,夏季炎热而枯死。瘦果长卵形,千粒重5 g,种子寿命2～4年。

繁殖与栽培要点:播种繁殖,春秋皆可,秋播较春播好。宜直播,少移植。秋天播种,适宜温度为20℃,7天即可出苗。华中地区可露地越冬,但有些稍冷地区小苗越冬要覆盖,或风障保护越冬,株行距20 cm～30 cm。花期在4—8月。北京地区常秋季播种,冬季于冷床越冬,春末即可开花。如要使其"五一"节前开花,可于2月上中旬温室内盆栽,移苗分盆,5～6片真叶时移入低温温室,3月末4月初可露地定植。矢车菊为直根性,不耐移栽,移栽采用大土球苗,以免过多伤根或直接用容器育苗。春播在土地解冻后进行,于6月开花。如定植或直播前施入基肥,可不必追肥。栽植地块要注意防涝,排水畅通,防烂苗根。定植后每隔7～10天浇水1次,生长期间适量浇水,不可过多,每隔2周浇1次稀薄液肥,使植株生长繁茂,花大色艳。苗期打顶摘心,可促使多分枝及植株矮化。植株不断开花,种子不断成熟,及时采摘,否则种子易散落,瘦果成熟时剪花头晒干脱粒。

园林观赏用途:高型品种适于作切花,也可作花坛、花境的材料,或作盆花观赏。

23. 蛇目菊

学名:*Coreopsis tinctoria*

别名:小波斯菊、金钱菊、孔雀菊。

科属:菊科,金鸡菊属。

产地和分布:原产于美国中西部地区。现我国部分地区有栽培。

习性:喜阳光充足及凉爽的气候,耐寒力强,耐干旱、耐瘠薄,不择土壤,以肥沃湿润的沙质土壤生长为好,过于肥沃的土壤易徒长倒伏。凉爽季节生长较佳。

繁殖与栽培要点:为种子繁殖,也可扦插繁殖。春、秋均可播种,气温在15℃时,播后5~6天即可发芽。播种后两月即可开花。3—4月播种在5—6月开花,6月播种9月开花。秋播于9月先播入露地,分苗移栽1次,移栽时要带土团10月下旬囤入冷床保护越冬,翌年春季开花。扦插宜在夏季进行,用嫩枝扦插极易成活。北京地区入冬前小苗生长适度,露地可安全越冬。高秧种保持40 cm株距,矮秧种20 cm株距。生长期适当控制水肥,促使植株矮化,雨季防涝,有利于植株健壮,花朵繁多。种子成熟易散落,及时采种,轻剪花头,放入萝筐脱粒去杂。

园林观赏用途:高秧品种可栽入园林隙地,作地被植物任其自播繁衍,适作切花;矮秧品种可配置花坛或丛植于花镜。入药有清热解毒之功效。

24. 藿香蓟

学名:*Ageratum conyzoides*

别名:胜红蓟。

科属:菊科,藿香蓟属。

产地和分布:原产于美洲热带。同属约有30种,常见种有心叶藿香蓟,原产于秘鲁、墨西哥。现我国各地应用广泛。

习性:适应性强,分枝力强,耐修剪。喜温暖向阳,耐瘠薄。宜生长在肥沃的沙质壤土中,但不耐寒,忌酷暑。

繁殖与栽培要点:用种子繁殖,也可用分株、扦插、压条繁殖。种子发芽率高,成苗质量好,一般都作春播花卉栽培。4月初播种于露地,也可在温室内花盆中提早播种,用玻璃或塑料布盖在盆上保湿,或用盆浸法保证土壤完全湿润;也可用细喷壶喷水,但效果不如盆浸法,易将种子冲出影响发芽。扦插时,在生长季结合修剪,截取嫩枝插穗,室内扦插,温度保持在10℃,生根容易。近地枝条易自行生根,压条繁殖容易,枝条多的可将埋入土壤部分环剥,促使根系萌发。播种苗、扦插苗拥挤时影响生长,及时间苗或移苗,一次移植后即可定植,株距为 15~30 cm。分枝力极强,可配合修剪扦插。园艺品种母株在温室内保护越冬,1月采穗扦插。管理不需过细。采种的适宜时间为小花干枯、瘦果的冠毛已明显露出之时。

园林观赏用途:花朵繁多,色彩淡雅,株丛覆盖效果好,可作为毛毡花坛、花丛花坛、花境等镶边材料,或用于岩石园点缀及盆栽,高生种可作切花种。

25. 花菱草

学名:*Eschscholzia californica*
别名:金英花、人参花。
科属:罂粟科,花菱草属。
产地和分布:原产于美国加利福尼亚州。现我国也有栽培。
习性:耐寒力较强,喜冷凉干燥气候,不耐湿热,炎热的夏季处于半休眠状态,常枯死,秋后再萌发。属肉质直根系,须深厚疏松的土壤,要求排水良好。大苗不宜移栽。能自播繁衍。

繁殖与栽培要点:是直根性,种子繁殖,宜直播。华南地区冬季土壤不冻结的地区进行秋播(撒播或条播),翌年春天即可生长开花。北方地区一般10月下旬露地条播,11月上旬设风障,露地越冬,或于温室育苗,温度在15~20℃时,播种7天出苗。于真叶展出前及时起苗上盆育苗,春季无霜后脱盆带土定植。可在土壤冻结前,将种子露地直播,株行距15 cm×20 cm,穴播多粒,翌年春天出土,也可在翌年春季将种子直播花坛解冻土中,出苗后及时间苗,注意幼苗期要保持充分的水分和养分。夏季开花,花期增施液肥,炎热之际及时排水防涝,以防根茎腐烂。夏秋枝叶枯落,应剪去地上部,并施液肥,翌年春季重新萌发新株。生长期每次浇水不宜过大,施肥适量即可。花后30天蒴果易自裂出种子,宜适时在清晨采收。

园林观赏用途:茎叶嫩绿带灰色,花色鲜艳夺目,是良好的花带、花径和盆栽材料,也可用于草坪丛植。

26. 虞美人

学名:*Papaver rhoeas*
别名:丽春花、小种罂粟花、宽牡丹。
科属:罂粟科,罂粟属。
产地和分布:原产于欧亚大陆暖温带地区,北美洲也有分布。现世界各地均作精细草花栽培,我国南北各地均有栽培。
习性:耐寒,不耐酷暑、高温,忌高湿,不耐移植。我国大部分地区于盛夏来临前完成开花和结实阶段,伏天全部枯死。属深根性植物,不耐移植。对土壤要求不严,但以排水良好、肥沃沙质土壤中生长为好。能自播繁衍。忌连作。

繁殖与栽培要点：常作二年生栽培，在春末夏初开花。播种繁殖，春、秋季均可进行，发芽适宜温度在20℃。秋播一般在9月中下旬盆播，入冬移入冷床贮存越冬，翌年4月上旬移入露地栽培。北京地区多在10月下旬至11月初播种，长出5～6片真叶时间苗，撒播株距10～15 cm；条播株距20～25 cm，入冬前盖地膜保护，翌年6月开花。也可于早春3月初在刚解冻土中播种，或3月下旬直播露地花坛，6月也可开花。秋播株健花繁，种子质量好。华东地区秋季10月播种，露地可安全越冬，春季4月开花，如需移栽，应在植株5～6片叶时进行，移植时要带土团，切勿伤根。虞美人种子细小，播种时种子拌上细沙使撒播均匀，播种地地表要保持湿润，所以常在播前施有机肥浇足底水。直播间苗2次，每个穴位留2～3株。每次浇水不要过大，施肥适量，一般苗期施1次氮肥，花期前施1次磷钾肥。避免茎枝纤细，要防滞水。观花植株在花后应及时剪去残花，可延长植株的花期，并使将要开放的花有充足的营养，使花大而美丽。蒴果成熟及时采摘。

园林观赏用途：花色艳丽，姿态轻盈动人，是春季装饰公园、绿地、庭院的理想材料。可在花坛花带中采用或成片种植。全株可入药。

27. 瓜叶菊

学名：*Senecio cruentus*

别名：千日莲。

科属：菊科，千里光属。

产地和分布：原产于非洲的加那列群岛，后经英国杂交选育。现世界各地均有栽培。

习性：性喜温暖湿润、通风凉爽的气候条件，不耐高温寒冷，忌干燥和烈日暴晒，要求土壤疏松肥沃，排水通气良好。

繁殖与栽培要点：以播种育苗进行繁殖，多于8—9月开始播种，翌年"五一"节前开花。为了自入冬能够保证室内有花，则需6月左右提前播种，11—12月即可见花。该种子粒小，撒播于盆中，覆土不宜厚，给水用"盆底浸水法"浸湿盆土，盖上玻璃或用塑料布封住盆口，置于阴凉处，发芽适宜温度在18～20℃，5～10天即可萌发。幼苗期必须通风透光、凉爽，否则易发生猝倒病。出苗后2周即可分盆栽植。

盆栽用土以腐叶土、泥炭加1/4沙土及一部分基肥配成。瓜叶菊从播种到开花通常经过3～4次倒盆。第1次移植以株行距5 cm植于浅盆中，恢复1周生长后，开始施稀液肥，待植株长到5～6片叶时，上盆，缓苗后每1～2周追施肥1次，根据植株生长状况逐渐加大液肥浓度。最后1次定植以13～17 cm直径花盆为宜，并施入含有磷钾的有机肥作基肥。定植时去除茎部以上3～4节腋芽，以保证养分集中供应，养护过程中要定期"转盆"，保持植株端正，调整盆距以利通风透光。定根2周追施肥和减少浇水量,保持稍干燥的环境,温度控制在白天21℃左右,夜间10℃左右。待植株现蕾后,恢复正常养护,加强肥水供应,保持充足光照。根据需花情况,升高或降低室温以改变花期。

瓜叶菊采种的母株需选择9月播种,翌年4—5月开花的盆花,既可借昆虫授粉,同时种子成熟期也适宜,留种母株选择叶片肥厚、色深、花梗短、花序大、花色纯的为好。

园林观赏用途:色多彩艳丽,花期长,且开花时正是我国北方隆冬时节和初春花较少的时期,为元旦、春节、"五一"节的主要观赏花卉,既可摆放在公共场所布置花坛造景,为人们提供欢乐气氛,也可摆放于室内案头、窗台等作特写欣赏。

28. 报春花

学名:*Primula malacoides*

别名:小樱草、七重樱。

科属:报春花科,报春花属。

产地和分布:原产于我国西南地区。现园艺品种众多,广泛栽培。

习性:性喜温暖湿润的气候,夏季要求凉爽通风,不耐寒,忌炎热和强光直射,要求生长在排水和通气良好的肥沃土壤上,以富含腐殖质的土壤为佳。生长期和花期要求在10~20℃以上的温度,花芽分化适宜温度在10℃左右。

繁殖与栽培要点:以播种繁殖为主。由于种子成熟期不同,随熟随采,将种子放于阴凉地方贮藏,可保证60%以上的发芽率。在8月底9月初夏季高温已过时进行播种,将消毒后过筛的培养土装入浅盆整平,撒播后用细沙薄薄地覆土,盖上玻璃,用"盆底浸水法"给水,放于疏荫处养护,7~10天即可出齐苗。适当间苗,待长出真叶后分植上盆,当叶子长到5~6片时,即可移植到单独小盆里,逐渐长大,逐步换盆。

盆土可用腐叶土3、河沙1、厩肥1的比例配制,或泥炭4、沙土1、珍珠岩1,不要添加大量肥料,以免烧坏花苗。生长季中每10天追施1次液肥。10月中旬移入中温温室。移入温室前或入室初期可进行蔽荫养护,11月逐渐置于全光养护。当有一定叶片数量后,即可开花,花期控制水分,要求见干见湿,以延长开花时间,花后立即进行修剪,仍可继续抽出新花序开花。

园林观赏用途:株型小巧玲珑,品种多,形态各异,花色艳丽,且花期长,为冬季早春的小型室内盆栽花卉,多置于室内的餐桌、案几上陈设、点缀。也可切取花枝作小花束,或瓶插水养。

29. 蒲包花

学名:*Calceolaria herbeohybrida*

别名:荷包花。

科属：玄参科，蒲包花属。

产地和分布：原产于南美洲地区的墨西哥、智利等。现分布世界各地。

习性：性喜凉爽湿润、通风的气候环境，惧高热，忌寒冷，喜光照，但栽培中需避免夏季烈日暴晒，需蔽荫，在7～15℃条件下生长良好。对土壤要求严格，以富含腐殖质的沙土为好，忌土湿，要求良好的通气、排水的条件，以微酸性土壤为好。15℃以上营养生长，10℃以下经过4～6周时间即可花芽分化。

繁殖与栽培要点：一般以播种繁殖为主，少量进行扦插。播种多于8月底9月初进行，此时气候渐凉。培养土以6份腐叶土加4份河沙配制而成，于"浅盆"或"苗浅"内直接撒播，不覆土，用"盆底浸水法"给水，播后盖上玻璃或塑料布封口，维持13～15℃，1周后出苗。出苗后及时除去玻璃、塑料布，以利通风，防止猝倒病发生。逐渐见光，使幼苗生长苗壮，室温维持在20℃以下。当幼苗长出2片真叶时进行分盆。

盆栽花土以腐叶土或混合培养土为好，从播种苗第1次上盆到定植，通常要倒3次盆，定植盆径为13～17cm。生长期内每周追施1次稀释肥，要保持较高的空气湿度，但盆土中水分不宜过大，空气过于干燥时宜多喷水，少浇水，浇水掌握"见干见湿"的原则，防止水大烂根。浇水浇肥勿使肥水沾在叶面上，造成叶片腐烂。冬季室内温度维持在5～10℃，光线太强要注意遮阴。蒲包花为长日照植物，因此在温室内利用人工光照延长每天的日照时间，可以提前开花。开花时间为12月到翌年5月。蒲包花自然授粉能力差，须人工授粉，授粉后去除花冠，避免花冠霉烂，并可提高结实率。5—6月种子逐渐成熟，在蒴果未开裂前种子已变褐色时，及时收取。

蒲包花易发生病虫害，种植中应采取措施，幼苗期易发生猝倒病，应进行土壤消毒，拔出病株，或使盆土稍干。空气过于干燥、温度过高，易发生红蜘蛛、蚜虫病等，可喷药，增加空气湿度或降低气温。

园林观赏用途：由于花型奇特，色泽鲜艳，花期长，因此观赏价值很高，能补充冬春季节观赏花卉的不足，可作室内装饰点缀，也可用于节日花坛摆设。

30. 彩叶草

学名：*Coleus blumei*

别名：老来少、五色草、锦紫苏。

科属：唇形科，鞘蕊花属。

产地和分布：原产于亚太热带地区。现在世界各国广泛栽培。

习性：喜欢温暖而湿润的气候，耐寒力极差，越冬温度应保持在15℃以上，低于10℃，植株开始停止生长，低于5℃，叶片脱落，甚至死亡。喜光，但高温强光下，色彩不明显，造成叶绿素增加，春、夏、秋三季遮光30%～50%，温室栽培，冬季可以不遮光，半阴条件下，生长叶片较大、艳丽。不耐阴，在阴暗房间摆放1周即要换花。要求疏松肥沃、通气透水的土壤。

　　繁殖与栽培要点:可采用播种、扦插方法进行繁殖。播种法多用于播种后生长出的植株品质不变的品种,可于2—3月在室内采取小粒种子盆播方法进行,温度18～25℃条件下1～2周即可出苗,发芽率高,出苗整齐。扦插针对扦插成活率高的、有性繁殖品质易变异的品种进行繁殖,此法四季均可采用,于大株上剪取茎枝,剪去部分叶片,插穗长5～8cm,插于沙床中,保持一定温度、湿度,约1周即可迅速生根。也可采用水插的方式。

　　盆栽用土宜用腐叶土、泥炭加沙土,配部分基肥。除冬季温度过低造成植株停长外,其他期间每隔10天追施1次液肥,生长期温度应控制在20℃以上,经常浇水或叶面喷水,水量以不使叶片萎蔫为度,以防止徒长和感染苗腐病。幼苗期当长出4～6片叶时进行多次摘心,可促进分枝,养成丛枝形,使植株形体饱满。从培养温室外移时,应事先炼苗,使其逐步适应新环境。为保证观赏,修剪整形要采取以下措施:不需留种的植株须摘去花穗,以利于植株营养生长;为保持老株观赏效果,通过修枝、摘心促生新枝,保持枝叶繁茂。幼株色彩鲜艳,老株观赏价值低,可通过扦插繁殖新苗去除老株,还可保留原有品种。

　　园林观赏用途:色彩鲜艳,品种甚多,繁殖容易,为应用较广的观叶花卉。各种叶型中还有不少品种,并且仍在不断地培育新品种,在花卉装饰中占有重要地位。除可作小型观叶花卉陈设外,还可配置图案花坛,也可作为花篮、花束的配叶使用。

31. 香豌豆

学名:*Lathyrus odoratus*

别名:花豌豆、麝香豌豆。

科属:豆科,香豌豆属。

产地和分布:原产于地中海的西西里及欧洲南部,该属130种分布于北温带、非洲热带及南美高山区,我国产30种。

习性:喜冬暖夏无酷暑、阳光充足、空气湿润的气候条件,也能耐半阴,过度庇荫造成植株生长不良,生长季阴雨天多的地区观赏效果不好。要求通风良好,不良者易患病虫害。但忌干热风吹袭。属于深根性花卉,要求土层深厚、肥沃、排水良好的湿润沙质土壤,在干燥、瘠薄的土壤上生长不良,不耐积水。南方可露地越冬,可耐-5℃的低温,北方需入室越冬,低于5℃生长不良,发芽适温为20℃,生长适温15℃左右,盛夏到来之前完成结实阶段而死亡。

繁殖与栽培要点:采用播种繁殖,可于春、秋进行,华北地区多于8—9月进行秋播。种子硬粒,播种用40℃温水浸种一昼夜,发芽整齐后定植于温室中,也可于9—10月直接播种于温室的盆中。盆径10～13 cm,点播3～5粒。出苗后间苗,留1株壮苗。不耐移植,多直播育苗,或盆播育苗,待长成小苗时,脱盆移植,避免伤根,发芽适宜温度在20℃左右。除播种外,也可用茎扦插繁殖。

盆土用腐叶土、泥炭、河沙加部分有机肥配成,开花前每10天追施1次稀释液肥,花蕾形成初期追施磷酸二氢钾,浇水以见干见湿为原则。栽培温度不宜过高,开花前,白天温度9~13℃、夜间5~8℃为宜,温度过高,植株未发育完全即现蕾,影响植株生长。开花时室温增高到15~20℃有利于成花。温室或住房养护,需将盆花置于窗前接受光照,要注意通风,防止徒长或落蕾。主蔓长到20 cm左右即摘心促进侧蔓生长、增加花朵数量。攀缘型品种可设立支架造型,确定开花期,可利用温度调节控制,12月至翌年2—3月开花的植株可在中温温室养护,翌年5月开花的植株可置于冷室越冬。开花期为保证开花数量,随时摘去开谢的花朵,延长植株开花期。花后结实,各部位荚果成熟期不同,需随熟随采。温室栽培或干燥环境下易发生红蜘蛛危害,可悬挂粘有敌敌畏原液的棉球熏杀。

园林观赏用途:花型独特,枝条细长柔软,既可作冬春切花材料制作花篮、花圈,也可盆栽供室内陈设欣赏,春夏还可移植到户外任其攀缘作垂直绿化材料,或为地被植物。

32. 茑萝

学名:*Quamoclit pennata*

别名:锦屏松、绕龙花、游龙草。

科属:旋花科,茑萝属。

产地和分布:原产于美洲热带地区。现我国各地均有栽培。

习性:喜温暖,不耐寒冷,喜光耐旱。对土壤适应性强,以肥沃疏松、湿润透气的条件为好。为短日照植物,每天日照短于12小时左右才可花芽分化。

繁殖与栽培要点:以播种繁殖为主。可直接定植于栽植地,也可先播种于苗圃中,因属直根系,不能伤根,否则不易成活。多在花苗根小、主茎未抽蔓之前移植,或直接用营养钵、"三号盆"栽植,然后脱盆移植,以免伤害主根。可栽植于有背景的花境内或棚架两侧,多以单行定植,株距多为30 cm左右。栽植土壤须施入基肥,促使蔓长叶茂。待抽蔓生长,将其引到攀缘处,使其攀缘而上。盆栽土壤须用配好的培养土,并用立架供其缘援,或在窗前牵引,形成遮阴花帘。

园林观赏用途;蔓纤叶秀花艳丽,为庭院中棚架、篱垣上的美化植物,能够起到遮蔽作用。用盆栽多扎制别致的支架造型,也可在阳台、窗前攀缘起到局部美化、绿化的作用。

33. 扁豆

学名:*Dolichos lablab*

别名:膨皮豆、白扁豆。

科属:豆科,扁豆属。

产地和分布:主产于我国华北、华中及华东等地,各地均有栽培。

习性:扁豆喜温暖凉爽气候,忌寒霜,喜光照,忌遮阴,喜在肥沃、疏松及排水良好的沙质土壤上生长。

繁殖与栽培要点:用种子播种繁殖。每年秋季将成熟的荚果摘下晾晒,获得种子贮藏,每年春季4月中下旬播种,将种子温水浸种1天,播种后10~14天即可出苗,发芽率90%以上。采用点播或穴播,穴距25~30 cm,每穴2~3粒种子覆土3 cm。移栽苗可采用营养钵育苗,待发出3~4片真叶时移植。栽植土壤要增施有机肥,苗高30 cm左右,应及时搭设攀缘支架。开花前的生长期,需根据情况及时施追肥浇水,促进茎蔓生长旺盛。花期不宜过多浇水,避免花凋果落。

园林观赏用途:花多叶绿,荚果累累,是篱垣绿化较好的观花观果植物,为夏秋观赏价值较高的攀缘植物。

34. 牵牛花

学名:*Ipomoea nil*

别名:喇叭花、牵牛、朝颜。

科属:旋花科,牵牛属。

该属常用于栽培的品种有:裂叶牵牛(*P. hederacea*),叶片三裂。花梗短或无。萼片线形并向外展,花色堇蓝、玫红或白色;圆叶牵牛(*P. purpurea*),叶心形,全缘。花序着花1~5朵,花梗与叶柄等长。萼片短,花小,5~6 cm,花色丰富。

产地和分布:原产于亚洲热带地区。现世界各地均有栽培。

习性:喜阳光充足、通风良好的环境,不耐寒冷。耐干旱、瘠薄土壤。为深根性植物,肥沃、疏松土壤上生长效果更好,自播繁衍能力强。

繁殖与栽培要点:采用播种繁殖,种子出苗率在60%左右。播前浸种1天,然后点播,每穴3~5粒,发芽后间苗,多以直播、移植、盆植到脱盆定植。

牵牛花主要作为篱垣、棚架的绿化美化植物,为了保持旺盛生长,定植前应施入有机肥,抽出茎蔓要人工牵引合理布局,使茎蔓分布均匀。生长季根据气候适时灌水,保证植株生长,开花旺季每隔15天追肥1次,增加花量。盆栽多用于阳台绿化和扎拍子观赏,花盆选用较深的"坏子盆",用肥土、腐叶土和沙土配成培养土,定植后,阳台绿化利用丝索或竹竿牵引攀缘,形成阳台花架。扎拍子造形的盆栽,当真叶长到9片叶时,留下6~7片叶进行摘心;当萌生腋芽后,保留中部的3~4芽,其余抹去;当保留芽长出的子蔓有5~6片叶时,仅留基部2片叶进行短截,每根子蔓再抽生出2根茎蔓,将这些茎蔓均匀扎到拍子上,当最后抽生的这些茎蔓每枝开花5朵之后,在最上部保留 5 片叶进行摘心。利用这些茎蔓扎成拍子造型,花量大,开花整齐。

园林观赏用途:作为垂直绿化美化的优良植物,花色多,花量大,花朵于晨迎朝阳开放,故在公园、庭院处多植于清晨游人活动之处。主要用于庭院遮阴、棚架、篱垣绿化美化,或盆栽造型观赏。

35. 小葫芦

学名:*Iagenaria siceraria var. microcarpa*

别名:腰葫芦、观赏葫芦。

科属:葫芦科、葫芦属。

产地和分布:原产于欧亚大陆热带地区。现各地作蔓藤类观赏。

习性:喜温暖、湿润、阳光充足的环境,不耐寒,要求肥沃、湿润、排水良好的中性土壤,也能适应微酸、微碱的土壤。

繁殖与栽培要点:播种繁殖。可将成熟的瓠果带梗悬挂在房间内,翌年开春前取出种子,在室内盆播或冷床育苗。待长出真叶时移到露地定植,株距 40~50 cm。如盆栽,每盆可留 1 株;如直播,在 3 月浸种催芽,待种皮裂开露芽时开穴点播,穴深 30 cm,底部施腐熟基肥,上面填土,每穴播种子 3~4 粒,覆土 2~3 cm。播种后,保持土壤湿润。长出 3~4 片真叶时,每穴选留 1~2 株壮苗,并及时搭设棚架。在生长期,除浇水、搭架外,每月施肥 2 次,先稀后浓,以促进植株生长。

园林观赏用途:果小形美,可植于花架篱旁供观赏,成熟果实宜案头摆放,也可药用。现各地作观赏或药用栽培。

第二节 宿根花卉

1. 菊花

学名:*Chrysanthemum morifolium*

别名:黄花、节花、秋菊等。

科属:菊科,菊属。

产地和分布:原产于我国。现世界各地广泛栽培。

习性:喜疏松、肥沃的沙质土壤,在土壤黏重、排水不良的土壤中易受涝害。生育的适宜温度一般为 15℃ 左右,但对温度感应比较强,部分品种有一定的耐寒性,根茎部分有时能在 −10℃ 左右的低温下越冬,多数品种尚不能露地越冬。秋菊是典型的短日照植物,春、夏两季只能进行营养生长,而不能形成花蕾。进入秋季当日照减至 13.5 小时,最低气温降至 15℃ 左右时,即开始花芽分化;当日照继续缩短到 12.5 小时,气温降到 10℃ 左右时,花蕾逐渐伸展,之后陆续开花。除秋菊外一般品种只要达到一定的株高和叶片数后就能现蕾开花。

繁殖与栽培要点:可分为扦插、分株及嫁接繁殖。(1)扦插:3—9月均可进行,选取8~10 cm新梢作插穗,将下部的2~3片叶子剪掉,然后插入盛有细沙的浅盆或冷床中,插后进行1周的遮阴,保持土壤湿润,第2周只在中午进行遮阴,以后全日照,约15~20天后生根。也可在11月以后3月之前,利用母本根部萌生的"脚芽"进行扦插,效果更好。扦插基质很多,有人试验认为腐熟的锯末是很好的基质,既通气又保水,成活率高,苗木生根快,长得好。也可用中砂、蛭石、珍珠岩等以及它们的混合基质。插后20天左右即可移入花盆中或栽在苗床上。扦插的方法主要有全光喷雾扦插、荫棚扦插、水插、水汽插等。温度一般控制在25℃左右为宜,湿度要达95%以上。(2)分株繁殖:要选择无病虫危害而健壮的母株,将整株挖下来或在母株周围挖小苗,尽量多带根系,把根系上带的土抖落下来一些,然后从母株根系坨上切取带一定量根系的母茎,分开后,把它植于苗床或花盆中培养。秋菊促成栽培,分株前后的温度和日照至关重要。在短日照条件下,地上部分已经开花,花后地上部分即死掉,而处于地表及地下茎上的休眠芽还在生长,并长成莲座状,此种莲座状的冬芽,即使给以加温,茎也不生长,要打破休眠状态,需在0℃左右的低温条件下大约1个月,或用赤霉素进行处理才能进入正常生长状态。其他类菊花分株后栽培在温室中即可生长,若光照时间少,可采用夜间补充光照的办法来促进生长。(3)嫁接繁殖:通常以白蒿和黄蒿为砧木嫁接菊花。以黄蒿为砧木者常培养成大立菊,以白蒿为砧木者,可培养成高大的菊树。也可在同一株上嫁接多种菊花。

菊花栽培时主要抓住几点:首先配好营养土,园田土5份、腐叶土2份、厩肥土2份、草木灰1份,加上一些骨粉及石灰。保证土壤疏松、透气、肥沃。在生长季中,加强肥水管理,使苗木生长健壮,要勤施肥,苗小时量小肥稀,以后逐渐增多。为了使菊花矮化,可采用生长抑制剂来抑制生长,达到矮化目的。为了使菊花多开花,要多次摘心,促生分枝,以便多开花。若培养独本菊,要进行多次的摘除侧芽工作,以促进留下来的花的生长。要防治病虫害,定期进行喷药防治。针对不同时期的供需要求,利用电灯照明或遮阴来控制开花期,特别是作为切花栽培的,要利用控制开花期安排好市场的销售份额。

园林观赏用途:种类繁多,花型花色丰富多彩,选取早花品种及岩菊可布置花坛、花境及岩石园等。切花品种可直接上市销售,用于插花艺术,植入大盆的菊花可做出各种各样的造型来,为节庆租摆服务。

2. 芍药

学名:*Paeonia lactiflora*

别名:白术、没骨花、将离等。

科属:毛茛科,芍药属。

产地和分布:原产于我国。现我国自然分布区广泛。

习性:耐寒性极强,可露地越冬,生长季忌湿畏热,要求土层深厚、排水良好的肥沃壤土或沙壤土,而在黏重、盐碱土栽种,不利于肉质根的生长,易引起根部腐烂。

繁殖与栽培要点:播种、根插、分株繁殖均可,但以分株法为多。分株法于9月下旬至10月上旬,将根株掘起,震落附土,然后顺自然可以分离之处分开;或用快刀切开,使每丛具有2～3个芽,切口最好涂硫磺粉等消毒剂,以免病菌感染,之后栽在床内。播种繁殖将成熟后的种子立即播种,发芽快,出苗率高,若种子放一段时间后播种发芽会推迟。根插繁殖是于秋季挖植株的根,切成长6~10 cm的根段,然后插于10~15 cm深的沙质土壤中,翌春即可长出萌芽。

栽培芍药应将土地深翻,施入复合肥料。栽植不可太浅或太深,以芽上覆土3~4 cm为好,出苗后要及时施肥,每月可追施1次。要经常检查土壤水分状况,及时浇水。但不宜过湿和积水,以免造成肉质根腐烂;也不宜过干,以免导致花苗生长不良。新芽出土,结合灌水施入液体肥料,花后在6—8月可施液肥或施入麻渣干肥,每平方米施15 kg,为促进来年的萌芽,霜降后结合封土施1次冬肥。芍药除顶端着生花蕾外,其下叶腋处常有几个侧蕾,为使花朵大而鲜艳,通常在出现侧蕾时及时疏掉,节省养分,以便顶蕾开花,花后减去残花,以减少营养消耗。秋末剪去所有枯枝。

园林观赏用途:可栽植于花坛、花境、专业花圃,也可盆栽,便于移动和观赏,成片种植可产生很好的群体效果。芍药是很好的切花材料,选含苞待放的花朵,带茎30~40 cm剪下,将切口处用火炙烤,待切口处略变黄白色为止,除去过多的叶片,插入水中可维持7天左右。

3. 鸢尾

学名:*Iris tectorum*

别名:蓝蝴蝶、扁竹叶。

科属:鸢尾科,鸢尾属。

产地和分布:原产于我国和日本。现主要分布在我国中南部。

习性:不同种类的鸢尾具有不同的生态习性。喜生于排水良好、湿润土壤的有鸢尾、蝴蝶花、德国鸢尾、银苞鸢尾等;喜生于湿润土壤至浅水环境的品种有溪荪、花菖蒲等;喜生于浅水中的有黄菖蒲等。多数种类要求光照充足,若在遮阴环境下则开花稀少,但蝴蝶花可在半阴处生长,鸢尾也稍耐阴。花菖蒲在微酸性土壤上生长良好,也有耐干旱的种类。

繁殖与栽培要点:多采用播种、分株繁殖。播种繁殖,种子采收后,及时播种,不宜贮藏。分株繁殖于秋末或春初将根基挖出,切成根段,每段需带2~3个芽,切口稍干后栽种。春栽后可立即发芽,秋季栽植者翌春发芽。株距依株丛大小而定,一般德国鸢尾35~40 cm,矮鸢尾25~30 cm。

地栽的土壤要疏松、肥沃,施入大量有机肥作基肥。生长期根据土壤干湿补充水分,以适当偏干为宜,过湿易发生病害或造成根茎腐烂。花期追施液肥,以提高花卉质量。还可进行促成栽培及切花栽培。德国鸢尾在花芽分化后,于10月底栽植于苗床中,保持夜间最低气温不低于10℃,并给于补光,加强肥水管理,白天温度要达到25℃,春节可以切花上市。也可采取推迟开花栽培,春季将根茎挖出,存入0~3℃低温库中,花期前60~80天结束低温冷藏,栽植于露地,即可切花上市。

园林观赏用途:耐寒性强,生长健壮,叶丛美观,花大色艳,是极好的观花地被。可用于林缘或疏林下栽植,适应范围相当广泛,无论是庭院、公共绿地、专用绿地都可较大面积地栽植,也可栽植成带、成片、成团、成丛。水生鸢尾栽植在湖旁、水边、岩石旁等,更显情趣。

4. 耧斗菜

学名:*Aguilegia vulgaris*

别名:猫爪花、血见愁。

科属:毛茛科,耧斗菜属。

产地和分布:原产于我国、美国、加拿大及北美。现各地多有引种栽培。

习性:生长健壮,有一定耐寒性,可露地越冬。喜富含腐殖质、湿润、排水良好的沙质土壤,可在半阴处生长及开花,对高温适应性较差。

繁殖与栽培要点:多用种子繁殖,春播或秋播均可。早春于15~20℃温室内播种,并保持土壤湿润,需1个半月以上才能发芽出土,发芽后一般长势较弱,苗高10 cm时可进行移植。分株繁殖宜在早春发芽以前或秋季落叶后进行,以2~3个芽分为一株,以50~60 cm株距定植。

适在应选择半阴的地块,或在乔木、灌木旁栽植,防止全日光照。培育疏松、肥沃的土壤,以20 cm×25 cm的株行距栽植,保持整体效果。栽植不宜过深,根茎处露出为宜,定植后及时浇水,以后每半月浇水1次。雨季注意排水,防止根系腐烂、甚至死亡。11月要浇防冻水。每年的日常养护工作中要注意春季施肥浇水,特别到雨季注意排水,夏季遮阴。

园林观赏用途:叶片优美,花形独特,品种较多,花期长,从春至秋陆续开放。自然界常生于山地草丛间,其自然景观颇美,而园林中可配置于灌木丛间及林缘,也可作花坛、花境及岩石园的栽植材料,大花及长距品种又可作切花材料。

5. 蜀葵

学名:*Althaea rosea*

别名:熟季花、端午锦、蜀季花、一丈红。

科属:锦葵科,锦葵属。

产地和分布:原产于我国。现我国各地广泛栽培。

习性:喜阳光和深厚肥沃的沙质土壤,亦具有一定的耐阴性、耐旱和耐寒能力,能在路旁建筑物周围生长。华北地区可露地越冬。

繁殖与栽培要点:以播种繁殖为主,种子在 20℃条件下,2～3 周即可发芽。春播于 2 月在温室进行,4 月移植露地,8 月开花;亦可于 4 月直播露地,8—9 月开花。秋播于 8 月进行,翌年 6 月开花。对特殊优良母株,亦可用扦插、分株繁殖,主要用于重瓣品种、独特花色品种的繁殖。扦插多采用基部萌发的侧枝,剪取 8～10 cm 长,插于沙质土壤中,适时遮阴,直至发根;分株宜在花后进行,亦可于秋末、早春进行,将植株挖起,分株种植即可。

利用蜀葵多年生长的特性,营养生长期适时浇水、除草、施肥,促进营养物质积累,花芽形成期增施磷、钾肥,花期保持土壤湿度,使花开旺盛、花期延长。花后自 15cm 处剪除地上部,促发基生叶的生长、生产、积蓄养分,有利来年开花。如欲使蜀葵第 2 次开花,应于第 1 次开花后,即 8 月进行修剪,保留植株 15～20 cm,并及时追肥和浇水,10 月即可第 2 次开花。生长期间常有红蜘蛛、蚜虫为害,必须及时打药防治。

园林观赏用途:花色丰富,花大而重瓣性强,园林中常在建筑物前列植或丛植,作花境的背景效果也好。此外,还可用于篱边绿化及盆栽观赏。

6. 紫菀

学名:*Aster tataricus*

科属:菊科,紫菀属。

产地和分布:原产于我国、日本及西伯利亚。现我国分布于东北、华北、甘肃、安徽等地。

习性:喜日照充足及通风良好的环境,适宜较湿润又排水良好的肥沃土壤,尤忌夏日干燥。

繁殖与栽培要点:分株或扦插繁殖。分株于秋季或春季将自老株根际处所生的萌蘖挖下来分栽,每丛 3 个芽左右即可;或将整株挖出,用快刀将根团切开,每块要有 3 个芽的团块,然后分栽于苗床。扦插繁殖可在 5—8 月进行,剪取幼枝,在扦插床上进行扦插,2 周后即可生根,3 周后可移入花盆。如为国庆节布置花坛用苗,可在 7 月中下旬至 8 月中旬扦插。

紫菀为多年生宿根花卉,每年养护要把好以下几点:加强肥水管理,花期前要追施 2～3 次肥;植株越冬时,应充分灌好冻水,防止地下部因缺水而受冻死亡,地栽、盆栽则要常摘心以促多发枝条、多成花,花前 20～30 天停止摘心。

园林观赏用途：是花境的良好植物材料，如与鸢尾搭配，早春鸢尾开花，紫菀作绿篱，秋季鸢尾作绿篱，紫菀开花，观赏效果极佳。也是作切花的良好材料。

7. 金鸡菊

学名：*Coreopsis basalis*

科属：菊科，金鸡菊属。

产地和分布：原产于美国南部。现广泛栽培。

习性：耐寒耐旱，对土壤要求不严，喜光，但耐半阴，适应性强，对二氧化硫有较强的抗性。栽培容易，常能自行繁衍。

繁殖与栽培要点：生产中多采用播种或分株繁殖，夏季也可进行扦插繁殖。播种繁殖一般在8月进行，也可春季4月底露地直播，7—8月开花，花陆续开到10月中旬。二年生的金鸡菊，早春5月底6月初就开花，一直开到10月中旬。欲使其开花多，可在开花后摘去残花，7—8月追1次肥，国庆节可花繁叶茂。

园林观赏用途：枝叶密集，尤其是冬季幼叶萌生，鲜绿成片，春夏之间，花大色艳，常开不绝，还能自行繁衍，是极好的疏林地被植物。可观叶，也可观花，在屋顶绿化中作覆盖材料效果极好，还可作花境材料。

8. 铁线莲

学名：*Clematis florida*

别名：山木通、番莲、威灵仙、铁线牡丹、金包银。

科属：毛茛科，铁线莲属。

产地和分布：原产于我国。现广布于全球，在我国分布甚广，西南尤盛。

习性：耐寒性强，在华北地区能安全越冬。喜黏质土壤，在过酸的土壤上生长不良。高温高湿易感病而枯死。

繁殖与栽培要点：通常扦插、嫁接或压条繁殖。扦插适期在5月下旬至8月上旬进行，插穗具有两个节，3～4周生根。嫁接在2—3月室内进行，接穗带一节即可，采用劈接。此外生长季还可用压条法繁殖。用种子繁殖需要低温沙藏40天后再播种，发芽才整齐。

在园艺栽培中，铁线莲多于早春或晚秋移植，以利生长。雨季要防梅雨，又要注意保持土壤湿润，并注意遮阴。为保持株型健壮而整齐，增加着花数量，要进行合理的诱引措施。当年抽生的垂直性的新蔓，就要在翌春向斜向或横向诱引，才能增加着花数量。依园林应用不同，可修剪成球形或篱式，盆栽时，为使其花大，可在30～50 cm处修剪。

园林观赏用途：铁线莲花朵喜人，枝蔓健壮，为攀缘绿化的优良材料，可进行墙体、棚架、阳台及长廊的绿化美化，在庭院布置尤为适宜。此外，尚可盆栽观赏，作切花应用效果也较好。

9. 香石竹

学名:*Dianthus caryophyllus*

别名:康乃馨。

科属:石竹科,石竹属。

产地和分布:原产于地中海地区、欧洲温带以及我国福建、湖北等地,是目前世界上应用最普遍的花卉。

习性:性喜空气流通、干燥和阳光充足的环境。喜肥,要求排水良好、腐殖质丰富、保肥性强、呈微酸性反应的稍黏质土壤。不可栽于低洼地,忌连作。喜凉爽,不耐炎热,可忍受一定程度的低温。生长适温为15~20℃,冬季夜间温度为7~10℃。不同品种对温度的要求有一定的差异。如香石竹黄色系生长适温为20~25℃,开花适温为10~20℃;而红色系品种要求较高的温度,低于25℃则生长缓慢,甚至不能开花。香石竹在长江以南可以露地越冬,但在上海虽能露地越冬,却不开花,若为冬春供花,仍需温室栽培。

繁殖与栽培要点:温室扦插繁殖一般于1月上旬至3月中旬进行,要特别挑选无病害的作母本,若有可能最理想的是设立母体栽培室,采用绝对无病害的插穗,其采取方法是从健康的母体采取侧芽作为插穗。粉红种不抗紫斑病,母本要严格挑选,最好采用母本茎部二、三节生出的侧芽作插穗,中部以上和以下的侧芽由于发育不好不用。侧芽长度10~12 cm,真叶8~10片为宜。采插穗时,用左手握住母株,右手抽侧芽的中间,使之弯曲而扒下,弯曲侧芽时,与母株茎的对生叶形成直角,就容易扒下而不伤母株茎。扒下的侧芽立即浸入水中防止萎蔫,顿齐基部20~30支作一捆,浸入浅水中,吸水30分钟,然后浸萘乙酸(NAA)、吲哚丁酸(IBA)促进发根。扦插基质用黄土、河沙、珍珠岩、蛭石等。黄土具有保水性和通气性,可单独使用,河沙可与珍珠岩混合使用。插床土厚8 cm为好,扦插行距间隔2.0~2.5 cm,株距1.5 cm,插深1.5 cm,插穗垂直于土面。插后立即浇水,使插穗与土壤密接。插后要盖塑料薄膜,防止插穗叶片的水分蒸腾,同时还要特别注意保持土壤适当的湿度。插床土温保持15~20℃,气温25~30℃,两个星期开始发根,3个星期后即可挖出定植。为扩大生产和脱毒,现多用组织培养繁育无菌苗。

香石竹扦插成活或组培苗于4月移入苗床培育,苗床施足基肥,栽后浇足水,1个月后再移植1次,6—7月定植。定植以后,注意灌溉、排水、加强通风、中耕除草,夏季气温高,需遮阴、喷水降温,进行追施液肥促进生长。为保证生长健壮、控制花期、多开花、开优质花,要及时进行摘心、除侧芽、侧蕾的操作,要进行1~2次,一摘心就会从节上发生侧枝,所以用摘心来决定培养茎的数量以调节开花时期和生育状态。

定植后30天第1次摘心。第2次摘心在第1次摘心后发生的侧枝花有5~6节时进行,最后的摘心时期根据品种和切花时期而安排在不同的时期。对于12月至翌年1月的切花,一般7月中旬结束摘心,近年为了使淡季的切花增多,采用将插芽后1个月发根的幼苗,用低温贮藏以推迟定植期的办法,也就是将幼苗按100株为1捆,装入塑料袋,在2℃左右的低温遮光下贮藏45~50天。此种控制育苗与其他一般育苗合理搭配,分期分批定植,切花期可以错开。定植密度,普通栽培密度以1m床面30~40株为好,为防止定植后倒伏,要张网使茎正常发育,距离床面15cm高,张第一层网,以后随着生长张第二、第三、第四层网,一般到第五层。夏季要注意降温,冬季要注意升温,夜间保持13~15℃,白天25~30℃。香石竹生长中病虫害较多,以病害更为严重,需通过药物预防等措施加以防治。

园林观赏用途:香石竹是世界三大切花之一,品种繁多,花期长,花色娇艳,世界各重要花卉出口国都大量生产香石竹切花。一些品种可作为庭院种植或花坛布置,冬季也可作为室内小型观赏盆花,作为室内窗台、案几装饰。

10. 玉簪

学名:*Hosta plantaginea*

别名:玉春棒、白鹤花。

科属:百合科,玉簪属。

产地和分布:原产于我国。现我国各地均有栽培。

习性:性强健耐寒而喜阴,忌直射光,植于树下或建筑物北侧生长良好。土壤以肥沃湿润、排水良好为宜,如受日光暴晒,叶子会变为黄白色,严重时边缘焦枯,夏季干旱,浇水不足,也会出现上述现象。开花前施用氮肥和少施磷肥,则叶茂而花繁。

繁殖与栽培要点:分株繁殖与播种繁殖。分株春秋均可进行,挖出待分植株,清除宿土,用快刀分割,每株最好带2~3个芽,分切后植入施足腐熟底肥的土穴中,浇透水,覆土保墒,出芽后要经常浇水保持湿润,一般当年即可开花。一般每隔3~5年分株1次。播种繁殖,秋季蒴果采摘后,晾干、低温储藏,第二年播种,种子发芽后,第一年幼苗生长缓慢,要精心管护,第二年生长迅速成苗。

可进行地栽,也可盆栽。地栽选择土层深厚、肥沃、排水良好的沙壤土种植,或配制营养土。在整个生长过程中不断追施液肥,初期淡些,逐渐加大浓度。盆栽应选用肥沃的培养土,植于口径30cm以上的花盆中,生长季置于室外,冬季要搬入室内,温度保持0℃以上,早春发芽搬出室外。

园林观赏用途:花大叶美,且喜阴,园林中可配置于林下作地被用,或栽植在建筑物周围蔽荫处。也可栽植于岩石园中。

11. 萱草

学名：*Hemerocallis fulva*

别名：中国萱草、黄花菜、忘忧草。

科属：百合科，萱草属。

产地和分布：原产于我国和日本。现我国各地均有栽培。

习性：性强健而耐寒，适应性强，又耐半阴，华北可露地越冬。对土壤选择性不强，在干旱潮湿、贫瘠土壤均能生长，但生长发育不良，开花小而少。以富含腐殖质、排水良好的湿润土壤为宜。

繁殖与栽培要点：繁殖可采用播种与分株繁殖。播种繁殖春秋均可，春播时，前一年秋季将种子沙藏，播后发芽迅速而整齐。秋播时，9—10月露地播种，翌春发芽。实生苗一般2年开花。现多倍体萱草需经人工授粉才能结种子，采种后立即播于浅盆中，遮阴、保持一定湿度，40~60天出芽，出芽率可达60%~80%。待小苗长出几片叶子后6月移栽露地。春秋以分株繁殖为主，每丛带2~3个芽，施以腐熟的堆肥，若春季分株，夏季就可开花，通常3~5年分株1次。

萱草为多年生长，栽植行株距为20 cm×15 cm，翌年7—8月开花。栽培土壤中施以腐熟的堆肥，生育期适当灌水保持水分供给，夏季注意排水，每年施追肥2次，入冬前施1次腐熟有机肥。萱草每年根系生长上升，秋冬季进行根系培土，高度10 cm。为保持旺盛生长，每3~5年应分株1次。开花期要清除残花及开完花的花茎，以利萱草的营养积累。

园林观赏用途：花色鲜艳，栽培容易，且春季萌发早，绿叶成丛极为美观。园林中多丛植或于花境、路旁栽植。萱草类耐半阴，又可作为疏林地被植物。

12. 桔梗

学名：*Platycodon grandiflorum*

别名：僧冠帽、梗草。

科属：桔梗科，桔梗属。

产地和分布：原产于我国、日本、朝鲜。现我国各地均有栽培。

习性：桔梗自然生长，多生于山坡草丛间或沟旁，喜气候凉爽、阳光充足、侧方蔽荫的湿润环境，宜栽植于排水良好、富含腐殖质的沙质土壤中。自然界多分布在山坡、草丛间或水沟旁。

繁殖与栽培要点：播种、扦插或分株繁殖，对于性状稳定的品种来说播种成苗很少变异，故以播种繁殖为主，杂交种F1代易出现变异，用扦插或分株繁殖。播种育苗，秋播不如春播好，通常3—4月播种，在花境中可直播地中，3月底直播露地，播后扣棚保湿，出苗后分两次间苗，最后保留密度为株行距20~30 cm。盆栽花卉，先播于育苗盘中,扣棚保湿,出全苗后撤棚练苗,浇水施液肥育苗,待出 4 片叶即可带土球上盆,不可伤根。也可用扦插或分株繁殖,春、秋两季均可进行。

花境、花盆的栽培土用不同基质混合,肥沃、疏松透气基质最好,植后浇水、施肥,高秧品种可做切花,矮秧品种在生长中进行适当修剪摘心,有益于增枝增花。欲使桔梗第 2 次开花,可于第 1 次开花后,即 7 月底以前进行修剪,并加强肥水管理,防治病虫害和雨季涝灾,国庆节可第 2 次开花。桔梗也可用一年的实生苗做促成栽培,11 月中下旬上盆,盆上加些肥,于 1 月上旬置于室外经受低温,可用稻草或苇帘防寒及保湿。3 月初移于室内,白天温度为 20～25℃,夜温为 10～15℃,精心养护,3 月中旬或下旬即可开花。

园林观赏用途:花大,花期长,易于栽培,高型品种可用于花境,中矮型品种可栽植于岩石园,矮生品种及播种苗多剪取切花。根为重要的药材,茎、叶、根均可入菜。

13. 金光菊

学名:*Rudbeckia laciniata*

别名:臭菊。

科属:菊科,金光菊属。

产地和分布:原产于北美洲。现我国大部分地区均有种植。

习性:喜阳光充足,耐寒性强,有一定的耐阴性,不择土壤,极易栽培,尤以排水良好的沙壤土及向阳处生长更佳。我国北方栽培可以露地越冬。

繁殖与栽培要点:可分株和播种繁殖。分株繁殖多在春秋进行,以春天刚萌芽、秋天花后分株较合适,分株要每墩保证有 3～4 个芽。种子发芽力可保持 2 年左右,春秋播种皆可,金光菊自播繁殖能力极强,可靠落下的种子自然发芽生长,翌年即可开花。发芽的适温为 10～15℃。

金光菊开花繁盛,株型生长快,生长期需要大量的营养及水分补充。栽植株行距为 1 m×1 m,种前在土壤中施入大量的有机肥改良土壤,花前多施磷钾肥,可使花色艳丽,株型丰满均匀,浇水适量控制,蹲苗使植株形成低矮健壮的形态,减少倒伏。花后将花枝剪掉,加强肥水管理,为翌年开花作准备。夏季植株花后立即剪掉花枝,加强肥水管理,秋季在霜降前可再次抽枝开花。

园林观赏用途:植株高大,花大而美丽,且有重瓣,适栽植于花境、花坛或自然式栽植,还可作切花、盆花。

14. 大花君子兰

学名:*Clivia miniata*

别名:剑叶石蒜、君子兰。

科属:石蒜科,君子兰属。

产地和分布：原产于南非山地森林中。20世纪从日本、德国传入我国，现在我国广泛种植。

习性：性喜温暖湿润，忌高湿酷暑、宜半阴的环境条件，适生温度在15～25℃之间，空气湿度70%～80%为宜，故冬季移入中温温室，夏季置于荫棚下栽培。对土壤要求严格，要求土壤疏松肥沃、通气透水、富含腐殖质、偏酸性。

繁殖与栽培要点：常用播种和分株进行繁殖。种子繁殖是扩大君子兰生产、选育新品种的主要方法，君子兰是异花授粉植物，经过有目的地选择相应的品种进行授粉，可以获得较多的种子，也可能得到更加优良的品种。授粉后8—9月，果实成熟变红，剥出种子稍晾即可播种，室温10～25℃，约20天即可生根，40天抽出子叶，待长出第1片真叶可分苗，第二年春即可上盆。分株一般在春季天气逐渐变暖、盆花可移出温室时进行，多年生老株每年可以从根茎部萌发出多个根蘖苗，在进行翻盆换土时将根蘖苗分离出来另植，分离出的根蘖苗已长根的比未长根的生长得快，开花早，因此不要分株过早。分株伤口处抹上草木灰以防伤口腐烂。带根分株可直接植入盆中，未长根的分株需浅插入素沙土中，置于阴凉处养护，约1个多月即可生根。

盆栽培养用土以5份腐殖土、2份壤土、2份河沙、1份饼肥或麻酱渣混合而成，根系为发达苗壮的肉质根，宜用深盆栽植，且盆底应多垫瓦片、石砾，以利排水透气。也可配置其他培养土，只要保证土壤具备疏松肥沃、保水透气且具微酸性均可。栽植时不宜过深，将须根全部埋上再加深1 cm即可。君子兰的最适温度为15～25℃，高出30℃叶片徒长，影响观赏，低于5℃易受寒害；对光照的要求较严，喜半阴的环境，忌强光照，长时间的强光照宜造成叶片灼伤，在华北地区夏季多将君子兰置于通风凉爽的荫棚下养护，冬季移到中温温室的通风见光处越冬。春、夏、秋生长期间每隔半月追施液肥1次，开花抽葶前施磷钾肥，有利于花繁色艳。君子兰为肉质根系，过湿易引起腐烂，比较耐旱，因此浇水一定掌握见干见湿的原则。在合理的栽培养护下，播种苗3～5年即可开花，分株的根蘖苗2～3年后可开花。

园林观赏用途：大花君子兰的花、叶、果均有很高的观赏价值，且观赏期长，四季常青，傲寒报春，端庄肃雅，君子风度，为广大群众喜爱的盆花。多于会场、厅堂和家庭居室中美化装饰，为全国各地普遍栽培欣赏的名贵花卉。

15. 非洲菊

学名：*Gerbera jamesonii*

别名：扶郎花、太阳花。

科属：菊科，大丁草属。

产地和分布：原产于非洲。现在我国栽培量明显增加，华南、华东、华中皆有栽培。

习性：性喜温暖而湿润的气候，不耐寒，忌霜冻，喜光照和空气流通的气候，生长最适温度为15～25℃，低于10℃停止生长，能耐短期0℃的低温。华南地区可露地栽植，华东须覆盖防寒，华北地区则须放置于地窖或冷床越冬，可于温室中栽培观赏。喜肥沃疏松、排水良好、富含腐殖质的沙壤土，忌重黏土，宜酸性土壤，中性及微碱性土壤也能栽植，碱性土壤中，叶片易出现缺铁症状。

繁殖与栽培要点：播种、分株和组织培养繁殖。需在花期通过人工辅助授粉获得成熟种子，种子寿命很短，成熟后立即播种，发芽率仅有30%左右，播种用土为腐叶土2份、泥炭1份、沙土1份，采取小粒种子盆播的方法，20～25℃的条件下10～14天即可发芽，发芽后移至向阳处，抽出2～3片真叶时，即可移入小盆或露地栽植。分株在春季换盆时进行，栽培2～3年的老株着花不良，通常3年分株1次，分株时将每株根土抖散，分切成带有2～4片叶的新株，尽量保护幼芽和使小株带有较多的根群，植时不可过深，根芽须露出土面，以此法获取花苗，量少不易形成规模。另外，采用组织培养，有利于扩大生产，而且能保证品质相同，开花整齐。

在华南、华东地区露天栽培宜选择疏松肥沃的沙壤土地，种植前施入有机肥和磷肥等作基肥。深翻细耙作畦，以行距40 cm、株距25 cm进行栽植，定植后3周进行追肥，盛花期前追施液肥3～4次。浇水采取见干见湿的原则，浇水后及时中耕，以保持表土疏松，促进根系生长，通常去除外层黄叶及残花，以利减少养分消耗、改善株间通风条件。冬季为供应切花所进行的地栽，10月上旬可将植株带土坨移入温室地栽，温度不能低于15℃，同时加强通风，每半个月施液肥1次，冬季、早春可陆续开花。盆花培养土以4份腐殖土、3份园土、2份堆肥土、1份沙土，用深盆栽植，以利根深苗壮。每年换盆时将根茎稍露出部分，以利幼芽的萌发，防止根茎病菌感染。苗期宜保持盆土湿润，上盆10天后，每隔半个月追施1次腐熟的液肥，孕蕾期增施1次0.5%～1%的磷肥，则花色鲜艳，每次施肥随即浇水并及时松土。冬季浇水应注意勿使叶丛中心着水，否则花芽腐烂而难以形成花芽，冬季温室栽植要保持经常通风，保证充足的光照，有利于新叶和花芽的生长，促使不断开花。

园林观赏用途：花朵清秀挺拔，花色艳丽，姣美高雅，花期长，管理得当四季见花，具有很强的装饰性，为理想的切花花卉。也宜盆栽和地养，华南地区作宿根花卉应用，庭院丛植、布置花境均有较好的效果，盆花装饰厅堂、案几、窗台，为极佳的室内观赏花卉。

16. 鹤望兰

学名：*Strelitzia reginae*

别名：极乐鸟花。

科属：芭蕉科，鹤望兰属。

产地和分布：原产于非洲南部。现广泛栽培。

习性:喜温暖湿润,生长适温25℃左右,较耐寒,华南地区可露地栽植,但现多为温室盆栽花卉。喜光,但不耐盛夏的烈日暴晒,夏季需遮阴。地下根系肉质,具有一定的耐旱能力,忌水湿,要求富含腐殖质和排水性良好的沙壤土。

繁殖与栽培要点:采用分株和播种繁殖。分株是此花卉常用的见效快的繁殖方法,宜于春季翻盆换土进行,用利刀于根茎处将分离株切开,伤口处涂以草木灰,防止腐烂,尽量减少植株根系的损伤。用无肥的草炭土分别上盆,浇1次透水后置于荫棚下养护,不干不浇,为保证生长迅速每个分株至少要带2~3个芽。播种繁殖,需要人工授粉方可结实,约80~100天种子成熟。种子成熟立即播种,发芽适温25~30℃,2~3周发芽,实生苗生长3~5年,植株具备9~10个以上的叶片方能开花。

除华南地区外,栽培绝大部分应在温室中养护,生长季适温为20~24℃,冬季应保持在10℃以上为宜。培养土配以大量泥炭和大粒河沙,盆底做好排水层以保证保水透气,浇水施肥要合理,浇水依据肉质根的特点采取见干见湿的原则,随气温增高增加浇水量,并要防止积水。每10~15天施1次酸性液肥,并间隔施用2次0.2%~0.5%的磷酸二氢钾溶液,直到花莛抽生。春夏季将其置于荫棚南侧见半光,秋冬季可移至全光下,以保证植株有充足光照。冬季于温室中越冬,注意通风透光,防止介壳虫或煤污病的发生。

园林观赏用途:鹤望兰为大型盆栽花卉,花型奇特,色泽艳丽,单花开放时间长,观赏价值高。既为珍贵的切花,也适宜盆花置于厅堂、门侧、室内作装饰,在华南地区还可用于庭院造景和花坛。

17. 花烛

学名:*Anthurium andraeanum*

别名:安祖花、火鹤花、烛台花。

科属:天南星科,花烛属。

产地和分布:原产于热带美洲的雨林之中。现欧洲、亚洲、非洲皆有广泛栽培,我国于20世纪70年代开始引种栽培。

习性:喜温暖、潮湿和半阴的环境。适温为20~25℃,冬季不得低于15℃。要求较高的空气湿度,土壤要肥沃疏松,排水良好。自然授粉不良,欲播种繁殖或杂交育种,必须进行人工授粉。

繁殖与栽培要点:主要采用分株、扦插、播种和组织培养进行繁殖。分株结合春季换盆,将有气生根的侧枝切下种植形成单株,分出的子株至少保留3~4片叶,扦插繁殖是将老枝条剪下,去叶片,每1~2节为一插条,插于25~35℃的插床中,几周后即可萌芽发根。人工授粉的种子成熟后,立即播种,温度25~30℃,两周后发芽。为大量发展花烛,现采用组织培养进行繁育。

栽培土宜用腐叶土、苔藓加少量园土和木炭以及过磷酸钙等物质配成的混合基质,盆底置瓦片等有利透水。生长季每15～20天施液肥1次,浇水宜干湿相间,不可积水,有利于开花,避免烂根。花烛惧寒,越冬温室要保持在16℃以上,冬季过于寒冷、潮湿宜引起根系腐烂。因此要控温、控水。花烛喜阴、怕强光暴晒,春、夏、秋三季适当遮阴,冬季放入室内后,不需遮光。要保持空气湿度,每天要向叶面喷水2～3次及向地面喷水。

园林观赏用途:花烛及其同属的花卉是目前国内外新兴的切花和盆花,每朵花的花期可达1个月,全年均可开花。由于花烛的花苞艳丽,植株美观,观赏期长,因此市场需求量极大。盆花多在室内的茶几、案头作装饰花卉。

18. 非洲紫罗兰

学名:*Saintpaulia ionantha*

别名:非洲紫苣苔、非洲堇。

科属:苦苣苔科,非洲紫罗兰属。

产地和分布:原产于非洲热带森林中。现世界各地广泛栽培。

习性:性喜温暖、湿润而通风良好、半阴的环境中,不耐寒、不耐高湿、忌强光暴晒,生长适温为13～26℃,冬季不得低于10℃。喜肥沃疏松、排水良好的腐殖土壤。结实常需人工授粉以保证结实效果。

繁殖与栽培要点:可采用播种、扦插和分株法繁殖。播种春秋皆可,以9—10月为宜,幼苗生长健壮,第二年春季即可开花,早春2月播种,虽然8月即可开花,但植株弱小,花量也少。播种方法采用小粒种子播种法撒播于浅盆中,不覆土,盖玻璃,保持湿度,温度控制在20～25℃,约15～20天发芽,长出2片真叶时移苗定植,从播种到开花180～250天。扦插则可选择生长充实的叶片带叶柄插于砂和蛭石等基质中,只插入叶柄,保持较高温度并遮阴,温度在20～25℃,约20天即可生根,待叶生出根和幼苗后上盆。分株在春季换盆时,切下子株带根栽植即可。除此外,为保证品种、花色,现多采用组培方法大量繁殖。

栽培土可用腐叶土与壤土配制,加些沙土以保证土壤肥沃疏松、排水良好,生长期中每半个月追施液肥1次,追肥时及时用清水冲洗,以免造成叶片乃至全株腐烂死亡。栽培过程中,要保持较高的空气湿度,适当浇水,避免土壤过湿而造成茎叶腐烂,夏季通过遮阴、喷水降温,保持空气湿度,注意通风,切忌强光直射。冬季要将气温控制在15℃左右,浇水的水温不能过低,以20～25℃水温为宜,气温、水温过低都可刺激盆花生长缓慢、开花终止、生长不良。

园林观赏用途:花期长,花色艳丽多彩,花、叶均可作为观赏,为室内小型观赏花卉,可在厅内组成小型观赏花坛,也可用于室内窗台、案几处作为陈设点缀材料,是各国应用普遍的盆花。

19. 椒草属

学名：*Peperomia*

别名：豆瓣绿属。

科属：胡椒科，椒草属。

产地和分布：本属有近1 000种，主要分布于南美洲和亚洲热带地区，有近百种用于观赏栽培，并有大量园艺品种。目前引入我国栽培的主要有：

圆叶椒草(*P. obtusifolia*)：多年生直立草本，茎肉质，多分枝，株高约30 cm，叶互生，倒卵状圆形，叶缘具紫红色晕。花序生枝顶。原产于南美洲。

花叶椒草(*P. obtusifolia cv. variegata*)：为圆叶椒草的园艺品种。形态相似，但叶片中央为绿色，边缘为淡黄色。

西瓜皮椒草(*P. argyreia*)：多年生草本，茎短，叶呈丛生状，具长柄，叶片卵圆形，叶基盾形，叶脉放射状，叶表面具绿白相间的斑纹，状如西瓜皮的纹。花序腋生，原产于巴西。

皱叶椒草(*P. caperata*)：多年生草本，茎短，叶丛生状，叶具长柄，叶片卵圆形，叶表浓绿色，背面灰绿色，叶面呈泡状皱缩，花序腋生。

斑叶垂盆椒草(*P. scandens cv. "Variegata"*)：多年生草本，茎柔弱匍匐状，叶互生，叶片卵圆形，中央绿色，叶缘有白色斑纹，花序与叶对生。原产于热带美洲。

习性：喜温暖湿润蔽荫环境，不耐直射光照。生长适温为20～28℃，可耐5℃低温。对土壤要求不严，但喜疏松、肥沃和排水良好的土壤，忌涝、耐干旱。

繁殖与栽培要点：以扦插繁殖为主，可用叶插或茎插。茎插，春季或初夏切取带有部分叶柄的枝茎，长度6～8 cm，先把伤口晾干，可以细河沙或其他疏松基质作沙床进行扦插，土壤保持60%～70%的湿度，不能过湿，不要遮阴也不要太阳直晒，防止插穗腐烂。温度20℃以上4～6周生根，12℃以下难生根，不易成活。叶插，选发育完全的嫩叶切分多片插于土壤之中，使叶片与叶柄连接处与土壤紧密结合，叶插生根速度较快。也可用压条繁殖。

主要作盆栽，可用泥炭、熟园土等基质配成适宜的混合基质，每立方米10～20 kg饼肥作基肥。生长季于50%～70%遮光下培植，每月施复合肥1次，保持湿润。冬季则要一定的阳光，应加盖薄膜或置温室内，低于5℃应加温，并减少淋水，才较易越冬。本属植物耐阴性强，可长期置室内观赏，发现徒长时应更换，适当增加光照，因此夏季放于北窗前，冬天置于南窗。春季和夏季适当摘心可以扩大株冠。每隔一、二年换盆1次。

园林观赏用途：叶形、叶色具有很高的观赏性，且耐阴性好，为室内布置装饰的优良观叶植物，多于厅房中的书桌、案几和窗前摆投。

20. 凤梨科

学名：*Bromeliaceae*

产地和分布：凤梨科是南美植物区系的特有科，全科约有 46 属，近 2 000 种，原产于美洲热带地区。凤梨科植物奇特的形态与美艳的花姿，受到各地人民的喜爱，有不少种类被引作观赏栽培，是花叶并茂的观赏植物。近年我国也引进了不少种类，主要有：

艳凤梨（*Ananas comosus* cv. Vartegetus）：菠萝属，又称金边凤梨，是菠萝的一个园艺品种，作观赏栽培。地生草本，叶片条形，长约 50cm，宽 3～5 cm，质坚硬，叶片两侧有黄色纵向条纹，边缘有锯齿。头状花序，具长柄。

红凤梨（*A. bractestus*）：地生草本，株型较大。叶片铜绿色，花序上苞片及果实淡红色。

斑叶红凤梨（*A. bractestus* cv. "Striatus"）：地生草本，为红凤梨的栽培品种。叶片质硬而挺，中央铜绿色，两侧黄色，全叶呈暗染红色。花序及果实鲜红色。

姬凤梨（*Cryptanthus acaulis*）：姬凤梨属。地生草本，株型短小，高 10～15 cm。叶 10 片左右，聚生成莲座状，叶条状披针形，边缘波浪状，有锯齿，叶绿色，背面有白色磷片。花数朵聚生，白色。

三色姬凤梨（*C. bromelioides* var. *tricolor*）：地生草本。叶条状披针形，长约 15 cm，宽约 3 cm，叶片呈染红色，中央及边缘铜绿色，中脉两侧有淡黄色条斑。

二色姬凤梨（*C. bivittatus*）：地生草本，株高不过 15 cm。叶呈莲座状，平展，有叶 30～50 片，叶片呈染红色，中央及边缘铜绿色，中脉两侧有淡黄色条斑。

虎纹姬凤梨（*C. zonatus*）：地生草本。叶阔披针形，宽达 5 cm，长 12～15 cm，叶面有暗绿色和淡黄色相间横纹，呈虎皮斑纹状。

光萼荷（*Aechmea bchantinii*）：光萼荷属，又称斑马凤梨。附生草本，叶基闭全成筒状，叶带状，长约 40 cm，宽 5～8 cm，叶缘有刺状齿，叶灰绿色，具纵向淡白色条纹。密集的穗状花序，总苞橙红色，苞片黄色。

美叶光萼荷（*A. fasciata*）：又称粉菠萝，或蜻蜓凤梨。附生草本，叶鞘闭合成筒状，叶 15～30 片，宽带状，长约 45 cm，宽 8～10 cm，叶灰绿色，有虎斑状银白色纹，边缘有黑色刺状齿，叶两面披白粉。花密集成头状花序，花序柄长，苞片披针状，边有细齿，粉红色，花紫蓝色，甚是优美。

水塔花（*Billbergia pyramidalis*）：水塔花属。附生草本，叶基部闭合成筒状。叶条状，长 30～40 cm，宽 4～5 cm，叶面绿色有光泽，叶缘具细齿。穗状花序，伸出叶筒上，苞片红色披白粉，花鲜红色。

红杯凤梨（*Guzmania lingulata*）：果子曼属。附生草本，叶莲座状，10～20 片，叶茎相互合成筒状。叶片长 30～40 cm,宽 3～4 cm,绿色,有光泽,上部叶片基部开花时呈染红色。头状花序,伸出叶丛,苞片鲜红色,平展呈星形,花淡黄色。

小红星(*G. lingulata* var. *magnifica*):又称火轮凤梨。附生草本,株高约 20 cm,叶条状,长约 20 cm,宽约 2 cm,绿色有光泽。头状花序花梗短,仅仅伸出叶丛,苞片红色,花白色。

红星凤梨(*G. lingulata* cv. "Mior"):又称橘红星凤梨。附生草本,叶条形,长 30～40 cm,宽 3～4 cm。头状花序伸出叶丛外,苞片橘红色,花淡黄色。

丹尼斯擎天(*G. cv.* "Dennis"):株型与上近似。头状花序具长梗,达 45～50 cm,总苞鲜红色,花黄色。

彩叶凤梨(*Neoregelia carolinae*):彩叶凤梨属。陆生草本,叶 20～30 片,叶基抱合成筒状,可盛水。叶面绿色有光泽,叶片中央有带状或线状纵向的淡黄色条纹,叶片在开花前转为红色。花序球形,藏于叶筒中,花紫色。

金边五彩凤梨(*N. carolinae cv.* "FLandria"):为彩叶凤梨的园艺变种。区别在于叶边有淡黄色镶边。

紫花凤梨(*Tillandsia cyanea*):铁兰属,又称铁兰,球拍凤梨。小型附生草本,叶片多数,莲座状丛生,松展。叶窄长,宽 1～1.5 cm,厚而坚硬,叶缘具细锯齿。穗状花序,上部扁平呈球拍状,苞片绯红色,花紫色。

虎纹红剑(*Vriesea splendens*):丽穗凤梨属。附生草本,叶约 20 片,叶基抱合成筒状,叶长 30～40 cm,宽 5～6 cm,叶片有灰绿色和古铜色相间的横纹,呈虎斑状。穗状花序具长柄,苞片 2 列相互叠生成扁平剑状,苞片鲜红色。花黄色,管状。

彩苞凤梨(*V. Poelmannii*):又称火剑,多头红剑,杂交种。附生草本,叶约 30 片,基部抱合成筒状;叶条形,宽 3～4 cm,长 20～25 cm,叶片绿色有光泽。复穗状花序(有分枝),苞片 2 列,叠生成扁圆形,苞片鲜红色,小花黄色,相当美丽。

莺哥凤梨(*V. carinata*):附生草本。叶型与上相近,叶片略短小,复穗状花序,分枝扁平,苞片下部红色,先端黄色。

习性:凤梨科植物是一类奇特的植物,叶片表皮具吸收鳞片,可起到吸收水分的功能,要求较高的空气湿度。该科植物根据其习性,可分为两大类型:附生凤梨和地生凤梨。附生凤梨适于蔽阴、高湿的环境,要求纤维质、腐殖质丰富的土壤。地生凤梨需要较多的阳光,适于疏松土壤。总的来说,这类植物喜温暖湿润的环境,不耐严寒,常在 13℃以下停止生长,5℃左右叶片会受伤害,低于 15℃不开花。花期不定,只要植株老熟,条件适宜全年可开花,自然条件下,以春、秋季开花多,花芽分化温度要求 20℃以上。

繁殖与栽培要点:在生产中,繁殖主要有两种方法:分株与组织培养。分株繁殖通常是在植株开花后,基部会萌生出许多萌株,当萌株长至 5～8 叶时,将萌株从母株上切下,另行栽培,只要温度在 18℃以上,全年均可进行。近年凤梨植物生产在广东发展很快,分株繁殖已满足不了生产对种苗的要求,已有多家单位采用成型的组培技术大量生产种苗,供生产使用。

栽培中,首先要了解品种的特性,然后有分别地采用不同的栽培管理方法。附生凤梨类喜阴、喜纤维质丰富的基质,盆栽可用泥炭土、河沙、蛭石加少量饼肥调制成培养土种植,或可用基质无土栽培,夏、秋季温度高、光照强烈,可给予80%的强遮光,冬、春季遮光50%。地生凤梨类较喜光,可用腐殖土加1/3泥炭土作栽培基质,夏、秋季给予50%遮光,冬、春季可不遮光。凤梨科植物在水肥充足条件下,生长快,在生长季节要保持充足水分,每月根部施薄肥1次,施低浓度叶面肥1次;有色品种磷钾肥应多些,定期喷施低浓度含镁、硼的叶面肥,叶色及日后开花更美观。冬季要注意防寒,低于8℃时应加温,并清除叶筒积水,以免受低温伤害。

凤梨科植物不仅叶姿优美,叶色亮丽,而且花形奇特,经久耐赏,是花叶并茂的观赏植物。在自然条件下,多在春、夏间开花,为使之在某一确定时期开花,可使用化学调控技术。根据大量研究发现,乙烯等生长抑制剂对凤梨花芽分化与开花有促进作用。常可用20~50 ppm的乙烯或300 ppm乙烯利、1%的电石(乙炔)水溶液等喷施叶面,或注入叶筒中,隔7~10天连喷2次。使用激素促花,首先要满足几个条件:一是植株营生长充分,通常小型种有10个月生长期、中型种12个月、大型种15个月,就可达到催花株龄。二是温度要合适,最好在20~25℃,低于20℃效果不理想,超过30℃叶片易受伤。三是在用药期应停水数天,并先清除叶筒内积水,前一个月略为降低温度。从喷药到花序抽出叶丛,需要2~3个月,有些种类要长达4个月。

园林观赏用途:花卉整个植株形态独特,叶形叶色多种多样,极具观赏价值;花形奇异,花色艳丽,深受人们喜爱,为花叶并茂的观赏植物,是人们探亲访友馈赠的高档盆花。可在厅房、书房和居室内装饰案几、桌面及窗前。

21. 竹芋科

学名:*Marantaceae*

产地与分布:有30属400多种,分布各大洲热带地区,南美是分布中心。有不少种类作观赏。目前我国引进栽培的种类主要有:

豹斑竹芋(*Maranta leuconeura*):肖竹芋属。小型草本,株高20 cm,有地下茎。叶片长12~15 cm,宽8~10 cm,椭圆形,叶面灰绿色,侧脉间有铜绿色椭圆形斑块,如豹斑状。

孔雀竹芋(*C. makoyana*):草本,有地下茎,株高达30 cm,无直立茎。叶丛生,叶片椭圆形,长20~30 cm,宽12 cm。叶面灰白色,侧脉上近中脉处有椭圆形绿色斑块,侧脉先端绿色,状如孔雀尾羽之斑纹,叶背淡红色。

红羽竹芋(*C. ornata*):又称双线竹芋。多年生中型草本,株高可达60 cm。叶片椭圆状广披针形,长约 30 cm,宽 15 cm。叶片浓绿色,沿中脉两侧有呈羽状双线玫红色条纹,斜伸至距叶缘 1 cm 处,叶背紫红色。

环纹竹芋(C. picturata cv. "Vandenleckei"):又称花纹竹芋。多年生草本,株高可达 50 cm。叶丛生,叶椭圆形,两侧不对称。宽 8~18 cm,叶片绿色,靠中脉有白色纵向条纹,距叶边约 1 cm 有白色环绕全叶的斑纹,叶背紫红色。

银影竹芋(C. picturata cv. Argentea):又称丽白竹芋。草本,有地下茎,高约 80 cm。叶丛生,叶片长椭圆形,基部不对称,叶片中央大片呈乳白色,仅靠叶边约 1 cm 为绿色环边,背面紫红色。

彩虹竹芋(C. roseapicta):又称玫瑰竹芋。株高可达 60 cm。叶宽椭圆形,长约 30 cm,宽 20 cm,基部略不对称;叶面翠绿色有光泽,中脉浅黄色,两侧间隔有斜向上的浅黄色条斑,近叶缘处有一圈玫红色环形斑纹,极为优美。本种不耐高温,畏寒,怕积水。

天鹅绒竹芋(C. zebrina):又称斑马竹芋。株高可达 50 cm。叶长 30~40 cm,宽 15~20 cm,叶面具天鹅绒光泽,并有浅绿色和深绿色相间的羽状条斑,叶背紫红色。要求高温,怕积水。

双色竹芋(Maranta bicolor):竹芋属。多年生草本,无根状茎,株高 25~30 cm。叶基生或茎生,叶矩圆形,长 12~15 cm。叶片中央乳白色,边缘灰绿色,侧脉浅白色。

红纹竹芋(M. leuconuara cv. "Erythrophylla"):株高约 25 cm。叶基生或生于枝顶,叶片矩圆形,长约 15 cm,宽约 8 cm。叶面浅绿色,羽状侧脉红色,中脉两侧有灰绿色齿状斑块,侧脉间有深绿色斑块,叶背紫红色。

黄斑竹芋(Ctenanthe pilosa "GoldenMosaic"):栉花竹芋属。高大草本,株高可达 100 cm,具块状茎。叶基生或聚生枝顶,叶片长矩圆形,长 25~30 cm,宽 8~12 cm,叶翠绿色,有不规则的黄色斑块。

紫背竹芋(Stromanthe sanguinea):卧花竹芋属。大型草本,株高达 1.2 m。叶从根茎生出,有长柄。叶片披针形,长可达 40 cm,宽 10~15 cm,表面绿色有光泽,背面紫红色。耐高温、耐寒。

习性:本科植物喜温和、高湿蔽荫环境,不耐直射光照。生长适温为 20~26℃,超过 32℃高温叶片易受高温伤害,低于 10℃叶片开始受低温伤害,2℃低温可致死。要求疏松肥沃土壤,忌积水。

繁殖与栽培要点:主要采用分株繁殖。多在春、秋两季进行,分株时要注意温度与湿度,温度应在 18℃以上,相对湿度保持在 80%。低温干旱季节或过高温度都会影响分株成活与植株的恢复。分株前停水一天,最好在下午阴凉时进行,将待分株的脱盆,轻轻松开泥头,以 2~3 苗为一单位,从老株上分开,另行种植,保持土壤及空气湿度,约 2 周可恢复正常生长。另外,有些分枝,有直立茎的种类,如栉花竹芋属,可在分枝长叶处稍下带节剪下,直接扦插于花盆中,2～3 周可生根,成苗亦快。

竹芋科植物需温和、湿润气候,怕强光,怕积水,其栽培条件要求较高。盆土可用泥炭土、腐殖土、河沙各 1 份混合作基质。要注意调节光照,夏季阳光猛烈、温度高,应遮光 80%～90%,其他季节遮光 50%～70%。竹芋科植物大都不耐寒,冬季应保持 10℃ 以上,低于 8℃ 要加温。生长季节开始时施饼肥 1 次,每月施薄肥 1～2 次,本科植物多喜氮肥,但磷钾肥可促进分枝与萌株,所以最好是有机肥与复合肥结合使用。生长季节保持土壤与空气湿润。竹芋科植物耐阴能力强,可以长期置室内观赏,但室内湿度过低易引起叶尖干枯,应多向叶面喷水,并保持土壤湿润。

园林观赏用途:叶片整洁,古朴潇洒,四季常青,秀丽多姿。不同品种,植株高低大小不等,多为室内盆栽植物,可在客厅、会议室布置装饰,也可小盆于案几、桌面和窗前点缀。

22. 天南星科

学名:*Araceae*

产地与分布:全科有 115 属,2 000 多种,广布全球,绝大部分产于热带地区,以热带亚洲与南美洲尤盛。我国有 200 多种。本科是用于观叶栽培种类最多的一个科,并培育有大量的各类品种,在观叶植物生产中占有极为重要的地位。我国近年也引进大量品种,广泛栽培,目前我国栽培的种类与品种主要有:

广东万年青(*Aglaoenma modestum*):广东万年青属,或亮丝草属。直立草本,多分枝,株高 50～60 cm,茎纤细。叶片卵状披针形,先端尾状尖,叶绿色有光泽。传统种类,极耐阴,可水插。

银皇帝亮丝草(*A. hybrida* cv. "Silver King"):杂交种。直立草本,多萌株,株高 30～40 cm。叶窄卵状披针形,长 20～30 cm,宽 6～8 cm,叶基卵圆形。叶面有大面积银白色斑块,脉间及叶缘间有浅绿色斑纹。

银皇后亮丝草(*A. hybrida* cv. "Silver Queen"):与上种近似,叶片较窄,叶基楔形,叶面色斑浅灰色。

斑马万年青(*Dieffenbachia seguine* "Tropic Snow"):花叶万年青属。直立草本,株高可达 2 m,茎粗壮,有明显的节。叶茎生,叶片卵状椭圆形,长 30～40 cm,宽 15～25 cm,叶面绿色有光泽,侧脉间有乳白色碎斑。佛焰花序粗壮,生于叶腋。

大王斑马万年青(*D. segyube* cv. "Exotra"):与上种近似,但叶片上色斑淡黄色,靠中央偏下连成大片斑块。

乳肋万年青(*D. amoena* cv. "Camilla"):直立草本,株高达 60 cm,茎丛生状。叶卵状椭圆形,先端小,叶片乳白色,仅边缘约 1 cm 绿色。

红宝石(*Philodendron erubescens* cv."Red Emerald"):喜林芋属,又称红柄喜林芋。根附性藤本,新芽红褐色,叶心状披针形,长约 20 cm,宽 10 cm,新叶、叶柄、叶背褐色,老叶表面绿色。桩柱栽培。

绿宝石(*P. erubescens* cv."Green Emerald"):藤本,叶箭头状披针形,长 30 cm,基部三角状心形,叶绿色,有光泽。作桩柱栽培。

琴叶蔓绿绒(*P. panduraeforme*):藤本,叶戟形,长 15～20 cm,宽 10～12 cm,叶基圆形,叶片绿色,有光泽。较耐寒。

圆叶蔓绿绒(*P. oxycardium*):藤本,叶卵圆形,基部心形,先端短尾状尖。

青苹果(*P. eandena*):藤本,叶片矩状卵圆形,如对半切开的苹果截面,先端急尖,叶绿色。

红苹果(*P. peppigii* cv."RedWine"):藤本,叶形与上种近似,叶片红褐色。

大帝王(*P. melinonii*):又称明脉、箭叶蔓绿绒。半直立性,叶呈箭头状披针形,长可达 60 cm,宽达 30 cm,侧脉明显。

红帝王(*P. hybrida* "Imperial Red"):直立性草本,叶卵状披针形,叶面多少呈波状,叶片、叶柄红褐色。

绿帝王(*P. hybrida* "Imperial Green"):直立草本,叶宽卵形,先端尖,翠绿色。

绿萝(*Scindapsus aureus*):藤芋属。根附性藤本,茎贴物一面长不定根,叶卵形,大小随环境变化大。叶片有不规则黄斑。

白掌(*Spathiphyllum kochii*):白掌属,又称一帆风顺。直立,丛生草本,高 30～40 cm。叶基生,披针形,长 20～25 cm,宽 6～8 cm,先端尾状尖。佛焰花序具长柄,佛焰苞白色,卵形。极耐阴。

大白掌(*S. kochii* cv."Viscount"):株高达 60 cm,叶片较大,长 25～35 cm,叶柄顶端具明显关节,侧脉明显。花序柄长,花序高出叶面之上,总苞白色,卵状,宽达 12 cm。

绿巨人(*S. kochii* cv."Senstion"):杂交种。直立性,单生,叶基生,叶片大型,长 40～50cm,宽 20～30cm,椭圆形,表面侧脉凹陷,叶柄粗壮,鞘状。

观音莲(*Alocasia amazonica*):海芋属。草本,有块状茎。叶基生,叶片盾状着生,箭头形,叶柄细长柔弱,叶面墨绿色,叶脉三叉状,放射形,网脉白色,形成鲜明对比,极为美观。叶背紫黑色。不耐冷,10℃以下枯叶,以块茎越冬。

花烛(*Anthurium andraeanum*):花烛属,见花烛。

习性:喜高温高湿、蔽阴环境,可在低光照条件下生长,多数种在 8 000 lx 光强即达光合作用的光补偿点,超过 20 000 lx 易引起灼伤。生长适温多数种在 18～25℃,不耐寒,低于 12℃停止生长,低于 5℃易引起伤害,10℃以上可安全越冬,开花需 15℃以上。喜肥沃、湿润、疏松土壤,不耐干旱。

繁殖与栽培要点:有直立茎或藤本植物,多数用扦插繁殖,插穗只要有2个节即可,在4—9月均可扦插。由于本科植物多有乳汁,插穗切口应晾干后,或粘少许草木灰或滑石粉,再行扦插,才极易成活。但温度低于15℃时,不宜扦插。丛生种类可用分株法繁殖,在生长季节进行分株为好,低温时不能分株。近年也有通过组织培养方法快速繁殖种苗,特别是对于难以获得种子、无性繁殖困难的种类,是一种很好的方法,如绿巨人、红、绿帝王、白掌、花烛等种类已广泛使用组织培养方法。

本科植物栽培成功的关键是要调节好光照、温度、湿度。因多数种类源自热带雨林,适应低光照、高湿度及较小温度变幅的环境。因此,首先要创造一个好的环境条件,全年都应遮光栽培,夏季可用80%～90%遮光,其他季节用60%～70%遮光,冬季要保持10℃以上,使之安全越冬,以免叶片损伤,降低观赏价值。栽培可分为两类:一类是直立性种类,采用常规栽培,盆土可用泥炭土、河沙或泥炭土、蛭石,加河沙等疏松透水基质,不宜用黏重土壤。另一类是以气根或不定根攀附的藤本植物,作桩柱式栽培,方法是先用保湿材料包扎成桩柱,用高筒塑胶盆作容器,将扎好的桩柱垂直置于盆中央,加调制好的培养土至六成,然后将规格大小一致的种苗4～6株均匀地紧贴桩柱排列,加土至九成,压实,无需扎绳,淋透水即可归棚作常规管理。要注意,有些种类茎有背腹面之分,要使腹面贴向桩柱。在日常管理中,每次淋水应连同桩柱淋透,高温季节很快就可以长出不定根围着于桩柱向上生长,生长过程中要注意观察,发现有偏向的植株,要将苗扶正。天南星科植物较喜肥,在生长季节,每月薄施肥2次,有色斑品种以复合肥为好,无色斑品种可多施氮肥,如能结合有机肥使用,则生长更快,品质更高。本科植物形态优美,变化多样,耐阴性强,是室内观赏的好材料,只要护理得当,可长期置室内观赏。

园林观赏用途:以观叶为主,形态大小各异,花形花色多彩多姿,是目前室内观花中用得最多的植物。现多用于宾馆、饭店及家庭居室的装饰。

23. 栝楼

学名:*Trichosanthes kirilowii*

别名:瓜蒌、药瓜。

科属:葫芦科,栝楼属。

产地和分布:原产于拉丁美洲。现我国各地均有栽培。

习性:不耐寒,喜温暖和光照充足的环境。对土壤适应性强,以肥沃、深厚、湿润的土壤条件为好。

繁殖与栽培要点:可采用播种、分根、压条进行繁殖。播种繁殖须选留橙黄色、柄短壮实的果实作种,晾干留用,播前从果实中取出种子,用40～50℃水浸泡1天,采用混沙催芽,土温保持20～30℃,待大部分种子裂嘴即可穴播,不催芽也可播种,但发芽时间不均,15～20天可出芽。播种繁殖技术简单,但植株变异大,易混杂退化,开花结实晚。分株繁殖易于选择雌雄株,保证植株品质,多用于生产,于3—4月挖取3～5年生壮根,切成7～10cm长小段,以行距1.8～2 m开沟,株距30 cm,将小段根平放于坑中,覆土5～7 cm,保持湿润,15～20天即可出苗。压条多在植株藤蔓生长到一定长度时,埋土压条,生根容易。

定植前须挖大坑整地,并施入有机肥改良土壤。生长发育期要及时进行灌溉、追肥,中耕除草。并对藤蔓及时进行修剪,保证开花结果,提高观赏效果。秋季果熟及时摘取,给植株积累养分的机会。开始落叶后可剪去老蔓,块茎地下越冬。

园林观赏用途:为观花、观果的草质藤本,春花秋实,花多、果大,观赏效果较好,多用于围墙、棚架的垂直绿化。

第三节 球根花卉

1. 仙客来

学名:*Cyclamen persicum*

别名:兔耳朵花、萝卜海棠、萝卜莲。

科属:报春花科,仙客来属。

产地和分布:原产于地中海的土耳其、希腊等地。现世界各地广泛栽培。

习性:性喜凉爽、湿润及阳光充足的环境。秋、冬、春为生长期,生长适宜温度为18～20℃,低于10℃花易凋谢,高于30℃植株进入休眠,要求疏松、肥沃、排水良好而富含腐殖质的沙壤土,盆土保持适度湿润,不可过分干燥。

繁殖与栽培要点:仙客来采用种子繁殖,时期以9—10月为佳。播种前先浸种1天,然后进行脱毒处理,将种子点播于盆中,覆土0.5～1.0 cm,盆土可用泥炭土、沙土、蛭石或腐叶土、河沙等制成的培养土。用盆浸法浸透水,上盖玻璃或塑料袋封好口,置于不见光温度为18～20℃的地方两周陆续萌发,25～30天子叶迅速生长出地面,约30～40天方可出全苗,出苗后及时除去玻璃、塑料袋,放于向阳、通风的地方。全部苗出齐后,进入实生苗管理,幼苗逐渐见光,要防止阳光直射,可用遮阴网适当遮阴,温度不可过低,以免休眠,土壤干时可用喷壶喷水。

播种苗长出2片真叶可进行第1次分苗,分苗于浅盆中,株行距为4 cm×4 cm,盆土不宜紧实,移栽时不宜伤根,3—4月份当长出3～5片叶时可栽植于10 cm的小盆中。分苗或移植后,幼苗恢复生长,逐渐给予光照,加强通风,勿使盆土干燥,保持15～18℃的温度。随着叶片数量的增多,生长旺盛,应需加强肥、水管理,每天给叶面喷水2次,每10天左右追施1次液肥,浓度为0.1%～0.3%,注意勿使肥水沾污叶面,以免引起叶片腐烂。施肥后,洒1次清水,保持叶面清洁,保持盆土湿润,并加强通风。3—4月后气温不断升高,逐渐减少午间强烈光照,尽量保持较低温度,防淋雨水及盆土过湿,以免球根腐烂,要保持幼苗的生长,温度过高会造成休眠,不利于当年开花。9月后定植于20 cm盆中,球根露出土面1/3左右栽植,需施基肥。追肥多以磷、钾肥为主,促进花蕾发生。10月以后至开花前,应加强通风,增加光照,温度保持在10~20℃之间,11月以后见花,可持续到翌年4月前后。

园林观赏用途:花形别致,株态翩翩,色彩娇艳夺目,烂漫多姿,是我国冬春季节优美的名贵盆花,花期可长达5个月,开花正逢元旦、春节等传统节日,生产价值很高。可用于室内装饰,摆放在花架、案头,点缀会议室、餐厅均宜。

2. 大岩桐

学名:*Sinningia speciosa*

别名:落雪泥。

科属:苦苣苔科,苦苣苔属。

产地和分布:原产于巴西。现广泛栽培。

习性:生长需要高温、高湿及半阴环境,忌直射光。要求疏松、肥沃而又排水良好的腐殖质土壤。冬季休眠期保持干燥,温度为8~10℃。

繁殖与栽培要点:最常用的繁殖方法是采取播种育苗。通过人工辅助授粉获得种子,种子每克有25 000~30 000粒,出苗率在20%左右。盆土用腐殖土、河沙等配制成,用小粒种子播法浅盆播种,覆土极薄或轻轻镇压不覆土,覆盖玻璃和塑料袋,用盆浸法充水。发芽温度控制在18~25℃,约10~15天出苗。播种期一般决定开花时间,由播种到开花约5~7个月时间,而以10—12月播种为佳,此时播种的植株由于生长环境适宜,到开花时,株形较大,花数多;3月以后播种的植株则株小花数少。

扦插是少量繁殖,保证品种、色泽同一的常用方法。可用茎叶扦插,较播种苗生长快。球茎栽植后常发生数枚新芽,保留1~2个芽开花,其余芽当长到4 cm左右时取下扦插,保持21~25℃的温度,维持较高的空气湿度和半阴条件,3周以后生根。叶插只要在温室中全年都可进行,选择壮叶带柄切下,插入河沙中,保持高温高湿并适当遮阴,10天后开始生根,并生出一个小球茎,上盆栽植;也可仿马铃薯栽培,待老球茎休眠后,新芽生长时依芽数切分球茎进行栽植。切口干燥或涂草木灰。

播种苗长出2片真叶应及时分苗,以免发生猝倒病,当幼苗长出5~6片真叶时,再移苗盆中,盆栽不宜过深,以栽后不动为适宜深度,过深则生长不良或腐烂。移植恢复生长时应保持温度20℃,空气高温时应防脱水,土壤少浇水防烂根。1周之后,温度可降到15~18℃,并增加浇水量,开始追施稀薄液肥,生长期每周1次。因叶密被绒毛,遇肥水易腐烂,在施肥后须喷水清洗。开花前温度控制在12~15℃,可减少植株徒长,保证花质好,抗性强,花期长。高温期注意通风、降温,又要保证空气湿度。花盛开时停止施肥,花蕾抽出时温度不可过高,否则花梗细弱。大岩桐整个生长期要求湿润、半阴,故一般要求遮阴50%,但在冬季,幼苗生长需要一定光照,才有利于生长健壮。

球茎栽种可根据开花的需求,将贮藏休眠1个月的球茎取出,按不同时期栽种,以12月到翌年3月为宜,温度过高栽种的植株株小花少。栽植深度以球茎的顶与土面平为好。室温18~21℃,1周可出芽生根,新芽发生时,选留1个壮芽,其余芽剥去或作扦插用。定植后管理同播种苗栽培。从栽植到开花,一般需要5~6个月时间。

大岩桐生长期间,常有尺蠖吃食嫩叶,应及时捕捉并喷药防治。

园林观赏用途:花大而美丽,花色丰富、多彩,花期又长,是深受人们喜爱的温室盆花。在北京、南京为夏季室内装饰的重要盆栽花卉,宜布置于窗台、几案及花架处。

3. 球根秋海棠

学名:*Begonia tuberhylrida*

别名:茶花海棠、球根海棠。

科属:秋海棠科,秋海棠属。

产地和分布:为南美洲的秘鲁、玻利维亚的野生秋海棠,经过多次育种而成的种间杂交种。我国栽培历史不长,以昆明地区栽培比较成功,现已进入规模化生产。

习性:性喜温暖而湿润的气候,需光但不直射,夏季温度不宜超过25℃,超过30℃茎叶枯萎、脱花,甚至引起球茎腐烂,生长期适宜温度为15~20℃,冬季栽培温度不得低于10℃。生长期要求较高的空气湿度,常规生长为春季球茎生长,夏秋开花,冬季休眠,短日照抑制开花,促进球茎生长,反之则促进开花。光照强度大抑制花叶展开。栽植土壤以肥沃、疏松、排水良好和微酸性沙壤土为宜。

繁殖与栽培要点:繁殖常采用播种、扦插和分割块茎等方法。播种适宜时间为1—4月,从播种到开花6~7个月,晚种不利于块茎生长,花朵也小。播种土可用腐叶土、沙壤土、河沙配制成,加入1%的过磷酸钙,培养土过筛,盆土面平整、镇压,小粒种子混沙撒播,不覆土,盖玻璃或封上塑料袋,置于半阴处,采取盆浸法灌水,保持土壤湿润,温度保持在18~25℃,2~4周发芽,然后撤去封闭物,逐渐增加光照,长出2片真叶时分苗,苗高2~3 cm时再进行分盆,最后定植于14~16 cm盆中。移苗最初数天置于阴处缓苗,其后温度保持在18~20℃,空气与土壤应适度湿润,花苗换盆过程中,盆土逐渐增施少量基肥。

扦插是保持品种优良的繁殖手段,尤其是不易采到种子的重瓣品种。因繁殖系数低,发根困难,故一般繁殖时不用此法,春季球根栽植后,块茎发出数个芽,选留1枝,其余均可扦插。整个夏季都可进行,6月以前扦插苗当年有利成花,并形成球茎。插穗长7~10 cm,插于河沙中,保持温度23℃,空气湿度80%,15~20天即可生根,然后栽植上盆。块茎分割则是在早春将球茎萌芽时进行分割,保证每块带有芽眼,切口涂草木灰,切口稍干燥后上盆,栽植不宜过深,块茎半露为宜,过深易烂,此法繁殖株形不好,且块茎易腐烂。

冬季休眠的球根秋海棠 2—3 月份在温室中用沙土与腐叶土配制的土壤掩埋催芽,球茎顶端露出地面,土壤适宜控水,不可过湿,以免球茎腐烂,温度为 15~20℃,生芽后上盆,盆土用腐叶土、泥炭、壤土配制,并适量加入基肥。养护过程中,土壤保持适度湿润,但水分不可过量,否则易造成落花烂球。追施液肥每 10 天 1 次,不可浇在叶片上,花蕾出现到开花前,每周追施 2 次液肥,不宜过浓。入夏后遮阴去中午强光,要控光适度,光强光弱都不利植株生长。为保证花期延长,花后修剪去除老茎残花,不便结实,保留 2~3 个壮枝,追肥,促进 2 次开花。需留种子的盆花,花期人工辅助授粉,促进结实,蒴果随熟随采。花谢后逐渐减少浇水量,秋季茎叶枯黄后,自茎部剪去地上枝条,完全休眠时,将球茎取出埋入干沙或干土中越冬,休眠期温度保持在 5~7℃。

园林观赏用途:花朵娇嫩艳丽,花形姿态优美、别致,是秋海棠类花卉的佼佼者,为世界著名的夏秋盆栽花卉。可用于装饰厅房、餐桌、案头,也可作为露天花坛或冬季室内花坛的布置材料。

4. 马蹄莲

学名:*Zantedeschia aethiopica*

别名:水芋、观音莲、慈姑花。

科属:天南星科,马蹄莲属。

产地和分布:原产于南非的河流、沼泽旁。我国各地温室有栽培。

习性:性喜温暖、湿润的半阴环境,怕阳光暴晒,不甚耐寒,生长适宜温度 20℃左右,不宜低于 10℃。冬季需在充足光照下才能开好花,多开花。喜疏松肥沃、腐殖质丰富的沙壤土。在北方需移入低温温室越冬,中温温室则可继续生长并开花。

繁殖与栽培要点:因种子较少,多以分球为主。花后植株进入休眠时,将块茎周围形成的小球茎剥下,另行栽植,没有带根的可插入沙土中蔽荫保湿养护,20℃气温下,20 天即可生根。小球茎培养一年,第二年就可开花。也可播种繁殖,种子成熟即行盆播。

北方多在温室栽植,常于 9 月初栽种,每盆 4~5 个块茎,用腐叶土、泥炭加少量河沙配制成培养土,并添加些基肥,20 天后出苗,出苗后放于光线较强处,春、夏、秋三季遮阴 30%~50%,冬季温度保持在 10℃以上,适宜温度为 20~25℃,生长季喜水分充足,要保持土壤湿润。经常进行喷水,以保持空气湿度和叶面清洁。每隔 10~15 天施追肥 1 次,施肥后立即用清水冲洗以防意外。生长期中叶片过于拥挤可剥去部分外部旧叶或不良叶片,改良空间,有利显花。2—4月为盛花期,花后逐渐停止浇水,5月后植株开始枯黄,将盆移出室外放于干燥通风处,使盆侧放,免雨水造成块茎腐烂,将植株完全休眠,可将块茎取出晾干贮藏,秋季再行栽植。春季出室后翻盆换土1次,并进行分株,进入荫棚养护,注意增加湿度,夏季伏天生长要注意防暑降温。

园林观赏用途:叶片翠绿,形状奇特,花期长,12月至翌年4月,花朵苞片洁白硕大,宛如马蹄,大花品种是国内外重要的切花花卉,常用于插花、花束等,矮小品种用于盆栽观赏。

5. 朱顶红

学名:*Hippeastrum vittata*

别名:百枝莲、华胄兰、柱顶红。

科属:石蒜科,孤挺花属。同属有70多种,现栽培的有:

孤挺花(*H. belladonna*):花序着花6~12朵,花淡红色,有深红色斑纹,有香味。

网纹百枝莲(*H. reticulata*):花红色,具深色方格网纹。

杂种百枝莲(*H. hybridum*):为园艺杂交种,为园艺品种总称,根据花的大小、形态、花期等方面区分。

产地和分布:原产于美洲的热带地区。现广泛栽培。

习性:生长期要求温暖湿润、阳光不过于强烈的环境,需要充足的水肥。夏季要求凉爽气候,温度在18~22℃;在炎热的盛夏,叶片常常黄枯而进入休眠,忌烈日暴晒。冬季休眠期要求冷凉干燥,气温10~13℃,不可低于5℃。要求富含腐殖质、疏松肥沃而排水良好的沙质土壤。

繁殖与栽培要点:常采用分球和播种繁殖。分球是保证朱顶红植株品质与花色的繁殖方法,通常于3—4月将每球周围的小磷茎取下繁殖,分离时保护好小鳞茎的根,栽种在盆中或地里。为加快其生长,常地栽,株距15 cm左右,鳞茎顶部露出地面,土壤要肥沃,栽培到秋天,10月挖出,直径大于7 cm能开花的鳞茎可上盆,小鳞茎在沙土中干燥贮藏,翌年再下地培养,管理得当,两年地栽即可成为开花的鳞茎。朱顶红容易结实,采种后即播种,发芽良好,用腐叶土、壤土、河沙配成培养土。2 cm株距点播,播后置于半阴处,保持湿度温度,控制在15~20℃,两周左右发芽,发出2片真叶分苗;第二年便可上盆,第三年或第四年即可开花,开花时间较分球繁殖晚,但繁殖量大,可通过杂交获得新品种。

盆栽朱顶红花盆不宜过大,盆土可用河沙加腐叶土配制,并增加基肥,生长期每10天施1次追肥,以促进鳞茎肥大充实,浇水见干见湿,以免积水造成鳞茎腐烂,入秋逐渐减少灌水量,叶片枯萎,灌水停止,冬季应剪去叶片,保持干燥,温度10~13℃,促进球茎充分休眠,以便鳞茎积蓄养分,开好花,开大花。朱顶红催花较易,若想提前开花,可通过修剪叶片,减少灌水,使其早休眠。通过增加温度、浇水进行正常管理,早结束休眠,促使开花。花后保护好叶片,以利鳞茎生长发育。

园林观赏用途:栽培品种多,花大色艳,叶片鲜绿洁净,宜于盆栽,为著名观花盆花,花期较长,达5个月。可在居室、厅房、案几摆放,在南方也可配置于庭院中。

6. 小苍兰

学名:*Freesia refracta*

别名:香雪兰、小葛兰、洋晚香玉。

科属:鸢尾科,小苍兰属。

产地和分布:原产于南非,后引入欧美经过杂交育种改良。现我国各地都有栽培。

习性:喜阳光充足、凉爽湿润的环境,不耐寒冷。我国的大部分地区均在温室作一年栽培。秋季栽植,冬春开花,夏季休眠。低温8~10℃时球茎春化催花,13~15℃时促进球茎生根发芽,花后生长一段时间后,入夏后温度上升,地上部枯萎,植株开始休眠。要求土壤肥沃湿润、疏松通气、排水良好。

繁殖与栽培要点:采用播种、分球来繁殖,以分球法为主。冬春开花后植株继续生长,老球茎逐渐枯萎,而在其周围产生多个新球茎,新球茎下又有几个小球茎。冬春气候温暖,在水肥条件好的情况下,新球茎可长到能够成花的规格,小的新球需经过培养一年才能形成开花球,子球需培养1~2年。3—4月逐渐减少浇水量,当地上部枯黄进入休眠时,取出球茎,将超过1 cm直径的开花球与小的新球、子球分别分类贮藏休眠。小苍兰种子寿命较短,通常5—6月采种,并及时播种于盆中,将盆移至背风向阳处,遮阴并保持湿润,控温20℃左右,幼苗长出后通风,保持盆土湿润,冬季移入温室越冬,3~5年后才可开花。

每年9月初开始栽种,可用园土、腐叶土、河沙混合配成培养土,13~17 cm盆栽6个球左右。长江以南可在冷床上或低温温室内种植,北方于霜降前将盆移入中温温室,初进温室时保持10℃左右的气温,以后逐渐升高到15℃左右。在生长期间,每隔10天追施稀薄的液肥1次。要保持土壤湿润,加强室内通风。花茎生长较细弱,易倒伏,因此应及时用细竹签设立柱。盆花栽培要保持株形丰满、低矮,可以晚栽并尽量给予充足的光照,但开花量较少。花后逐渐减少浇水,待叶片变黄时,将球茎挖出阴干,然后剪去枝叶,于干燥通风处贮藏。

园林观赏用途:适于盆栽或作切花,其株态清秀,花色丰富浓艳,芳香馥郁,花期较长,花期正值缺花季节,在元旦、春节开放,深受人们欢迎。可作盆花点缀厅房、案头,也可切花瓶插或做花篮。在温暖地区可栽于庭院中作为地栽观赏花卉,也可用作花坛或自然片植。

7. 大丽花

学名:*Dahlia pinnata*

别名:大理花、天竺牡丹、西番莲、地瓜花。

科属:菊科,大丽花属。

产地和分布:原产于墨西哥高原地区。目前世界多数国家均有栽植。

习性:既不耐寒又畏酷暑,喜干燥凉爽、阳光充足、通风良好的环境,且每年需要有一段低温时期进行休眠。土壤以富含腐殖质和排水良好的沙质土壤为宜。大丽花为春植球根的短日照植物,春天萌芽生长,夏末秋初气温渐凉,日照渐短时进行花芽分化并开花,直到秋末经霜后,地上部分凋萎而停止生长,冬季进入休眠。短日照条件下促进开花和花芽发育,通常10~12小时短日照下便急速开花;长日照条件下促进分枝,增加开花数量,但延迟花的形成。

繁殖与栽培要点:以播种、分株和扦插繁殖为主。播种是现在花卉生产中主要的繁殖方法,秋季种子收获后储藏,春天在露地、盆中播种均可,4—5月进行,播后5~7天发芽,当年秋天即可开花,生长较扦插、分株好,苗旺花繁,但由于大丽花种子变异较大,在种子生产中要提纯,防止杂化影响观赏。分株繁殖在春季,取出贮藏的块根,将每一块根及附着生于根茎上的芽一齐切割下来,没有芽的不能栽植。若根茎上发芽点不明显或不易辨认时,先催芽,待发出芽后再切割栽植。扦插繁殖可待芽长至6~7 cm时切取下来扦插。插床温度保持白天20~22℃,夜间15~18℃,2周后生根,便可分栽。春插苗不仅成活率高,而且经一个生长季生长,当年即可开花。6—8月还可剪取扦插,若控制好温度,成活率也不低。

露地栽培宜用高垄,基肥不宜施得过多,以免植株徒长,影响开花。因植株多汁柔软,为免茎叶折断,须设立支架,早设支架,以防以后插入误伤块根。小花品种,苗高15 cm时打顶,使植株矮壮,多开花。花谢后及时摘掉,可延长花期。霜前留10 cm根茎,剪去枝叶,掘起块根,晾1~2天,使表面见干后,存入3~5℃冷室沙藏。第二年春可萌芽、抽枝开花。盆花栽植,大花品种多以案头菊状栽培,形成庄重观赏的效果,养护要控制水肥,及时摘心,积累养分,形成单头大花;小花品种以多头花形式栽植,控水控肥,防止徒长,修剪分枝,构成繁华的效果。白粉病危害大丽花的叶片、嫩茎、花柄和花芽,在发病季节,可用50%的代森铵800倍液喷雾防治。

园林观赏用途:大丽花为国内外常见花卉之一,花色艳丽,花形多变,品种极其丰富,应用范围较广。宜作花坛、花境及庭前栽植,矮生品种最宜盆栽观赏,高型品种宜作切花,作为花篮、花圈和花束制作的理想材料。

8. 唐菖蒲

学名:*Gladiolus hybridus*

别名：菖蒲、剑兰、十样锦、扁竹莲。

科属：鸢属科,唐菖蒲属。

产地和分布：原产于地中海沿岸及非洲南部。现世界各地普遍栽培。

习性：宜在排水良好的沙质土壤中生长。喜温暖湿润气候,但不宜气温太高,生长适温为20～25℃,长日照有利于花芽分化,光照不足会减少开花数,但花芽分化以后短日照能促进花芽的生长和提早开花。开花期因栽植的迟早而异,4月上旬栽种,花期6—7月,9月地上枯萎,留下休眠球茎。从栽种到开花需70～90天。生长期约130天,休眠期7个月左右。母球在生长期间,因养分消耗而萎缩,新球逐渐形成,并产生多数子球。

繁殖与栽培要点：以分球繁殖为主。杂交育种时用种子繁殖。分球繁殖,利用子球自然分离栽培,一般培养两年后能形成开花的大球,其中较大的也可当年开花。还可用切割法繁殖,选充实的大球茎剥去外皮,露出芽眼,用小刀纵切成数块,每块需带芽眼,栽植一年即可形成开花的大球及多数子球。种子繁殖,春秋均可进行,播前用40℃温水浸泡24小时,春播约30天后出苗,幼苗培植2年后开花。秋播在温室内进行,温度不低于13℃,最适温度为15～25℃,约1个月后出苗,翌年入秋有少数可开花,多数需3年开花。

栽培宜选用向阳、排水良好的地方,春季翻耕时施入基肥,拌匀后做畦,3—5月种植,夏秋可陆续开花,种植深度以球茎高的2倍为宜。栽后6～8周为叶生长期,主芽长出2片叶时为花芽分化期,约40天完成花芽分化,要供给充足水分,特别是光照,灌水时湿润深度要达15 cm。浇水后要及时中耕,以防土壤板结。施肥要适量,氮肥过多易引起徒长倒伏。一般在第5片叶长出时追施1～2次,开花后再施1次。如用作切花,宜在花序基部1～2朵花初开时剪取,如用作培养球茎,则在花蕾现色时摘去花蕾留下花茎,以利球茎生长。一般开花后叶片先端约1/3枯黄时起球,起出后剪去叶片,剥除干瘪老球,晾晒数小时,外皮干燥后放在10℃以上干燥、通风良好的竹帘上摆开贮藏好。用当年新球进行促成栽培,需用物理或化学方法打破球茎休眠。方法是将种球用1‰～5‰的氯乙醇溶液处理2～5小时,或用35℃温度处理种球15～20天,再在2～3℃低温下处理20天。栽培唐菖蒲忌连作。

园林观赏用途：为世界著名观赏和切花之一,其品种繁多,花色艳丽丰富,花期长,花容极富装饰性,世界各国使用非常广泛。除作切花外,还适于盆栽或布置花坛等。

9. 美人蕉

学名：*Canna indica*

别名：红艳蕉、小花美人蕉、小芭蕉。

科属：美人蕉科,美人蕉属。

产地和分布:原产于中南美洲。现各地绿地栽植。

习性:性喜温暖向阳,适应性强,几乎不择土壤,具有一定的耐寒力。在原产地周年开花,在寒冷地区根茎不能露地越冬。可耐短期水涝。

繁殖与栽培要点:繁殖以播种、分株为主。播种:种皮坚硬,播前须用刀刻伤种皮或用26~30℃水浸泡24小时,春季播种,20~30天发芽,当年开花。分株:将根茎取出切开,每丛保留2~3个芽就可栽植,发芽温度在25℃以上,定植当年便能开花。

春季栽植宜选择地势高燥、不积水的地方,栽前施足底肥,花前、花期中追施肥,花后及时修剪残花,以免消耗养分,促使新花莛抽出,连续开花。秋季待茎叶大部分枯黄时可将根挖出,适当干燥后贮藏于沙中或堆放室内。温度保持在5~7℃即可安全越冬。翌年栽植。暖地冬季不必挖出,可直接越冬。促成栽培可提前栽植在温室花盆中,花期即可提前。

园林观赏用途:茎叶茂盛,花大色艳,花期长,适合大片地自然栽植。也可植于花坛、花境中,矮化品种可盆栽观赏。

10. 晚香玉

学名:*Polianthes tuberosa*

别名:夜来香、月下香。

科属:石蒜科,晚香玉属。

产地和分布:原产于墨西哥。现在温带地区各国普遍种植,我国各地均有栽培。

习性:性喜温暖湿润,对土质适应性强,但以肥沃沙质壤土为最好。印度在盐碱地大量栽培,既可改良盐碱地,又有经济效益。3—5月栽种,7—10月开花,11月下旬霜后地上部分枯萎。在长江下游地区,地下茎略加防护可以在露地越冬,-10℃以下时,如不加保护,球茎将受冻而腐烂。母球开花后即萎缩,而形成多数新球,一般直径小于1.58 cm的球茎不能开花。

繁殖与栽培要点:多采用分球繁殖。11月下旬地上部枯萎后挖出球茎,除去萎缩的老球,晾干后贮藏于室内通风干燥处,4月取出种植,深5~6 cm。如土质黏重,可在球茎附近用细沙改良,以利排水和发根,一般小球培育两年才能开花。

露地庭院布置时,一次种植后可隔3~4年掘起分球1次。晚香玉喜肥水,萌芽出土后,花茎抽出时期,蕾期各施1次稀氮肥。如肥水过多,生长势过旺,会减少开花,甚至不开花。当花茎高过50 cm时,设立支柱,加以护持。花期注意浇水。地上部枯黄后,用树叶或稻草、锯末等覆盖,以防冻害。盆栽在11月下旬进行,栽种后放置高温温室养护,在通风、光照充足的条件下,两个多月便可开花,2月栽种的6月开花。开花时剪取插入水瓶,可延续10天左右。如将晚香玉切花泡在有颜色的溶液中,1~2小时后白色的花就会变成有色彩的花朵。

园林观赏用途:晚香玉有单瓣品种、矮性品种、重瓣品种、大花品种等,为重要的切花材料,亦宜庭园中布置花坛或丛植、散植于石旁、路旁及草坪周围花灌丛中间。花白色浓香至晚愈浓,是夜晚游人纳凉游憩地方极好的布置材料。

11. 水仙

学名:*Narcissus tazetta* var. *chinensis*

别名:水仙花、金盏银台、天蒜、雅蒜。

科属:石蒜科,水仙属。

产地和分布:大多原产于北非、中欧及地中海沿岸。中国水仙分布于东南沿海温暖湿润地区,其中福建漳州、上海崇明、浙江舟山栽培最多。以漳州水仙最负盛名。

习性:性喜温暖湿润气候及阳光充足的地方,尤以冬无严寒、夏无酷暑、春秋多雨的环境条件为适宜,温度高于25℃以上即进入休眠。多数种类不耐寒冷,对土壤要求不高,除重黏土及沙砾地外均可生长,但以土层深厚肥沃湿润而排水良好的黏质土壤最好。土壤pH以中性和微酸性为宜。秋植球根即开始生长,而在寒冷地区,地下生根地上部不出土,翌年春迅速生长开花。中国水仙花期早,于1—2月开放到6月中、下旬地上部分的茎叶枯黄,地下鳞茎开始休眠。花芽分化通常在休眠期进行。

繁殖与栽培要点:繁殖以分球为主,球内芽点较多,发芽后均可长成新的小鳞茎,栽种小鳞茎,加强肥水管理,4~5年可形成开花的大球。大面积生产栽培以种球茎为主,9月下旬栽种,夏季叶片枯黄时将球根挖出,贮藏在通风阴凉的地方,到秋季再进行栽植,第三年栽植时进行种球阉割,去掉种球两侧的芽,只保留中央主芽。挖侧芽时不可伤及主芽,事后晒1~2天再栽种。培育新品种可用种子繁殖,秋季播种,翌年春出苗,夏季挖出,秋季再栽植,这样4~5年也可养成大球。多用漳州水仙和崇明水仙类促成栽培,使之能在元旦、春节开花。将鳞茎在10℃以下温度进行沙藏,待根系充分生长后,将温度升至10~15℃,当鳞茎抽叶现蕾后,将植株小心拔出,开花供观赏。或将鳞茎放在水中培养,然后供观赏,花开完后,鳞茎再无利用价值。

园林观赏用途:株丛低矮清秀,花形奇特,花色淡雅芳香,既适宜室内案头、窗台点缀,又宜园林中布置花坛、花展,也宜疏林下草坪上成丛成片种植。一次种植不必挖起,可多年观赏。水仙也是良好的切花材料。

12. 郁金香

学名:*Tulipa gesneriana*

别名:旱荷花。

科属:百合科,郁金香属。

产地和分布:原产于地中海沿岸、伊朗、土耳其、中亚西亚、中国新疆地区。而今郁金香已普遍在世界各个角落种植,其中以荷兰栽培最为盛行。

习性:适宜冬季温暖湿润、夏季凉爽稍干燥、向阳或半阳的环境。耐寒性强,冬季可耐-35℃的低温,但最低温度为8℃时就可生长。喜欢富含腐殖质、肥沃而排水良好的沙质土壤。郁金香为秋植球根,即秋季末开始萌发,早春开花,初夏开始进入休眠。生长适温为15～18℃,低于5℃生长停止。茎叶生长有两次高峰,到开花期茎叶停止生长,休眠期进行花芽分化,分化适温为20～23℃。鳞茎寿命1年,即新老球每年演替1次。母球在当年开花并形成新球及子球,此后便干枯消失。通常1个母球能形成1～3个新球及4～6个子球。

繁殖与栽培要点:播种、分球繁殖。播种繁殖,育种时采用种子繁殖。种子不休眠,但发芽需要低温,适宜的低温为5℃左右,10℃以上发芽延缓,25℃以上不发芽。露地秋播,播后覆盖1.5 cm厚的腐质土或蛭石,用塑料棚保温保湿,播种后40～45天发芽,从发芽到收获小球需135天左右。5月停止生长,夏季地上部休眠时挖起小鳞茎,地下小鳞茎的直径约0.5 cm,挖出储藏,放在20～25℃温度下贮藏。秋季再种,经5～6年栽培可成开花球。分球繁殖,6月上旬将休眠鳞茎掘起,按大小分级贮藏到11月上中旬分别栽种。较大的鳞茎翌春开花,较小的鳞茎多数需继续培养1～2年后开花。不能开花的幼苗只有一片叶子,发生第二片叶子时即可开花。

栽培要选择充实饱满、花芽分化良好的鳞茎。盆栽要用深盆,施足基肥,排水要好。种植深度以鳞茎高的2倍为宜。生长期间保持土壤湿度即可,天气干旱时适当浇水。生产鳞茎时,花蕾见色就要提早摘除,以减少养分消耗,保证鳞茎生长。以生产切花为目的,可在花蕾完全变色时剪取。当地上部枯萎时掘起鳞茎,剪除茎叶,在通风阴凉处晾2～3天,然后放到17～23℃适温下贮藏,温度过高,花芽分化会受到抑制或出现退化现象。促成栽培时,先在17℃下挖出的鳞茎经34℃处理1周,再放20℃下贮藏1个月至花芽分化完,再移至17℃下经1～2周预备贮藏,然后保持9℃下进行正式冷藏或在13～15℃下冷藏3周,再经6周1～3℃的冷藏后栽植。在温暖地区,不冷藏者,2月以后温床覆盖以促开花。

园林观赏用途:为重要的春季开花球根花卉,其品种繁多,花期早,花色明快而艳丽。最宜作切花、花境、花坛布置或草坪边缘自然丛植,也常与枝叶繁茂的二年生草花配置,中、矮品种可盆栽观赏。

13. 风信子

学名:*Hyacinthus orientalis*

别名:洋水仙、五色水仙。

科属:百合科,风信子属。

产地和分布:原产于欧洲南部、地中海东部沿岸和小亚细亚。现世界广泛栽培。

习性:喜冷凉、湿润、阳光充足的气候和排水良好、肥沃疏松的沙质土壤。耐寒性强,冬季可耐－30℃低温。有春化习性,踯躅不经过低温春化处理不能正常开花。鳞茎的皮膜颜色与花的色彩有相关性,皮膜紫红色的,多开紫红色花;皮膜白色的,多开白色花。

繁殖与栽培要点:以分球繁殖为主。母球栽植1年后分生1～2个子球,子球繁殖后第3年开花。风信子自然分球率低,为提高繁殖系数,可采用扇形挖切和十字形切割手术。手术在鳞茎挖出,阴干并经25℃贮藏30天待花芽形成后进行。扇形挖切是用一种特殊的匙形刀把鳞茎盘切成凹形,再向鳞茎中心作十字形切入,切割时从鳞茎基部向顶芽深入,形成十字形。切口分泌汁液略干后用升汞液消毒,然后摊放浅盆,保持21℃的温度,或放入低湿的培养箱使之产生愈伤组织。当鳞片茎部膨大时,温度逐渐升高到30℃。相对湿度85%,3个月后在切伤部分形成很多小鳞茎,小鳞茎培养3～4年后开花。育种时用种子繁殖,秋播翌年早春发芽,实生苗培养4～5年开花。园艺栽培于10—11月进行,覆土5～8 cm,栽好后覆干草和树叶,保持土壤疏松、湿润,一次性栽植几年后再分球。生长期内防蜗牛、恬蝓危害茎叶。

栽培选择土层深厚肥沃、排水良好的沙性土壤,有适当的遮阴条件,施入充足的有机底肥,春季生长开花期追施一两次肥,适时浇水,保持土壤湿润,经常除草,疏松土壤。

园林观赏用途:为重要的球根花卉。只是由于气候条件关系,风信子在我国许多地方常退化,植株矮小,花朵变劣,鳞茎萎缩,不易栽好。目前从国外引种的为多,现仅用于公园露地栽植和盆栽观赏。

14. 百合属

学名:*Lilium*

别名:山丹。

科属:百合科,百合属。

产地和分布:原产于北半球的温带和寒带,热带极少分布。近年来有不少经人工杂交产生的新品种。

习性:性喜冷凉湿润气候,要求肥沃、腐殖质丰富、排水良好的微酸性土壤及半阴环境。百合为秋植球根,一般秋凉后萌发基生根和新芽,但新芽不出土,待翌春回暖后方可破土而出,并迅速生长和开花。花期一般5月下旬至10月。开花后,地上部分枯萎,鳞茎进入休眠,休眠期一般较短,解除休眠需2～10℃低温即可。花芽分化在球根萌芽后并生长一定大小时进行,要有一定数量的叶片数。种子成熟需80～90天左右,种子活力2年。百合类鳞茎系多年生,寿命一般3年,鳞茎中央的芽伸出地面形成直立的地上茎后,又在其旁发生一至数个新芽,自每芽周围向外渐次形成鳞片,并逐渐扩大增厚,几年后便分生为新的小鳞茎。埋于土中的地上茎节处也可形成珠芽。

繁殖与栽培要点：繁殖可用分球、分珠芽、扦插鳞片以及播种。以分球法为主。分球法是将茎轴旁不断形成的小球,逐渐扩大,与母球自然分裂,将这些小球与母球分离另行栽植。为使百合多产生小鳞茎,可适当深栽鳞茎或在开花前后切除花苗,利于小鳞茎的产生。也可花后将茎切成小段,每段带 3～4 个叶片,平铺湿沙中,露出叶片,经 20～30 天便自叶腋处发生小鳞茎,小鳞茎经 1～3 年培养,便可作为种球栽植,栽培百合要求土层深厚、疏松而排水良好的微酸性土壤。

促成栽培 9—10 月选肥大健壮的鳞茎种植于温室地畦中,栽培基质要疏松、肥沃、排水性能良好,开始保持低温,11—12 月室温为 10℃,新芽出土后需有充足的光照,升温 15℃,经 12～13 周开花,如于现蕾后给以 20～25℃ 并每天延长光照 5 小时,可提早开花。如欲于 12 月至春节开花,鳞茎必须于秋季经过冷藏处理。可周年分批栽种,周年供应切花,切花剪取宜含蕾或初放时最宜。

园林观赏用途：品种繁多,花期可控时间长,花大姿丽,有芳香,可作切花,也可种在丛林下、草坪边,亦可作花坛、花境及岩石园材料点缀其中,增加观赏情趣。

15. 花毛茛

学名：*Ranunculus asiaticus*

别名：芹菜花、波斯毛茛、陆莲花。

科属：毛茛科,毛茛属。

产地和分布：原产于欧洲东南部及亚洲西南部。现世界各国均有栽培。

习性：性喜凉爽及半阴环境,忌炎热,不耐寒,畏霜冻,冬季在 0℃ 即受冻害,南方可露地越冬,北方需要防寒措施。要求腐殖质多、肥沃而排水良好的沙质或略黏质土壤,pH 值以中性或微酸性为宜。

繁殖与栽培要点：繁殖以分球根为主,9—10 月将块根自根茎部位顺自然分离状况掰开,另行栽植。也可播种繁殖,通常秋播,种子需经低温沙藏,沙藏 7～10℃ 条件下经 20 天便可发芽,第二年便可开花。

栽培要选通风良好、有半阴的环境,土壤以排水良好的沙质土壤为好。地栽株行距为 20 cm×20 cm,覆土厚度 3 cm。南方地区可在土壤中越冬,北方地区露地难以越冬,多在盆中栽植,花盆直径不得小于 18～20 cm。地栽土壤、盆栽土要配制成肥沃与疏松土壤,栽植切勿弄断根茎,否则植株无法顺利发芽。春季生长旺盛时期应经常浇水,保持湿润,花期宜稍干,盆栽时要每隔 10 天浇 1 次叶肥。小苗栽植时,长到 10 cm 时摘心,以增加枝量、花量,现蕾后每株选留 3～5 枚健壮的花蕾,以营养集中,提高开花的质量。花后天气逐渐炎热,地上部分慢慢枯黄而进入休眠,此时可将块根掘起,晾干放置于通风干燥处,以免块根腐烂。促成栽培可保持日温 15～20℃,夜温 5～8℃ 为宜。

园林观赏用途：主要用作盆栽观赏和切花栽培，也可植于花坛或林缘草坪里及四周，观赏价值很高。

第四节 木本花卉

1. 牡丹

学名：*Paeonia suffruticosa*

别名：富贵花、洛阳花、花王、木芍药。

科属：毛茛科，芍药属。

产地和分布：原产于我国西部、北部的秦岭、大巴山、嵩山等山区，其他种牡丹也多分布于西北、西南山地。现在华北、华中及西北部分地区广为栽培，以河南洛阳、山东菏泽栽培最盛。

习性：因牡丹对自然分布环境的适应，形成了喜凉恶热、宜燥惧湿而具有一定耐寒能力的生态习性。性喜温暖凉爽的气候，忌高温高湿，在夏季酷暑、梅雨季节闷热潮湿的条件下，易引起生长不良，并导致病虫害的发生。牡丹虽喜光宜空气干燥，但不宜强光暴晒，否则易造成叶片褪色、焦叶并停止生长。花期强光照射、空气湿度低，花期缩短，花瓣萎蔫，因此宜略作遮阴或利用建筑、树木进行侧方庇荫。要求土壤肥沃疏松、保水透气，忌地势低洼、地下水位高、土壤黏重和通气不良，否则易造成根系腐烂、植株死亡。因此地势高燥、土壤深厚、肥沃疏松是牡丹栽植的必备条件。

繁殖与栽培要点：以播种、分株、嫁接的方法繁殖苗木。种子9月上旬成熟，采种后立即播种，播种前用浓硫酸浸种2~3分钟，或95%的酒精浸种30分种，也可用50℃温水浸种24小时，软化种皮促进萌芽。入冬前可萌发长出胚根。种子上胚轴需要经过一段休眠期才可萌芽，秋播当年只长胚根不萌芽出土，来年萌芽出土，秋季即可移栽，播种繁殖多用于培养砧木和育种。分株繁殖可保持品种的优良性状，宜在秋季进行，将母株掘出，去除附土，置阴凉处晾2~3天，待根系变软，根据株丛大小分成数株另栽，并剪去老根、死根和病根。分株早些可多生新根，分株太晚，新根长不出来易造成冬季死亡。嫁接繁殖多用于种源的扩大、生长较慢的品种，于立秋前后进行，嫁接砧木多用生长健壮的牡丹、芍药根系，根砧粗2~3 cm，长15~20 cm且带须根，待阴干变软后使用。插穗用当年生的健壮枝条，长5~10 cm，带1~2个充实饱满的芽。在接穗下部对称斜削两刀，切口平滑，长2~3 cm，横断面成三角形，将根砧顶部切平，自一侧向下切一直口，长宽近似切口，将接穗插入根段，用胶泥将切口封住或用麻皮等物捆缚，接好栽入土中，接口埋入土中6~10 cm，上部覆土高出接穗10 cm以上，以利防寒越冬。翌年春季撤防寒土，一年生长，插穗可逐步长出自己的根，秋后移植时可剪去砧木根系,形成接穗品种本身独立植株,有利于接穗的生长。

牡丹以地栽为主,少量盆栽只作短期观赏。地栽要选择土壤肥沃深厚、排水良好和地下水位较低且略有倾斜的向阳背风地区栽植,并在植前施入足量的有机肥,反覆混合均匀。定植穴深不得小于60 cm,植苗时根系要垂直伸展,不能窝根,埋植深度以原苗木的深度为准,然后踏实灌水。牡丹秋植为好,入冬前可长出新根,苗木顶芽丰满,第二年春季可以开花。春季栽植需带土球方有利于成活。牡丹生长量大,花多叶繁,需消耗大量养分、水分,一年施肥3次,春季化冻后施入促进花蕾发育和开花的有机氮肥和磷肥,以满足植株需求,补充越冬后植株体内的养分不足。第2次是花后施肥,以恢复植株长势,促进花芽分化。冬季封冻前施入第3次肥以补充土壤肥力,促进根系生长,为第二年生长提供营养物质。有机肥腐熟后方可施入,以免对植株造成伤害。浇水应视土壤湿度进行,水量不可过大,半小时渗完为止,浇完结合中耕松土保墒,常年养护以中耕松土、除草为主,雨季注意排水防涝。

修剪是保持生长健壮、花多花大的措施之一。春季4月初新芽萌生出土后,选择均匀分布、健壮的5~7个新枝,其余去除,并剥开土面,去除根茎部萌生的全部土芽,以减少养分消耗。为保证花大色艳,每枝上只保留1个壮芽,其余抹去。5—6月进行花后修剪,保留每个当年枝上基部的两个芽,其余全部抹去。秋季结合嫁接进行整形,主枝过老,应有计划地逐年更新,每年先留1~2个嫩枝,逐步取代衰老的老干,其余的新枝去除,或做嫁接的接穗,或可分株。牡丹可在冬季催花盆栽观赏,秋季将有充实花芽的苗木起出,晾晒后浸水一昼夜,后假植于低温温室的沙床中,经常洒水保持沙床湿度。到春节前两个月将植株上盆,浇透水,置于中温温室中,保持室温15~16℃,随芽的膨大逐渐升温,花蕾外萼片展开时,室温到20℃,此时浇1次透水,温度随花蕾生长逐渐提高到28~30℃,此时需适当喷水和通风,当花蕾显色时,可移至低温温室,不让见光,保持含苞待放的状态,随时可出售。

牡丹病虫害较多,可采取喷波尔多液等药剂预防、更换新土或剪去患病部分、挖去病株烧毁等方法防治。

园林观赏用途:牡丹有"国色天香"之称,雍容华贵、馥郁芳香,自古尊为"花王",称为"富贵花",象征着国家的繁荣昌盛,是我国的传统名花之一。多植于公园、庭院、花坛、草地中心及建筑物旁,为专类花园和重点美化用,也可与假山、湖石等配置成景,亦可作为盆花室内观赏或切花之用。牡丹的根皮叫"丹皮",可供药用。

2. 玉兰

学名:*Magnolia denudata*

别名:应春花、白玉兰、望春花。

科属:木兰科、木兰属。

产地和分布：原产于我国中部山野中。现国内外常见栽培。

习性：性喜光照，稍耐阴，成年大树则喜阳，喜暖恶寒，但有一定的耐寒能力，在北方-20℃以下的背风向阳处能露地越冬。喜肥沃疏松、排水良好的沙质土壤，能耐弱碱，根系肉质，忌水渍。生长速度缓慢。

繁殖与栽培要点：可用播种、嫁接、压条等方法繁殖。种子9月中下旬成熟，将果实采回摊放于阴处，使果壳自然裂开，取出种子后去除脂性附着物，用清水洗净后播于苗床，第二年出苗，当年可生长50 cm；也可同木兰一样，先沙藏，第二年春季播种。玉兰种子含油，采种、处理和贮藏不宜暴晒，以免失去发芽力。玉兰实生苗7~8年后方可成树开花。嫁接法是解决品种苗不足，促进早期开花的主要繁殖方法，砧木为木兰或玉兰的实生苗，山东菏泽花农多在8月上中旬用方块芽接法，河南鄢陵县花农于9月下旬进行切接，接后培土，将接穗全部掩埋，到第二年春季撤防寒土，待春季接穗发芽后，及时抹除砧木的其他枝条和芽，以保证接穗的成活。压条法繁殖要培育矮化母株或灌丛母株，春季就地压条，约1~2年后方可分离。

露地栽植需选择阳光好、土层深厚、排水良好、土壤肥沃和稍湿润的向阳之地。如在土层浅薄、夏季干旱龟裂的土壤上栽植，生长不良，甚至落叶枯梢。以早春发芽前或秋天落叶后带土球移植，尽量减少枝条修剪量，既保成活，又保树形。初植期冬季需采取防寒措施，盆栽玉兰冬季在霜降前移入温室防寒。玉兰喜肥，每年需施肥3~4次，以有机肥为主。春季花前施用液肥，促进花大浓香，花后6—7月追施液肥，促进花芽分化，为翌年开花做准备，秋季10—11月间环植株附近挖穴施入腐熟的有机肥，为第二年生长打基础。盆栽玉兰施肥则采取勤施稀施的方法，避免肥水过大过浓，造成对玉兰的危害。浇水根据实际情况而定，以经常保持湿润为宜，夏季注意松土除草。玉兰分枝匀称，树冠可自然形成圆锥状或圆头形，不宜随意修剪，主干下部枝条初期保留既可提供生长的充足养分，又能保护主干免受日灼，待树形阔展再修去。冠内发生的徒长枝宜早除去，在保证树冠完整的条件下，通过疏剪适当调节营养空间，有利于花繁叶茂。嫁接的玉兰，须及时除去砧木的萌芽，以免造成与主干并生，喧宾夺主，扰乱树形。

园林观赏用途：为著名的早春花木，唐代以来就被引入园林栽培，花大、白色微碧，芳香似兰，花先叶开放，形成"木花树"；花后枝叶茂盛，绿树成荫，是游览地区不可缺少的重要花木。适于庭院、工厂、公园孤植、群植、列植，或以松柏为背景丛植于草坪，给人以美丽的观赏。花可插瓶观赏。

3. 腊梅

学名：*Chimonanthus praecox*

别名：腊木、黄梅、香梅、蜡梅。

科属:腊梅科,腊梅属。

产地和分布:原产于我国中部的湖北、河南、陕西等省。现全国除华南外各大城市均有栽植。

习性:性喜阳光,亦略耐阴,较耐寒,在北方庭院房屋的南侧可露地越冬,惧寒风,无建筑物遮蔽需扎设风障,能耐旱,故有"旱不死的腊梅"之说。适宜疏松肥沃、排水良好、土层深厚的沙质土壤,不适于在碱性土壤或黏重土壤上生长,忌水湿。耐修剪,萌蘖力强。

繁殖与栽培要点:以嫁接繁殖为主,亦可分株、播种。嫁接以切接为主,其次是靠接。切接时间在3~4月芽萌动如小麦粒大小时进行,若接穗萌芽太大则不易成活。接穗应选用二年生充实枝条,或一年生发育充实枝条,并提前剪顶促使养分集中,以利成活。接穗长7~8 cm,留2~3个芽,砧木选用狗牙腊梅或实生苗,苗龄大于二年,切接绑扎完后涂上泥浆,用土把切口封住,1个月后扒土检查成活情况。当年可长0.7~1.0 m,秋后落叶,打顶定干,促发新枝,便于造型,2~3年后可望见花。靠接在春、夏均可进行,以4—5月为宜,靠接腊梅可当年成株,但树形较差,生长慢。分株法繁殖管理得当,分株苗一年后即可开花。分株母株当年落叶后,于地面30 cm全部短截,翌年早春将每株四周土壤掏空,用砍刀将外围株丛与母株劈开,保留每株几个主枝继续生长,每个劈下的分株必须带有较多须根,以保证分株苗成活。播种繁殖可于7月果实成熟后随采随播,也可采后把种子晾干贮藏,播种前温水催芽,2—3月播种。健壮实生苗3~4年开花。

腊梅在华北地区多于庭院中或建筑向阳背风面露地栽培,移栽时要带土球,并短截,每个生长枝保留3~5个节。伤根过多可进行截干,移栽后生长均较不修剪者好。腊梅喜肥,冬春开花,修剪后施肥1次,促进生长季枝叶生长,秋末冬初是花芽分化的关键,秋季施肥1次促进花芽分化。地栽腊梅多不灌水,仅在入冬后浇1次冬水。盆栽腊梅,盆土要选用疏松肥沃、含腐殖质多的培养土,每年花谢后,应翻盆换土,并加施基肥,生长期内每20天施有机液肥1次,生长季节土壤保持50%的湿度为宜。夏季高温,每日浇水1次,必要时叶面喷水保湿。多雨时则注意排水,避免积水。腊梅生长过程中要有一个良好的形态和花量,必须通过修剪加以调整。地栽腊梅,多任其自然丛生繁茂,每年夏季将生长枝每4~5节进行摘心,或冬季花后叶子未生出前,一部分花枝留基部两芽短截,使其萌发新枝促进形成更多的花芽,另一部分枝条轻剪长放,每枝留15~25 cm,发出较多的短花枝。盆栽腊梅除了观花外,栽植中可修剪成各种艺术造型,如屏肩型、龙游型、独身式和多身式等,或利用老根修成树桩盆景,既赏花,又赏型。

园林观赏用途:为我国传统观赏花木,寒冬腊月傲雪怒放,花色明艳,黄亮似腊,幽香远溢,为冬季观花佳品。盆栽植株经艺术加工造型,更是千姿百态,生意盎然;露地腊梅冬季花放之时给寂寥的庭院增添景色。盆栽腊梅是冬季室内名贵的芳香花卉,或置室内、或置案几装饰。

4. 月季

学名:*Rosa chinensis*

别名:月季花、长春花、月月红、四季蔷薇。

科属:蔷薇科,蔷薇属。

产地和分布:原产于我国华南、西南等省。现栽培品种我国各地均有分布。

习性:具有较强的适应性,为耐寒、耐旱、耐修剪的阳性花木。光照不足时,茎枝细弱徒长,叶片薄、黄,花小色淡,香味不足。但过于强光照射对花蕾发育不利。喜温暖,气温为22~25℃适宜,高温对开花不利,花量以春、秋两季为大。对土壤要求不严,在疏松肥沃的中性腐殖土中生长最好,要求排水良好。

繁殖与栽培要点:播种、扦插、压条、嫁接和组织培养都可繁殖。播种法主要应用于杂交育种,种子采收后要充分后熟,搓去果皮洗净,进行5℃以下的低温沙藏。早春播于露地苗床或温室盆中,待苗高10 cm左右分苗移栽。扦插法是品种月季繁殖的主要方法,繁殖量大,硬枝、嫩枝均可,一年四季均可扦插。其中以生长季成活率最高,硬枝扦插多在9—10月进行,结合冬季修剪,将修剪下的枝条,剪成10 cm长,留上部一对小叶,下部叶片去掉,插入温室内沙质或硬石类苗床上,入土深度为插条的1/2或1/3,约50天生根,第二年春季开始移栽。嫩枝扦插一般于5—8月进行,花后及时将残花带1~2个复叶剪除,经1周养分积累,适时剪取,带3个芽节作插条,长度为14 cm,去除下部叶片,保留上部2片小叶。随采随插,插后浇足水,遮阴1周,每日喷水2次,保持湿度,不宜过湿,半月后早晚可见光,1个月生根。也可采用"全光间歇喷雾扦插床"进行扦插,生根率高,缩短扦插时间。家庭养花还可采用水插法,于春秋季进行,置于室内弱光或阴凉处,温度不超过30℃,约20天愈合伤口,1个月后长出新根,新根长到3~4 cm后,即可移栽。嫁接多用于扦插不易生根的品种、种苗少的优良品种及生长势差的品种,也用于一树多种的观赏嫁接,多采用春季枝接,秋季芽接。砧木可选择野蔷薇、玫瑰、十姐妹或一些长势健壮旺盛的品种,如伊丽莎白女王、白玉堂等。组织培养是现代繁育优良品种月季的主要方法,可在短期迅速扩大生产量。由于月季的观赏多样性,栽培环境复杂,需要采取不同的养护措施。

露地栽植主要针对绿化美化、切花生产的月季品种,选择生长健壮、开花勤、花量大、花型美、花色好、适应力强、抗病性强的品种。地栽应在休眠期内带土球栽植,也可先上盆培养,随时脱盆栽植,栽植土壤需深翻并施入底肥,栽植后要经常松土除草,干旱时期灌溉,入冬前开沟施入基肥,灌足冬水,抗寒性差的品种修剪后覆土防寒。切花月季生长季节,每15~20天施1次腐熟的有机液肥,每次施肥及时浇水,松土除草,以利土壤疏松和减少养分消耗。修剪是调节月季开花和生长的主要措施,要想多开花、多发侧枝,就需要经常进行修剪,以减少不必要的养分消耗。同时修剪是调节花期的重要手段之一。一般可在需要开花前的 40~50 天修剪,如需国庆节开花,应在 8 月 15—20 日进行修剪,元旦、春节开花,应在 10 月 20 日左右修剪,"五一"节用花,应在立春后 2 月中下旬进行修剪。一般是生长季轻剪,冬季重剪。

温室栽培主要针对切花、盆栽月季冬季观赏用。土壤加施泥炭或腐叶土及部分腐熟基肥,盆土可用腐叶土 4 份、园土 2 份、沙土 1 份及部分腐熟基肥或马蹄掌配制。盆花每年根据株形生长翻盆换土,生长期内采取"薄肥勤施"的原则,配合生长适时适量追肥,一般每 10~15 天施 1 次有机液肥,忌生肥和浓肥。冬季温度掌握在白天 20~25℃,夜间 13~16℃。浇水可采取自动喷灌、滴灌的方法进行,避免水大烂根。切花品种大约每 6~8 周要重复 1 次抽芽、长枝、开花过程,盆花则要长得多,也可根据不同生长情况适时补充养分,并针对需求采取配方施肥,温室栽培。要调整通风、光照、温度,加强修剪,控制枝量,避免病虫害发生,保证花大色艳。

园林观赏用途:品种繁多,树姿优美,花型花色各具一格,花开四季不断,色彩丰富,芳香宜人,为古今中外众人所爱的木本花卉,现已成为绿化、美化、香化环境的最佳植物材料。可作庭院、公园的花坛、花带、月季花园等景点布置,也可盆栽用于花坛、厅内花群、窗台、案几上的装饰。切花可做花篮、花束和插花。

5. 山茶

学名:*Camellia japonica*

别名:耐冬、海石榴、曼陀萝等。

科属:山茶科属。

产地和分布:原产于我国江南一带,日本也有分布。现我国有 190 多种。

习性:是暖温带树种,喜冬季温暖、夏季凉爽湿润的气候条件、不耐寒冷,越冬气温不得低于 10℃,惧日光暴晒,在疏荫下生长良好,北方以温室盆栽观赏。栽培土壤要求肥沃、湿润、疏松、排水性能良好,pH 值 5.0~6.5 之间的酸性土,在碱性土壤或渍水条件下会逐渐死亡。

繁殖与栽培要点:多以播种、压条、嫁接、扦插等方法进行繁殖。播种主要用于单瓣品种、实生苗的繁殖和新品种培育。种子成熟后立即播种,不可储藏,以免丧失发芽力,在 18~20℃温度下 10~30 天即可发芽,播种苗需 5~6 年生长方可开花,故用作繁殖砧木的居多。扦插多于 4—8 月间进行,以 6 月为最适期,于荫棚下做床扦插,床土以沙质土壤或素沙土,插穗取当年生健壮、叶片浓绿、长 10~15 cm 的枝条,保留 2~3 片叶,下部叶须剪去,插时深度可到上部叶片处,插后要保证土壤与插穗紧密结合,保证土壤适度湿润,每天向叶面喷雾 2~3 次。20 天后伤口愈合,约 60~100 天生根,扦插苗到第二年可抽生新枝。压条繁殖多在生长季进行,选择健壮的一年生枝条,做1 cm宽的环状剥皮后,伤口用塑料袋填腐叶土包扎,并保持湿润,待2个月后生根,剪下上盆。此法成活率高,但繁殖量小。嫁接繁殖既可以解决优良品种枝发根困难的矛盾,也可加快苗木的繁殖和生长速度。靠接法工作量大,管理不便,应用量少,但成活后生长较快。枝接多于3月、6月在室内采用切接法进行,接穗带叶片1～2枚,对好切口后用塑料布包扎,遮阴,保持温度30℃、相对湿度80%左右时,成活率较高。此类嫁接是山茶大量繁殖的主要方法。

山茶在南方多以地栽为主,种植于庭院或风景区阴坡、高大林木的边缘。北方盆栽观赏。由于该花自然花期在冬季和早春,应进入中温温室越冬,夏季则置于荫棚中养护。注意通风、防暑降温和空气湿度。山茶喜肥水忌碱性土壤,南方陆地栽植的植株,秋季施基肥,生长期内进行适当追肥。盆花栽植时,为了保证盆土养分,通常花后换盆,以增加土壤肥力,降低碱性,促进山茶根系生长。配置的盆土宜疏松土壤,多为壤土与腐叶土或草炭混合,并加适量沙土。生长期内除开花外,均采取每周追肥1次。为了改良土壤碱性的特点,可采用"矾肥水"与清水间浇,既保持土壤的酸性,又可增加土壤肥力。"矾肥水"配制:水200～250 kg,加入硫酸亚铁2.5 kg,豆饼5 kg,混合沤制,经过10天、半月腐熟后稀释成0.1%浓度便可使用。10月中下旬将山茶移入中温温室并再追肥1次,此时需要充足的光照并加强通风,以避免造成落蕾或引起褐斑病。无论地栽或盆栽,不能让其受到阳光暴晒。

园林观赏用途:为常绿的大型木本花卉,花大艳丽,花型丰富,花期长,树姿优美,是极好的庭院美化和室内装饰材料。江南大部分地区常散植于庭院、花径、林缘或建山茶花观赏园等。盆栽多用于会场、厅堂布置。

6. 梅花

学名:*Prunus mume*

别名:春梅、红梅、干枝梅。

科属:蔷薇科,李属。

产地和分布:原产于我国江南及西南地区,现在南方成片地栽,北方多为盆栽。

习性:适应温暖湿润的气候,具有一定的耐寒性,在华北地区栽植多选择抗寒性强的品种,并植于背风向阳面。要求有充足的光照和通风良好的条件,对土壤要求不严,颇能耐瘠薄土壤,但终以深厚、疏松肥沃的土壤为好。不耐积水。

繁殖与栽培要点:以播种、嫁接、扦插、压条等方法繁殖,以前两种为主。播种繁殖主要用于一般品种繁殖或砧木繁殖。夏季果实成熟采摘摊于阴处晾晒,去除果肉,秋季播种;或沙藏一冬,春季播种,作垄进行点播。嫁接多用于名贵品种的扩大繁殖,所用砧木为桃、山桃、杏、山杏及梅的实生苗,其中以杏、梅的砧木寿命最长,抗性强。

可采用切接、腹接、靠接或芽接,不同地区采用的方法及嫁接时间均有不同,在南方,潮湿多雨,嫁接时间长,春季采用切接,7—8月芽接,"秋分"时进行腹接。北方7—8月芽接成活率较高。

　　露地栽培要选择排水良好的干燥地,每年于花后追施1次有机肥。天气不旱不浇水,北方除生长季旱时需浇水外,进入休眠期时仍需浇冻水,南方可省去这一措施。梅花的整形以美观不呆板的自然开心形为主,修剪方法以疏剪为主,短截以轻剪为主,每年花后进行修剪,剪去枯枝、病枝、徒长枝,形成所需要的形态。修剪过程中注意保护新枝条,促成短枝及花芽,对一年生枝重剪,留2~3个芽,当叶芽生长、新枝长出5~7片叶时,可在3~4片叶间摘心。控制秋梢萌发,以节省养分消耗,在7—8月实行"克水"管理,并通过病虫害防治保叶以促进花芽分化。

　　盆栽梅花栽培养护要细致,主要体现在以下几点:盆栽土壤以园土1份、沙土2份、饼肥1份;或园土5份、沙土2份、腐熟马粪3份配置而成,每年花后翻盆换土,然后移置室外,浇透水1次。盆花一年生长季内追施3次有机液肥,6—7月花芽分化期增施适量磷钾肥。要特别注意浇水量的控制,抑制营养生长,控制枝条不再发生秋梢,以利养分积累促进花芽分化。在花谢后,新梢长到20 cm左右时,适当"扣水",使盆土带干,嫩枝、嫩叶梢呈萎蔫状时,再浇七成水,反复多次,至新梢停止生长,顶芽逐渐出现枯尖,以后逐渐浇水恢复正常。掌握此法可促进花芽分化,翌年花量增大。梅花喜湿润但怕涝,一年中春季须控水促花芽分化,夏季蒸发量大,须日浇1次水,喷水1次。冬季可每周浇水1次。秋季落叶后将盆移入低温温室或冷窖,12月初移入阳光充足的温室,温度控制在7~10℃,至春节前即可开花,可用调控室温加快开花或延缓花期。梅花造型是欣赏价值的重要组成部分,须采用整形修剪调整。通过重剪,形成矮小树体。每年春季有目的地整枝造型,根据方位选择适宜的3~5枝为主枝,待长出新枝20 cm左右时进行摘心。新枝长成后,剪去弱枝和徒长枝,留下中庸枝条,促使形成花芽。入冬后,长枝留5~6个芽短截,短枝留3~4个芽短截。经修剪后,翌年花大充实,色泽鲜艳。桩景造型,除了平常的整形修剪外,对细枝要尽早进行蟠扎,强枝可通过劈折、刻伤等方式强作树形。通常利用花果梅作砧,嫁接梅花数枝,再经过整形,可形成格调高雅、古朴苍劲、曲折多姿的梅桩盆景。

　　园林观赏用途:梅花作为中国名花,栽培历史达2500年以上,由于其古朴的树姿、素雅秀丽的花姿花色、清而不浊的花香,深受我国人民的喜爱,在江南一带广为种植,有形成规模的梅园、梅岭等。梅花最宜成片植于草坪、低山丘陵,成为季节性景观。也可孤植和丛植,植于建筑物一角,配置山石,或与松、竹混合栽植成"岁寒三友"。用梅花做盆景,姿态苍劲,暗香浮动,具有极高的观赏价值,可置于厅堂及案几上进行装饰,也可作切花瓶插进行室内装饰。

7. 紫丁香

学名：*Syringa oblata*

别名：丁香。

科属：木犀科，丁香属。

产地与分布：原产于我国东北、华北、西北及华东北部。现全国各地均有栽培。

习性：多生在海拔300～2 800 m的山坡林缘及灌木丛中或河谷、沟头缓坡地上，喜阳光充足，稍耐半阴。耐寒、耐旱、耐空气干燥，但不耐高温及潮湿，忌积水。在中性至微碱性土壤上均生长良好，要求排水良好的富含腐殖质的土壤，在黏性土壤中生长不良。瘠薄土地也能生长，但生长瘦弱，开花细小。

繁殖与栽培要点：繁殖可以播种、压条、扦插、分株或嫁接。播种繁殖很难保证原有性状，家庭繁殖多从根蘖分株。丁香播种多在春季，开沟条播。播前将种子在0～7℃低温下层积1～2个月，播后14天即可出苗。出苗适温为20～25℃。一般分株苗开花早，因其已生长几年了。分株在清明后于芽萌发时掘起植株，1株丛劈分成若干株，每株留2～5根枝条，每枝条留25～30 cm，其余剪除，栽于畦中，株距50 cm左右。栽后连续灌水3次。靠接可用二年生小叶女贞为砧木，夏至后与二年生丁香靠接，约50天后切离，置阴凉处。优良品种嫁接多用丁香实生苗。扦插可于花后1个月剪取当年生半木质化枝条作插穗，插前用100～200 mg吲哚丁酸溶液浸插穗基部18个小时，生根率很高。早春扦插需在前一年落叶将插条剪下沙藏。

露地定植丁香时挖坑不要太深，可混少量泥炭作基肥，土质黏重换用沙质土。常年养护要常松土，不必多施肥，保持土壤适当湿度，一定注意防涝。整形一般于秋末或早春进行。成苗后也要常剪除蘖苗和过密内膛枝。在夏季高湿高温时期注意防治叶枯病等。

园林观赏用途：枝叶茂密，花序硕大，芳香袭人，是著名的庭园美化树种，园林中普遍应用。可单株栽在居室或办公室窗外，或丛植、片植于路边、草坪、林缘。与其他树种配植效果也较好，矮小的种类适宜盆栽。也可作切花用。花可提取丁香油。一些品种对SO_2等有毒气体有较强的抗性，适于矿区绿化美化。

8. 石榴

学名：*Punica granatum*

别名：安石榴、海石榴、若榴、丹若、山力叶。

科属：石榴科，石榴属。

产地和分布：原产于伊朗和地中海沿岸国家，公元前2世纪传入我国，以陕西、河南、山东等地栽培最多。

习性：属暖温带树种，喜阳光充足及温暖气候，叶芽萌动期要求温度在10℃以上,冬季休眠期温度不得低于-18℃,西安可露地越冬,北京常作盆栽入室越冬。对土壤要求不严,在微酸性、弱碱性土上都能生长,而以排水良好肥沃沙壤或轻壤土为宜,忌风寒,不耐涝而耐干旱瘠薄土壤。10年后达盛果期。

繁殖与栽培要点:可用扦插、切接、压条、分株及播种繁殖。扦插繁殖较为广泛。扦插采一年生发育良好并带顶芽的枝条,截成20~30 cm,可直接扦插或捆埋入土中灌水,1个月后见愈伤组织后再插入土中10~15 cm,扦插后、生根前,保持土壤湿度,提高成活率。一般5~6天灌1次水。第二年春季移栽1次,2~3年出圃。株型矮小的花石榴可用播种繁殖,种子采后沙藏一冬,翌年春季条播或点播于高畦上。北方寒冷地区在采种后立即盆播,播后上覆土0.5 cm,保持土壤湿度并于高温温室养护,大约30天后出苗,翌年5月可分苗上盆。地栽植株每年需重施1次有机肥料。盆栽加肥培养土上盆,1~2年翻盆换土1次。生长旺季应追施液体肥料。

观花石榴可促成栽培。北京地区小雪节气后由低温温室移入中温温室,芽萌动时施少量有机肥,大雪后加温催花,由17~18℃逐渐增至24~25℃,同时每天浇水,上、下午各喷水于枝叶,1月下旬可促成,供春节观赏。为延长花期,可逐渐降低温室温度至17~18℃。催花时需阳光,阳光不足或温度过低会引起烂花落叶。

园林观赏用途:是观花观果的花卉材料。石榴栽培种分果石榴和花石榴两大类。果石榴植株高大,着花少;花石榴植株矮小,着花多,1年可多次开花,花期长,果实小。果石榴以食用为主,也可观赏,花单瓣,我国有近70个品种;花石榴观花并观果,如红穿心花、白穿心花、月季、打鼓锤、殷红花等。石榴宜在庭院、阶前、墙隅、山坡及草地一隅种植。小型盆栽的花石榴可用来摆设盆花群,大型果石榴可作主体陈设。

9. 扶桑

学名:*Hibiscus rosa-sinensis*

别名:朱槿牡丹、大红花。

科属:锦葵科,木槿属。

产地和分布:原产于我国和东印度。现我国华南、西南地区均有分布。

习性:喜温暖,不耐寒,属强阳性植物,不耐阴。在长江流域及北方只能作盆栽花卉。要求富含腐殖质的肥沃土壤。

繁殖与栽培要点:可用扦插、播种和嫁接法繁殖。扦插繁殖可保持品种的特性,是扶桑常用的繁殖方法。插穗老枝、嫩枝均可,于5—6月间剪取一年生半木质化粗壮枝条,插穗长10cm,去除下部叶片,保留上部叶片2枚,并剪去叶片的1/2~1/3。扦插深度为穗长的1/3,浇透水,覆盖薄膜,保持空气湿度,温度20~25℃,30~40天即可生根,45天左右上盆。播种繁殖多用于杂交育种,扶桑种子多硬实,需通过刻伤种皮或在浓硫酸中浸5~30分钟腐蚀种皮,用水洗净后播种,适温20~35℃,3天左右发芽。嫁接繁殖是针对品种长势弱或需在短时间内扩大苗木量采用的方法,砧木选择生长健壮、适应性强的品种。

培养土用腐叶土或泥炭加 1/4 的河沙和少量的基肥配成,扦插苗上盆后需适当遮阴,新梢生长后放在阳光下养护。成花每年春季换盆,同时进行修剪。扶桑为新梢开花,每年的重修剪以保证有旺盛枝条抽生,每周施 1 次液体肥料促进生长。扶桑耗水量大,生长季要有充足水分,要每天浇 1 次水。但忌盆土积水。雨季垫盆避免积水。10 月中旬移入高温温室越冬,翌年 5 月移出室外。

园林观赏用途:是我国的名花,枝叶扶疏,花朵硕大,花色丰富,艳丽多姿,且花期长。可作为庭园花卉丛植于建筑、林木边缘,也可成片栽植,还可植为花篱,或显山花烂漫,或造成落英缤纷的景观。北方盆植,既可露天陈设、布置花坛,也可厅室摆放。

10. 八仙花

学名:*Hydrangea macrophylla*

别名:绣球、阴绣球、斗球、粉团花。

科属:虎耳草科,八仙花属。

产地和分布:原产于我国南方,属暖温带半耐寒性落叶灌木,在长江流域以南均可露天栽植,北方盆栽。

习性:性喜温暖湿润的气候,忌烈日直晒,喜半阴环境,要求富含腐殖质、排水性良好的酸性土壤。碱性土壤易造成八仙花出现缺铁现象,生长衰弱。土壤酸碱度不同对花色变化有影响。

繁殖与栽培要点:用扦插、压条、分株进行繁殖,以扦插为主。硬枝扦插于植株未发芽前切取枝梢 2～3 节,进行温室内扦插;嫩枝扦插于发芽后到新梢停止生长前进行,5～6 月效果最好,于荫棚下进行,将剪取的嫩枝扦插于河沙中,适温 18～20℃,保持空气湿度,10～20 天生根。压条用老枝、嫩枝均可,春季压条,雨季即可切离。分株是在春季换盆时将子株与母株分离。

在长江以南作露地栽植宜选择半阴地或疏林地,地上部木质化不完全,冬季易受冻害并枯梢,造成树形混乱;春季宜重剪,仅留茎部 2～3 个芽,新芽长到 10 cm 时,摘心 1 次,则可分枝多,开花繁茂。在盆栽环境下,根系吸收养分受到限制,除翻盆换土时把壤土、腐殖土、河沙加部分基肥配制成营养土外,生长期内每隔 2 周追施 1 次稀液肥,促进枝叶生长和花芽分化。为保证土壤呈酸性,施肥以配制硫酸亚铁与其他有机肥沤制的液肥为主。八仙花忌积水,但叶片肥大,蒸腾量大,又易受旱,故在旱季要注意浇水,雨季要注意排水。盆栽八仙花春暖后移至室外荫棚下养护,8 月以后增加光照,促进花芽分化,10 月移入低温温室,控制浇水,室温保持在 3～5℃,充分休眠 70～80 天。若春节供花,可于移入温室时,翻盆换土,进行短剪,将室温控制在 20～

30℃,新芽萌发后即加强水肥管理,春节前即可开花。在此期间须阳光充足,保证足够的水分和空气湿度。花后,应及时修剪、换盆,以利植株恢复长势。

园林观赏用途:花大色美,花期长,为耐阴花卉,是江南著名观赏植物。种植于建筑物北面、林荫下,或湖畔水边,可植成花篱、花境,或成双植于门口两侧;盆栽可用于布置会场、厅房,或装饰案几和窗台。

11. 珙桐

学名:*Davidia involucrata*

别名:水梨子、鸽子树、水冬瓜。

科属:珙桐科,珙桐属。

产地和分布:原产于川鄂及黔湘交界山区。现在我国分布很广。

习性:耐寒性不强,适于1月平均最低温度-3～-5℃以南地区栽培。喜半阴和温凉湿润气候,尤喜空气湿度高,不耐瘠薄,不耐干旱,幼树生长缓慢,喜阴湿,成树趋于喜光。宜生长在肥沃疏松、深厚湿润和排水良好的酸性或中性土壤中。浅根性,侧根发达,萌芽力强。

繁殖与栽培要点:可播种、压条或绿枝扦插,亦可嫁接。播种繁殖,秋季果实成熟时采收,堆沤后熟,去除肉质果皮,清水漂洗种子后置于0℃以下冷藏。第二年春天播种,3月于苗床上条播,行距30 cm,播后覆土,大约2～3个月以后出苗。苗期设置荫棚,以防日灼之害。经常浇水保湿,追施液肥,培育壮苗,苗高70 cm即可移栽。生长期利用苗木或成树的枝条进行压条或绿枝扦插。

移栽宜在落叶之后或春季芽苞萌动前进行,中小苗可裸根移栽,大树需要带土球移栽。起苗不宜多伤根或伤顶芽,对地上枝条适当地进行修剪。栽植穴根据苗木规格定尺寸,要求穴大底平、苗正根展、压实泥土、灌足定根水,立支柱支撑好树体。在日常养护中,及时进行浇水施肥,顺树势进行树冠扩展、疏透的修剪整形,有利成花。天然生长的树体15～18年方可开花,人工栽培的7～10年就开花。害虫有天社蛾、金龟子、地老虎等,可用90%的敌百虫800～1 000倍液喷洒苗床或苗木。

园林观赏用途:树体大、树形美,在开花季节似万羽白鸽栖息树端,壮观美丽。适宜作行道树在园林绿地中种植。

12. 紫薇

学名:*Lagerstroemia indica*

别名:痒痒树、满堂红、百日红。

科属:千屈菜科,紫薇属。

产地和分布:原产于亚洲南部及澳洲北部。现我国华东、华中、华南及西南地区均有分布,各地普遍栽种。

习性和分布:适应性很强,喜光照,稍耐阴,喜温暖气候,也有较强的耐寒性,在北方一些地区均能越冬;喜肥沃、湿润而排水良好的沙质土壤,也能耐涝耐旱。

繁殖与栽培要点:多采用播种、扦插和分株进行繁殖。播种,紫薇的种子生产量大,播种可得到大量健壮整齐的苗木,秋末采集种子后,第二年春季条播,幼苗期需庇荫,冬季幼苗需防寒。由于种子变异大,播种苗易造成品质差异。紫薇扦插成活率高,可春季硬枝扦插,也可夏季嫩枝扦插。扦插可以保证所繁殖的植株品质相同,花色一致。分株用于3—4月初或秋天将植株根原萌发的蘖苗带根掘出,适当修剪根系和枝条,另行栽植。

露地栽培选择阳光充足、排水良好、较肥沃的土壤条件,于春季移植。生长期保持土壤湿润。树形根据园林需要多修成丛状、桩景状和大树形状。开花多于一年生枝条上,为使花期长,花序大,必须采取短截和疏剪,去除枯瘦、病虫枝条,减少弱枝的养分消耗,促发壮梢,以利增加花量。盆栽植株,要保证土壤养分,生长季每隔半个月追施1次液肥,休眠期采取重短截和强疏枝,减少枝量,保留下的枝条仅留2~3个芽短截,以保持盆栽植株的冠径。

园林观赏用途:具有优美的树形,树皮光滑,花朵繁密,花色艳丽,开花期正处于夏秋少花季节,且花期长达数月。适于种植在庭院和建筑物前,也可栽在池畔、路边,还可采用盆栽或作切花观赏。

13. 樱花

学名:*Prunus serrulata*

别名:山樱花、山樱桃、福岛樱。

科属:蔷薇科,李属。

产地和分布:原产我国及日本、朝鲜,分布较广。尤其是被日本视为国花,在花型、花色、花期等方面逐渐形成一个观赏体系,成为春季的一个观赏风景线。

习性:具有很强的适应性,且因变种生长地理位置不同,生态习性差异大,有一定的抗寒性,除过于低湿外,寒暖之地均能生长。喜光、根系较浅,不抗风,喜排水良好、肥沃深厚的土壤,在微酸弱碱土壤中也能生长。

繁殖与栽培方法:采用播种、嫁接、扦插等方法繁殖。播种法主要用于杂交育种、播种繁殖变异性小的品种和砧木的繁殖。果熟后采摘,去除果肉,进行沙藏。春季播种,3年苗高可达2m。嫁接砧木选用山樱、野樱,采取春季枝接、夏季芽接成活率较高。春、夏均可扦插,采取"全光间歇喷雾扦插床"繁殖,生根率较高。

春季,樱花移植无论是裸根还是带土球均可,尽量注意保持根系完整,对裸根苗采取重剪,土球苗要进行疏剪,容易成活。园林露地栽植采取大穴定植,施入有机肥以改良土壤。种植深度与原栽痕一致,切忌过深,根系水平范围的土壤要疏松,防止黏重与不透水,新栽树要保证水分供给。为促进生长和成花,落叶后发芽前各施肥1次。盆栽樱花5—6月追施液肥3~4次,以促进花芽分化和分枝;地栽植株在养护中不必经常浇水,春天旱季经常向树冠喷水可保证叶面清洁。叶片发黄和生长不良时,应浇灌硫酸亚铁500倍液。日本栽培樱花的经验是樱花不耐修剪,樱花为去年充实的枝条的顶芽及顶芽下数芽开花,因此修剪应在花谢后开始进行,通过对开花枝适当的短截,并对细弱枝条或徒长枝疏剪,调节内膛通风透光的条件。每年10月底将盆栽移入冷室,春季3月底移盆室外。

园林观赏用途:妩媚多姿,轻盈姣妍,繁花似锦,是春季的重要观赏树木。以群植为佳,在公园和名胜区内进行群植,景色更加迷人。高大品种也可于庭院内、建筑物前孤植。盆栽若精心蟠扎,作桩景造型更能给人以美感。

14. 木槿

学名:*Hibiscus syriacus*
别名:朱槿、朝开暮落花。
科属:锦葵科,木槿属。
产地和分布:原产于我国,分布面极广,以北方栽培为主。
习性:喜温暖湿润气候,喜光,也有一定的耐阴能力。具有耐寒能力,在华北和西北大部地区均能露地越冬。对土壤要求不严,能耐土壤瘠薄,萌蘖力强,耐修剪。对二氧化硫、氯气等有一定的抗性。但不耐旱。

繁殖与栽培要点:可采用播种和扦插繁殖,因实生苗生长慢,故只有育种采用。木槿枝条易发根,以春季采硬枝扦插的成活率高,于3月中旬采一年生枝条,剪成15 cm长,插于苗床或容器中,当年苗高可达70~80 cm,第二年截干可培养成丛状植株。

以露地栽培为主,定植时稍深栽。花木遇旱常幼枝干枯,叶片提前脱落,花期短,需经常浇水。在养护中应针对枝条生长旺盛造成枝冠过密,采取适当疏枝,保持营养空间,可疏去衰老枝条、小枝和过多的长枝条,以利生长出健壮枝条,形成长花枝,延长花期。木槿枝条柔软纤长,可编成各种图案。

园林观赏用途:为北方夏季花期较长的花灌木,植株高大,着花甚多。多丛植于草坪、林缘,也可修剪成花篱。木槿抗烟尘及有毒气体能力较强,为优良环保树种。

15. 刺桐

学名:*Erythrina variegata*
别名:象牙红。
科属:豆科,刺桐属。
同属的有龙牙花(*E. corallodendron*):总状花序腋生,短或长达30 cm以上;花深红色,花期6月。

产地和分布:原产于印度、马来西亚等热带亚洲国家,龙牙花产于热带美洲。我国华南地区引种刺桐已有较长历史,已成为当地乡土树种。龙牙花在华南及华东地区多有栽培,北方也有盆栽。

习性:性喜高温高湿,不耐寒冷,南方较寒冷年份易受冻害,为喜光树种,稍耐阴。适生于肥沃、疏松、湿润的酸性土壤,在干旱瘠薄土壤上生长不良。该树种生长快,萌芽力强,耐修剪,既可在南方培育成乔木,也可矮化盆栽观赏。

繁殖与栽培要点:可采用播种、扦插繁殖苗木。荚果采后置于通风处阴干,可随采随播,也可混干沙贮藏到春天播种,或置于5℃左右低温处贮藏。播种前用60℃温水浸种一昼夜,条播,实生苗可1~3年出圃,主要用于行道树或栽植大乔木。实生苗多三年后方可开花观赏。扦插于早春芽未萌动时,剪1~2年生枝条,截成15 cm长一段,插入苗床中,发根即可移植。苗期生长较快,一年苗即可定植,第二年即可开花。用粗枝或小树干扦插,当年即可成景。

刺桐根系肥大肉质,因此无论是露地还是盆栽,要求土壤疏松透气、保水、保肥。露地栽植多选择地势高、排水良好的地段,定植时增施足量有机肥,成株后即不再人工灌水。每年培肥1次,促进生长。盆栽植株应使用加沙培养土,花后需及时进行修剪整形,花前花后追施复合肥,以促进植株生长和形成花芽,北方秋季10月中进入低温温室越冬,进入高温温室仍可开花,但对来年生长不利,温室内养护易受介壳虫危害,须用剧毒内吸药剂杀除。

园林观赏用途:刺桐的花形奇特,花色艳丽,且花期为露地少花的季节,为南方庭院、街道、公园等处的美丽冬花和行道树。龙牙花株形矮小,点缀花丛、草坪,形成"绿叶红花"景观,或盆栽,置于建筑正门两侧作主体摆设。刺桐和龙牙花无论冬季开花还是夏季开花,都是花朵红润吐艳,笑口常开,有喜迎嘉宾、祝君好运的象征。

16. 海州常山

学名:*Clerodendrum trichotomum*

别名:臭梧桐。

科属:马鞭草科,赪桐属。

产地和分布:原产于我国华北、华东及中南、西南等各省份,日本、朝鲜也有分布。现引入园林栽培。

习性:喜光,稍耐阴,较耐寒、耐旱。对土壤要求一般,耐盐碱,在肥水条件好的土壤上生长旺盛,花序大,花量多。

繁殖与栽培要点:以播种、扦插、分株等方法进行繁殖。秋季种子成熟后采摘,进行堆沤后,浸水搓洗掉果肉,即得种子。随即将种子混沙贮藏,春季播种,播后保持温度在20℃以上,发芽率较高。扦插以嫩枝扦插为好,春季气温稳定在20℃以上时,剪取一年生粗壮嫩枝,截成12 cm 一段,保留2个节间的芽,插入沙床,20多天即可生根。分株繁殖较易,植株根系易长出根蘖苗,每年都可从母树附近挖取一些苗木。

为了保持海州常山旺盛生长,将植株栽于土壤深厚、肥沃、光照条件好的环境下,栽植土壤须增施有机肥,并在生长初期保持灌水,保证成活。每年为促进植株萌蘖强,扩大株丛,须增施追肥,促进旺盛生长。枝条萌芽力强,于生长早期剪去衰老的主干或摘去顶芽,促进侧枝萌生。在生长旺盛,花蕾未形成前,通过修剪保持株形圆满。秋季不要施肥,以增加植株抗寒性能,有利于越冬。

园林观赏用途:花序大,花果美丽,一株树上花果共存,白、红、蓝色泽亮丽,花果期长,植株繁茂,为良好的观赏花木,丛植、孤植均宜,是布置园林景色的良好材料。

17. 糯米条

学名:*Abelia chinensis*

别名:茶条树。

科属:忍冬科,六道木属。

产地和分布:原产于我国秦岭以南的各省份低山湿润林缘及溪流两岸。现各地园林中多有栽培。

习性:喜温暖湿润气候,耐寒能力差。北方地区栽植,枝条易受冻害。喜光且耐阴。对土壤条件要求不严,有一定的适应性,耐旱、耐瘠薄的能力较强,生长旺盛,根系发达,萌蘖、萌芽力强。

繁殖与栽培要点:多采用播种、扦插方法繁殖苗木。种子于秋季成熟后采摘,进行沙藏,来年春季播种,播后30~40天出苗,培育一年即可出圃。扦插可于春季用硬枝,将枝条剪成10~15 cm 长的插条,插于沙床上,保持湿度,待生出根系即移入苗床。夏季可采嫩枝,保留上部一对叶片,插于全光雾插床中,保持空气湿度,1个月左右即生根。

移植苗木可在落叶后或萌芽前进行,为保持苗木生长旺盛,栽培前土壤中施入有机肥,对移植苗适当进行修剪。每个生长季增施2次追肥,春季施肥1次,初夏开花前追施1次磷钾肥。干旱季节应及时灌水保持土壤湿润。冬季休眠期针对树势进行树形调整修剪,以保持树形和枝条的更新。

园林观赏用途:树形丛状,枝条细弱柔软,大团花序生于枝前,小花洁白秀雅,阵阵飘香。该花期正值夏秋少花季节,花期时间长,花香浓郁,可谓不可多得的秋花树木。可群植或列植,修成花篱,也可栽植于池畔、路边、草坪等处加以点缀。

18. 广玉兰

学名:*Magnolia grandiflora*

别名:洋玉兰、大花玉兰、荷花玉兰。
科属:木兰科,木兰属。
产地和分布:原产于北美洲东部。现在我国长江流域以南园林中常见栽培。
习性:喜阳光,亦耐半阴条件,茎部受阳光西晒易出现日灼。喜温暖湿润的气候,亦有一定的耐寒能力,且能经受短时间-19℃低温而叶部不受损害,但在长期-12℃低温下,叶会被冻。喜肥沃湿润而排水良好的土壤,忌干燥及石灰土质,在排水不良和碱性土壤上亦生长不良。
繁殖与栽培要点:多采用播种、压条和嫁接进行繁殖。种子富含油脂,不能贮藏过夏,采取随采随播的方法,种子处理同玉兰。可秋播,也可沙藏后春播,播前需用防鼠药剂拌种,以防老鼠盗食。压条苗成活后,自土面以上10 cm处进行短截,保留顶部1个侧芽,促其萌发,既可形成新的树冠,又可进行复壮更新,促进根系生长。嫁接砧木多用木兰等,秋季采取切接和根接的方法进行,春季可采用靠接的方法。

广玉兰根系发达,最适宜土层深厚、排水良好的酸性沙壤土,植穴应大宜深,不论苗木大小,均带土坨移栽。移植时应将叶疏剪,以保成活,否则因叶片大量蒸腾造成全株濒于枯死,最后不得不重剪,使树形被破坏。一年中施肥3~4次,促进生长、成花,施肥时期与玉兰基本相同。浇水以保持土壤湿润为宜,每15天在叶面喷水1次,保持叶面清洁无尘。旱季增加浇水次数,梅雨季节做好排水。露地栽植周围应配以乔木、灌木,起到侧方庇荫的作用,避免主干出现日灼现象,使植株生长不良。广玉兰分枝有规律,多任其生长,不加整形修枝。若为嫁接苗,往往在干基部萌生砧芽,应及时剪除。入夏,树干可刷白、用草绳捆扎保护,以防日灼。盆栽,培养土以腐叶土3份、沙土2份及部分有机肥混合。生长期每周施1次稀释液肥,夏季每天浇1次水,每周施2次肥水,高温时期经常叶面喷水降温,霜降前移入温室,室温3℃即可越冬。注意通风见光、少浇水,清明节后即可移出温室,放于向阳背风处。

园林观赏用途:树姿优美壮观,叶厚有光,花大而香,为南方园林中蔽荫地的优良观赏花木。宜孤植于草坪或丛植成成片花林,或作为行道树列植于道旁。盆栽可作为室内大型花木置放,或装饰阴面门庭。由于其抗毒气、烟尘能力强,多用于工矿区绿化。

19. 木兰

学名:*Magnolia lififlora*
别名:紫玉兰、辛夷、木笔。
科属:木兰科,木兰属。
产地和分布:原产我国中部。现我国除严寒地区外都有栽培。
习性:性喜光,有一定的耐寒力,华北地区需在小气候条件下方能栽培。不耐旱,要求土壤肥沃疏松、排水良好,在土壤过于干燥、黏重及碱土上生长不良。根为肉质,不耐低洼渍水。

繁殖与栽培要点:可用分株、压条和播种繁殖生产。分株,可于春秋季进行,挖出枝条茂密的母株分别栽植,并修剪根系和短截枝条。播种,于9月果熟后采摘、脱粒、去蜡进行沙藏,第二年春季播种,喷水保湿,幼苗出齐到3~4片叶时,追施液肥,6~7月结合除草施2~3次肥水,第二年即可移植。压条在春初进行,当年即可生根成苗第二年移植。压条形成的植株开花早,播种实生苗开花晚。

移栽多在春、秋季带土坨栽植。木兰为直根系树木,挖大坑加施有机肥,植入坑内,踩实浇透水。根据土壤墒情适时浇水松土除草,为保证生长旺盛,春季、初夏各施1次肥,以促进开花和花芽分化。盆栽以施液肥为宜。一般不行短截,以免去除花芽。枝条过于密集,可于花后进行适当疏枝,调节植株的营养空间或扩大树木冠幅。

园林观赏用途:为早春观花花木,栽培历史悠久,花蕾形大如笔头,有"木笔"之称,为庭园珍贵花木之一。可孤植或群植,也可与白玉兰、二乔玉兰配置成玉兰园,或植于建筑物南向,或在草坪边缘丛植。此外,常作为玉兰的嫁接砧木。

20. 白兰花

学名:*Michelia alba*

别名:缅桂、白兰、黄葛兰。

科属:木兰科,含笑属。

产地和分布:原产于印度尼西亚、爪哇。现我国华南各省均有栽培,长江流域和北方盆栽。

习性:喜高温高湿、阳光充足的气候,不耐寒,在肥沃富含腐殖质而排水良好的微酸性沙壤土上生长较好。肉质根,忌积水。

繁殖与栽培要点:以压条、嫁接繁殖苗木,多在5—8月植株生长旺盛期进行,尤其是雨季,有利于生根。压条多于6月开始环剥或刻伤,然后将枝条埋入土中或用青苔、泥炭将刻伤部分包裹,保持湿润,60天左右即可生根,剪离母体后上盆。嫁接砧木多用黄兰(*Micheliachampaca*)或木兰(*Magnolia lilifeora*),采用靠接法,接口长5cm,接后50天左右完全愈合,即可切断分离。可在切口下保留10~15 cm的枝条,上盆时将此部分枝条埋入盆中,枝条上能够长出不定根,有利于促进植株的旺盛生长。

在华南地区露地栽培,宜选择地势高、地下水位低、土层深厚的沙壤土地段栽植,通过施有机肥改善土壤肥力,促进植株生长。盆栽白兰花的培养土用腐叶土4份、沙土1份及一些基肥配成,移植上盆要带土球。生长季每隔10天施1次液肥,开花期每3~4天施1次腐熟的有机肥,9月后停止施肥。浇水应根据"见干见湿"的原则,避免过湿引起烂根,夏季雨后及时倒出盆内积水,以防伤害根系。春、夏季应置于疏荫下养护,并通过喷水增加空气湿度。霜降前移入中温温室内阳光充足处越冬,室温保持在10~12℃,春季晚霜过后方可移出温室。盆栽植株生长过高时,通过回缩修剪调整树势。

园林观赏用途:树势高大,枝叶繁茂,花朵洁白,花香浓烈,是著名的香花树种。在华南可作行道树、庭院树,也可作为芳香类花园的良好树种;北方均作为大型盆栽芳香花卉观赏,花朵可作襟花佩戴。

21. 海桐

学名:*Pittosporum tobira*
别名:水香、七里香、山矾。
科属:海桐科,海桐属。
产地和分布:原产于我国中部、南部。现朝鲜、日本亦有分布。
习性:喜温暖湿润的气候,不耐严寒,在北方地区均作盆栽。喜光照,稍耐阴。喜肥沃湿润的土壤,但对土壤条件要求不严,黏土、沙土及轻盐碱土壤均能适应。萌芽力强,耐修剪,抗海风和二氧化碳等有毒气体。

繁殖与栽培要点:在南方多用播种进行繁殖。10—11月采收成熟果实,种子外有黏汁,用草木灰拌搓脱粒,若进行秋播,应用草木灰或河沙拌种开沟播种,或洗净后阴干沙藏,翌年3月播种。采用条播,行距20 cm,覆土厚1 cm,上盖草或直接遮阴。春播2个月后出苗,及时撤草并搭棚遮阴,一年生苗15 cm,二年生苗高30cm以上,经过一次移植,三年生苗即可出圃。若要培养小海桐球,应及时修剪去顶、打枝,使之成形。扦插春、夏、秋三季均可进行,结合海桐修剪采取顶端15 cm长的充实枝条作插穗,基部叶去除,伤口以500 mg/kg萘乙酸溶液快蘸,插入素沙土中,入土深5 cm,蔽荫养护,2个月左右即可生根,成活率80%左右。

海桐枝条硬脆,移植时须注意,以防损折枝条,球形苗木起苗时需用绳收捆。大苗移植要带土球,并适当修剪,减少蒸腾。海桐生性强健,南方地栽多形成灌木或绿篱,只需修剪养护,均能较好地生长。北方盆栽,每年需换土1次,随着植株的生长,逐年换入大盆。结合修剪、摘心可防止徒长,形成球形树冠,北方冬季盆栽进入温室越冬。海桐栽培容易,管理粗放。易受多种介壳虫危害,需及早注意防治。

园林观赏用途:四季常青,枝条丛生,叶片密布且浓绿光亮,树冠球形,下枝覆地,夏季白花覆面,秋季红色种子点缀,季相多变,是南方露地栽植中重要的绿化观叶树种。可孤植于草坪、花坛之中,或列植成绿篱,或丛植于草坪丛林之间,植于建筑物入口两侧、四周,也可作为海岸防风防潮林和工厂矿区绿化树种。盆栽海桐多作为大型观叶植物,可作为会场主席台上的背景材料,也可在大厅中长期摆放。

22. 南天竹

学名：*Nandina domestica*

别名：天竹、天竺、兰天竹、南天。

科属：小檗科，南天竹属。

产地和分布：原产于我国和日本，在我国长江流域、陕西南部和广西等地均有分布，多野生于湿润的山坡谷地及杂木林、灌丛中。现我国南北园林中均有栽培。

习性：为暖带树种，喜温暖湿润的气候，在阳光下和蔽荫处均可生长，过阴处生长势弱，不易结果。气温20℃生长良好，有一定的耐寒力，在华北地区多在室内越冬。对水分要求不严，较耐旱，要求肥沃疏松、排水性能好的土壤，耐弱碱。

繁殖与栽培要点：用播种、分株和扦插均能繁殖。分株法为常用的繁殖方法，但繁殖系数低。播种繁殖用于生产，9—10月果实成熟后，取出种子，播入浅盆，移入高温温室，3个月后出苗。露地播种，冬季覆以草帘子或树叶保温，第二年"清明"前后发芽，种子出芽能力弱，当子叶出土时，可拨去土皮助苗出土。实生苗生长缓慢，第一年3～6 cm，3～4年以后约50 cm才开始开花结果。扦插生根较慢，南方多在雨季嫩枝扦插，北方可于3月用1～2年生枝条扦插，插条长15 cm，插后蔽荫并加盖塑料薄膜保湿，当年萌发新梢可长到20 cm。采用全光雾插设备成活率较高，插穗顶部带嫩叶，下部用生根粉处理，保持温度25℃，湿度85%～90%，可提高扦插生根成活率。

南天竹根系较浅，定植时采用"挖深坑、浅栽树"的办法，将挖出的表土配以腐熟有机肥填入坑里一半，再放入苗木填土踩实，浇上透水后培土堆，成活后每年春、秋两季追肥，天旱时注意浇水松土除草。盆栽用腐殖土3份、基肥1份、土6份的混合培养土装盆，随着植株的生长，每2～3年换1次盆，换盆时剪去部分老根，去掉部分老土，增施饼肥和腐叶土。每年10—11月移入温室和地窖，春季4月上旬出房。生长季每半个月施液肥1次，南天竹对水分要求不严，采取见干见湿为好，花季要保持水分稳定，适当蔽荫，否则造成落花落果。每年春季发芽前进行修剪，一般留主干2～3个，其余剪去，多年生植株生长过高，可自下部分杈处重剪，促使分枝，有利于开花结果，6—8月对没有花的枝条摘心，促使枝叶茂盛，树形丰满。

园林观赏用途：枝干丛生，直立挺拔，羽状复叶水平伸展，树姿潇洒，四季常青，春花秋实，具有很高的观赏价值，自古被人们列为珍贵的观赏花木行列。江南一带露地栽植于庭院房前、假山、草地边缘和园路转角处。亦可盆栽观赏，大、中盆置于厅房、会场的角落陈设，小盆多置于窗前、案几上装饰，可进行树桩盆景造型。还可于冬季配以松枝、腊梅切花布置庭堂。

23. 玉叶金花

学名：*Mussaenda pubescens*

别名:野白纸扇。

科属:茜草科,玉叶金花属。

产地和分布:原产于我国东南及西南部,热带亚洲及非洲也有分布。多生长于湿润的稀林下、杂木林中,或攀附在其他灌木之上。

习性:喜温暖和半阴环境,忌寒,生长适温为20~30℃,冬季不低于5℃。稍耐干燥。要求肥沃疏松、排水良好的微酸性土壤。

繁殖与栽培要点:扦插及播种繁殖。扦插:春季选取健壮充实的嫩枝,剪取插穗长度8~12 cm,扦插在河沙或珍珠岩的插盆中,注意遮阴和保持空气湿度,10~15天后可生根成活。播种:立夏至小满时节,将种子浸泡于30℃左右1‰~2‰浓度的高锰酸钾溶液中1~2个小时,取出晾干后即可进行播种。

当幼苗长出3~5对叶子时,即可进行上盆或装袋。盆土或袋装土要求疏松、肥沃,移植后要立即浇透水以便定根。因移植时根部损伤,为调节体内水分平衡,减少蒸发,需要对苗木进行摘心或摘叶。随着苗木的生长,为了促使植株矮化、丰满,需要进行反复的摘心处理。生长过程中可对过长枝进行疏剪,还可根据造型需要牵引定型,同时对枯枝、老枝、过密枝、病虫枝等及时剪除,以改善通风透光条件。花后要及时剪除残枝,以减少养分消耗,促其再度开花。生长期要给予充足光照,但炎夏时节以半日照或明亮散射光为最好。平时浇水宁少勿多,保持盆土湿润即可。高温季节可每天用水轻喷植株1~2次,但嫩枝叶间不要积水。苗期注意多施磷、钾肥,花蕾期要勤施薄肥,也可采取叶面追肥。冬季室温应保持在5℃,以免冻害。

园林观赏用途:园林中可孤植、片植或配植,也可供草地丛植或散植,颇具野趣。也可盆栽。

24. 夹竹桃

学名:*Nerium indicum*

别名:柳叶桃、半年红、洋桃。

科属:夹竹桃科,夹竹桃属。

产地和分布:原产于印度、伊朗和阿富汗及尼泊尔。现广植于热带及亚热带地区,我国引种栽培已久,在华北、东北地区温室盆栽。

习性:喜阳光充足、温暖湿润的气候条件。适应性强,耐干旱瘠薄,能适应较阴的环境。有一定的耐寒性,在暖温带地区可露地越冬,不落叶。北京地区放在露地的背风向阳处越冬。对土壤要求不严,在轻碱土中可以生长,怕水涝。萌发力强,耐修剪。有抗烟尘及有害气体的能力。

繁殖与栽培要点:繁殖以扦插为主,也可压条和分株。扦插在4月或9月进行,插后灌足水,保持土壤湿润,15天即可发根。还可把插条捆成束,将基部10 cm以下浸入水中,每天换水,保持20～25℃的温度,7～10天可生根,尔后移入苗床或盆中培养。新枝长至2.5 cm时移植,夹竹桃老茎基部的嫩枝长至5 cm长时带踵取下来,保留生长点部分的小叶插入素沙土中,荫棚下养护,成活率很高。压条一般选二年生以上而分枝较多的植株作压条母株,小满节时压条。

苗期可每月施1次氮肥,成年后,管理可粗放,露地栽植可少施肥,盆栽可于春季和开花前后各施1次肥。温室盆栽的每年可于4月底出房,10月底入房,夏季5～6天、秋后8～10天灌水1次,水量适当,经常保持湿润即可。可按"三叉九顶"修剪整枝,即株顶3个分枝,再使每枝分生3枝,一般在60 cm高处剪顶,促发芽,剪口处长出许多小芽,留3个壮芽。常年养护要注意防治蚜虫和介壳虫。

园林观赏用途:对有毒气体和粉尘具有很强的抵抗力,工矿区环保绿化可以利用。其花繁叶茂,姿态优美,是园林造景的重要花灌木。适用绿带、绿篱、树屏、拱道。茎叶可制杀虫剂,全株有毒,人畜误食可致命。

25. 栀子

学名:*Gardenia jasminoides*

别名:黄枝、山枝、白蟾花、玉荷花。

科属:茜草科,栀子花属。

产地和分布:原产于我国长江流域。现我国中部和南部各地均有野生分布,越南、日本也有分布。

习性:性喜温暖、湿润的气候,不耐寒,长江以南地区可露地越冬,北方均作盆栽,冬季温室越冬。喜阳光、耐阴,怕北方的烈日暴晒,疏荫下叶浓绿。宜排水良好、疏松肥沃的酸性土壤,畏碱土,宜pH5～6的酸性土壤。对SO_2等有害气体有较强的抗性,对烟尘的抗性差。

繁殖与栽培要点:枝条容易发根,多用扦插法繁殖,压条繁殖也易成活。南方多在梅雨季节采嫩枝扦插或夏季水插。北方嫩枝扦插宜于4—10月间进行,选当年生健壮枝条,剪成15 cm左右,除去下部叶片,留上部2～3片叶和顶芽,插入河沙或扦插土中1/3以上,浇水。插后遮阴并保持湿润,大约20天左右即可生根。压条在春季进行,采用2～3年生枝,当年6—7月即可切离母株分栽。春季还可分株和播种繁殖。

南方多地栽,需带土移栽在疏荫下。北方均盆栽,盆内基质以泥炭或松针土加细沙土为好,每周浇透水1次,每天最好淋水2次,盆内不要长时间积水。开花前每隔10～15天施1次酸性有机肥,浇1次0.2%$FeSO_4$。冬季浇水宜少,需常喷洗枝叶。北方盆栽于10月中旬入室,室温保持在10～12℃为宜,最低温度不得低于0℃。通常4月下旬出室,春季换盆土1次。通过浇硫酸亚铁液可防治黄化病。一般用90%

敌百虫 1 000 倍液防治咖啡透翅天蛾幼虫危害。

园林观赏用途:四季长青,花香色白,可盆栽观赏,也可作切花用。南方可用在道路两侧,或与紫荆等相间丛植,还可作为保护环境的树种。

26. 桂花

学名:*Osmanthus fragrans*

别名:木犀、岩桂、九里香。

科属:木犀科,木犀属。

产地和分布:原产于我国中部及西南地区,以长江流域等暖温带栽培最盛。现印度、尼泊尔、柬埔寨也有分布,日本及欧洲一些国家也有栽培。

习性:属温带树种,性喜温暖湿润的环境,不耐严寒。在长江以南地区可露地栽培,北方需进行盆栽。长日照植物,性喜强光,能耐高温,适栽植在阳光充足而通风良好的地区,过于荫蔽,易引起徒长。北方盛夏中午烈日暴晒给予适当遮阴。在沙质酸性土中生长良好,忌碱土,怕水渍和煤烟。

繁殖与栽培要点:繁殖可采用播种、压条、嫁接和扦插等方法。当桂花果实变为紫蓝色时采收,除去果皮,阴干种子,沙藏。于当年 10 月秋播或第二年春播,一般条播。播后盖草保湿并搭棚遮阴。种子繁殖的苗始花期晚,不易保持原种性状,所以常作砧木。良种繁殖常用压条或高枝压条。扦插一年生枝条在春季发芽前的插穗插入素沙土或草炭土内上覆塑料膜,放在蔽荫处养护,立秋后生根,6 月中旬至 8 月下旬进行嫩枝扦插成活率也很高。大量繁殖桂花苗时,多用女贞或小腊的二年生苗作砧木,进行靠接或切接。北方在繁殖盆栽桂花时,多在夏季至入伏前靠接繁殖,桂花实生苗作砧木较为理想。

地栽多于早春进行。选阳光充足、排水良好、土层深厚的地方。树坑挖大一些,多施有机肥,黏土要掺些沙土增施一些草木灰,苗木带土移植,栽后充分灌水,成活后施 1 次液体肥料。7—8 月间再施 1~2 次水肥。以后每年 3 月下旬追施 1 次速效性氮肥,7 月追施 1 次速效性磷钾肥。夏季可每 15 天追施 1 次酸性液肥。如叶片黄化可浇硫酸亚铁 500 倍溶液。

盆栽可选用腐叶土 5 份加菜园土 3 份、沙土 2 份混合成盆土腐殖土与沙土各半作盆土,浇水注意在新梢发生前少浇,阴雨天少浇,夏季干旱天多浇。平时盆土不宜过湿,特别在秋季开花时,浇水过多易引起落花。春季约每 10~15 天施 1 次腐熟的稀薄有机肥水促萌芽发枝。7 月在肥水中加入少量过磷酸钙促花芽分化。花前施磷肥几次有利于分枝开花。常在秋季花后和春季萌芽前进行修剪,把枯枝、弱枝剪去,疏枝促通风透光,形成合理树型。桂花常受介壳虫危害,如数量不大可人工刷除,大量发生时用 25% 亚胺硫磷乳剂 1 000 倍液杀之。

园林观赏用途:枝叶繁茂,中秋开花并散发芳香,常见栽培的变种及品种有:金桂、银桂、丹桂、四季桂。可供秋季单株陈设观赏,也可组盆成花群,南方可成丛成片栽种。

27. 八角金盘

学名:*Fatsia japonica*

别名:八金盘、八手、手树。

科属:五加科,八角金盘属。

产地和分布:原产于东南亚、中国和日本。现广泛栽培于我国长江以南地区,台湾尤多。

习性:喜温和湿润阴凉的环境,不耐高温和直射阳光,适生温度为18～25℃,原种可耐0℃低温,但花叶品种不耐低温,5℃左右叶片即会受害。忌干旱、水涝与干旱风侵袭。喜湿润、疏松、肥沃的酸性土壤,不耐贫瘠。

繁殖与栽培要点:分株或扦插繁殖。分株繁殖可于3—4月,结合起苗、换盆,将根茎处萌株从母株上带根切离,另行栽植即可。嫩枝扦插繁殖可在3—4月或9月进行,取茎基部萌发的小侧枝或侧枝顶端带有顶芽的枝条,长约10 cm,带叶2~3片插入素沙土中,但因皮层较厚,插穗不宜用剪取,应用利刀斜削,待切口稍干后插于沙床中,沙土不宜过湿,要保持蔽荫、空气湿润,在15～25℃约1个月生根,扦插期间温度过高或过低都会影响成活。

栽培环境的调节是关键,夏季高温要强遮阴,可遮光80%～90%,要选择林下、桥下、房背阴地栽植。栽植地中多施入有机肥改良土壤,盆土可用泥炭土、河沙、腐叶土各1/3调制。春、夏、秋季要求充足的水分,尤其是在生长新叶时不能缺水,若缺水,植株下部的叶片会脱落,浇水保证生长。立秋后渐少浇水量。北方地区冬春季空气干燥,应多喷水,增加空气湿度,冬季要防寒,保持温度8℃以上。生长季节每月施薄肥1次,避免肥液沾染叶片引起伤害,不宜根外追肥。本种耐阴力强,盆栽可长期作室内观赏,但空气过干燥易引起叶尖干枯,可多喷叶,每年要换盆增加土壤中的养分,同时剪去地下在盆中盘长的根,剪去老叶和下垂的侧枝,剪去枝叶的1/2,促进分枝。新叶生长时不要伤叶,否则伤口一直随着叶片长大,影响观赏。夏季要选择阴凉通风良好的环境,气温高于35℃以上时,如果通气不良,叶薄、发软、发黄、枯萎,并常遭常春藤圆盾介壳虫、茶黄螨危害,要通过修剪加强通风,并且注意防虫。

园林观赏用途:叶大光亮,叶色多变,为南方地区重要的耐阴植物,在南方,多于庭院、栅栏、湖畔等阴处种植。室内栽培因植株叶片过大,多用于厅堂等装饰点缀。

28. 胶东卫矛

学名:*Euonymus kiautschovicus*

别名:胶州卫矛。

科属:卫矛科,卫矛属。

产地和分布:原产于我国,分布于辽宁大连及山东胶州湾等地。现我国各地应用广泛。

习性:暖温带树种,较耐寒。适应性强,喜阴湿环境,常生于海岸岩石上。对土壤要求不严,酸性、中性和石灰质土壤都能生长良好。

繁殖与栽培要点:播种、扦插、嫁接繁殖。播种为主要的繁殖方法。果实绽开之前及时采收阴干,种子脱出后将假种皮洗净,种子阴干、冷藏,翌年早春气温15℃以上时播种。为防止地下害虫危害,可用杀虫拌种剂处理种子后地播或盆播,一般20天左右可出苗。扦插用硬枝或半木质化嫩枝扦插,剪取健壮母株上的一年生枝条,截取3~4对芽,扦插易成活。根长至5~7 cm时可直接移植到苗圃地。嫁接可用干性强、生长迅速的丝绵木(*E. bungeanus*)作为砧木高接,使其成为球状小乔木,观赏价值很高。

幼苗喜阴,夏秋注意蔽荫,冬季应适当防寒。移栽于早春2月下旬至4月上旬进行,或雨季带土球。该种管理粗放,不易感染病虫害。

园林观赏用途:可作为常绿阔叶树孤植或成排、成片种植于背风向阳的小环境。

29. 红千层

学名:*Callistemon rigidus*

别名:瓶刷子树、串钱树、千层金、金宝树。

科属:桃金娘科,红千层属。

产地和分布:原产于澳大利亚,属热带树种。引进我国已有百年历史。

习性:喜暖热气候,能耐烈日酷暑,不很耐寒、不耐阴。喜肥沃潮湿的酸性土壤,也能耐瘠薄干旱的土壤。地下部主根长、侧根少,不耐移植。地上部生长缓慢,萌芽力强,耐修剪。在北方只能盆栽于高温温室中。

繁殖与栽培要点:采取播种繁殖。果实成熟后不脱落、不开裂,剪取果实于无风处日晒,几天后果实开裂、种子落出。种子极细小,采取小粒种子播种方法,播种培养土过筛后置入浅盆中刮平,浇水湿透,均匀撒播,不覆土,加薄膜保温保湿。20℃左右的气温条件下,10多天后即发芽,发芽率较低。经细心养护到苗高3 cm时,即可移植。实生苗约5年开始开花。

由于常绿树大树移植成活困难,多用幼苗带土坨进行移植。露地栽植须保证气候条件,通过土壤施肥等改良方法改善生长环境,促进生长,成活后管理较容易,主要防低温冻伤,通过修剪控制植株生长,也可通过修剪成各种图案达到美化、绿化的效果。盆栽土壤应用疏松透水、保水保肥的培养土,将土坨苗植入盆中,定期浇水,北方地区入秋后移入温室,置于光照充足的地方养护,避免冷风吹袭。

园林观赏用途:花形奇特,色彩鲜艳美丽,开放时火树红花,可称为南方花木的一枝奇花。适于种植在花坛中央、行道两侧和公园围篱及草坪处,北方也可盆栽,于夏季装饰在建筑物阳面正门两侧。也宜剪取作切花,插入瓶中。

30. 瑞香

学名:*Daphne odora*

别名:蓬莱花、风流树。

科属:瑞香科,瑞香属。

产地和分布:原产于我国长江流域,西南也有分布,自宋代即有栽培记载。现主要生长在长江以南各地。

习性:喜温暖、湿润、凉爽的气候,喜散射光,忌高温强光日晒,惧梅雨与台风,又惧寒冷。在北方,夏季须遮阴,冬季须入室防寒。喜质地疏松、透水透气的酸性肥沃土壤,忌黏重、干旱、瘠薄或积水严重的土壤。喜磷钾肥,忌人粪尿肥。

繁殖与栽培要点:繁殖以扦插、压条为主,可保持品种的特性。扦插可在2—3月春季用硬枝扦插,5—8月夏季可采用当年生枝条嫩枝扦插,秋季可将修剪的枝条继续扦插。剪枝长5 cm,摘去下部叶片,保留顶部多片叶,下端沾生根粉溶液或吲哚丁酸,插入沙床,上部遮阴,保持空气湿度,但不宜土壤积水。扦插随时采枝条随时扦插,成活率高,瑞香发根晚,须长期管护。压条繁殖于3—4月进行,当新芽萌发时,选用二年生枝进行,包扎处既要保持湿度,又要防积水。当根系生长5 cm左右时可剪下上盆。压条苗第二年多可开花,扦插苗需三年以后开花。

南方可露地栽培,应根据树木特性选择林下、山荫道旁、花窗下等阴凉、无积水处栽植,增施有机肥以利生长旺盛。盆栽花每年及时换盆,用70%的沙、30%的腐叶土配制成培养土,以利生长。盆内用腐熟饼肥加磷肥作底肥,带土坨移苗或倒盆。施肥宜薄肥勤施,在生长季中每月1~3次盆土施肥或叶面施肥,用10%~20%的腐熟豆饼渣肥,或0.1%~0.3%的磷酸二氢钾、尿素等肥水浇施,雨前也可在盆中撒些粒肥。霜降后在孕蕾时可施些含磷的液肥,开花时不宜施肥。盆花定期浇水,要见干见湿,雨季要做好水分管理,多排少灌。25℃以上温度将停止生长,宜置于阴凉通风处,并喷水降温。北方盆花移入温室,保持5℃以上温度即可越冬。干热季节或在温室中易发生蚜虫、介壳虫危害,应及时捕杀、喷药。

园林观赏用途:树姿潇洒,花香浓郁,四季常青,为我国著名花木。可于林下、路旁丛植,或于假山、岩石阴处栽植。也可盆栽于门前厅堂摆设,或成小盆花置于案几、桌上、窗前装饰点缀。

31. 五色梅

学名：*Lantana camara*

别名：马缨丹、七变花、七变丹。

科属：马鞭草科，马缨丹属。

产地和分布：原产于美洲热带地区。现我国引种栽培，华南地区的荒郊野外多有大片野生分布。

习性：为热带植物，喜高温高湿，也耐干热，抗寒力差，保持气温10℃以上，叶片不脱落。忌冰雪，对土壤适应能力较强，耐旱、耐水湿，对肥力要求不严。

繁殖与栽培要点：可采用播种、扦插、压条等方法繁殖花苗。果熟后采摘堆沤，浸水搓洗去果肉，即获种子。种子忌失水，可于秋季随采随播，或混沙贮藏，春季再播种。播后发芽阶段气温应保持在20℃以上，发芽率约为60%，南方播种苗当年秋季可开花。扦插多于5月进行，取一年生枝条作插穗，每两节成一段，保留上部叶片并剪掉一半，下部插入土壤，置于疏荫下养护并经常喷水。1个月左右即生根，并生发新的枝条。植株分枝极多，粘土生根，故将柔性枝条刻伤并压入土中，待根系生长后即断根分株。

在华南露地栽培，种植时施入有机肥作基肥，初期浇水以促进生长，待成活生长旺盛时，即可减少灌水，露地栽培将蔓性枝条埋入土壤，可逐步扩展成一大丛。大部分地区盆栽，用腐叶土配制成培养土，将苗植入盆中，生长期内应保持盆土的湿润，夏季每半个月施追肥1次，使其枝繁叶茂，花多色艳。植株耐修剪，为保持株形，可进行强修剪，多于10月上旬进行短截，然后移入中温温室越冬，来年晚霜过后方能移至室外。白粉虱危害严重，入室前应用药消灭掉。

园林观赏用途：花色美丽，观花期长，绿树繁花，常年艳丽，抗尘、抗污染力强。华南地区可植于公园、庭院中做花篱、花丛，也可于道路两侧、旷野形成绿化覆盖植被。盆栽可置于门前、厅堂、居室等处观赏，也可组成花坛。

32. 金银花

学名：*Lonicera japonica*

别名：金银藤、忍冬、鸳鸯藤。

科属：忍冬科，忍冬属。

产地和分布：原产于我国，北至辽宁，西到陕西，西南至云南、贵州。现除黑龙江、内蒙古、宁夏、青海、新疆、海南、西藏无自然生长外，全国各省区均有分布。

习性：喜光耐阴，具有一定的耐寒力。对土壤要求不严，既耐旱又耐水湿，酸、碱土壤均可，肥沃、瘠薄均能生长，以湿润沙壤土生长为好。根系稠密，分蘖力强。

繁殖与栽培要点：可采用播种、扦插、压条、分株等多种方法繁殖。播种繁殖需秋季在果实成熟时采收,并洗去果皮晾干后收藏,翌年4月上旬于25℃水中浸泡24小时,然后拌沙于盆内催芽,待种子裂口30%后开沟条播,浅浅覆土,保持湿度,10天左右即可出苗。扦插在生长三季均可,以雨季为好,2~3周即可生根,翌年即可开花。压条多在生长季进行。分株以春季为宜。

可裸根苗移栽,因自繁能力很强,且不用肥水管理就能良好生长。老枝、枯藤影响植株的通风、光照,需通过修剪调整树势,并通过人工牵引,让枝条攀缘到棚架上。也可采用盆栽,选择老桩,通过修剪、扭曲、蟠扎等方法制成花、叶具全的盆景。盆栽土壤用沙、腐叶土、园土及一些有机肥配成,两年倒盆1次,浇水以保持土壤湿润透气为宜,每月施液肥1次,促其旺盛生长。盆栽可于室内长期陈设。金银花易受蚜虫危害,应用乐果等药对植株防治。

园林观赏用途:春夏开花不断,花色先白后黄,在植株上黄白相映,气味芳香。可依附山石、坡地生长,也可缠绕攀缘成花棚,为庭院绿化布景的优美植物;也可种成盆栽,置于大厅的窗前和阳台上,或攀缘、或下垂进行装饰,具有香、荫、景多种用途,可入药。

33. 凌霄

学名:*Campsis grandiflora*

别名:女葳花、紫葳、陵时花。

科属:紫葳科,凌霄属。

同属另一种为美国凌霄(*C. radicans*):小叶9~13枚,花冠筒状漏斗形,径约4 cm,通常外面橘红色,裂片鲜红色,蒴果顶部尖。

产地和分布:原产于我国中部。现世界各地均有栽培,人工栽植历史久远。

习性:对气候适应性较强,华北地区稍加防寒可在室外越冬,宜植于背风向阳面,喜光不耐阴,耐旱忌积水,喜微酸、中性、排水良好、腐殖质丰富的沙性土壤,萌蘖力强。

繁殖与栽培要点:以扦插、压条、分株繁殖,极少用种子繁殖。扦插在春季发芽展叶前进行,选用直径0.2 cm以上的枝条截成15 cm左右,每穗保留2对叶芽,插入沙床。当年生枝条易冻的地区,可于秋季落叶后剪取,截成相同大小的段,捆成束埋入土中沙藏越冬,次年春季再扦插。凌霄茎节处易发气生根,压条繁殖极易成活。也可利用植株根际生长的根蘖苗分株繁殖。

多于春季栽植,少有秋季栽植。可裸根苗定植,种植时,施入足量底肥,5月、6月各施1次追肥。随着枝蔓的生长,逐步引导或捆扎在棚架上,开花前施肥灌水,促使生长旺盛,开花繁茂。春季发芽前对枯枝和过长的枝条进行修剪,避免枝条过密繁乱。过冷地区冬季需埋土防寒越冬。

园林观赏用途:花大色艳,开放时间长,为我国传统著名花木。多栽于花棚、楼台及自然景区的山石、古树旁,由上向下垂挂;也可盆栽布置于室内、门前和阳台上。

34. 木香

学名:*Rosa banksiae*

别名:木香藤。

科属:蔷薇科,蔷薇属。

产地和分布:原产于我国。现各地均有栽培。

习性:喜温暖、湿润的气候条件,有一定的抗寒力。喜光,耐炎热,抗风力强,喜排水良好的沙壤土。不宜在积水低洼地生长。

繁殖与栽培要点:以扦插、压条繁殖苗木。南方多在春节后采取硬枝扦插,北方硬枝扦插成活率低,多于夏季采用嫩枝扦插,扦插后需遮阴保湿,秋后需埋土或采取其他措施防寒越冬。压条于春季在发芽后进行,先在节下刻伤,埋入土中压实,以防枝条弹出,秋后割离母体,第二年春季移栽。也可用玫瑰作砧木,用切接、芽接等方法得到一些品种少的嫁接苗。

木香进行露地栽植时,须强修剪,然后可裸根苗栽植。植前将根系沾上泥浆,为促进生长,土壤需施入有机肥。雨季要注意防涝排水。华北地区栽植尽量种在向阳背风面,或须每年入冬前挖沟埋土防寒。春季发芽前进行适当修剪,疏去衰老和过密枝条,花后可略行修剪。盆栽植株,土壤要肥沃疏松,生长季须做好水肥供给,冬季须进入冷室越冬。

园林观赏用途:藤青枝秀,花繁如雪,香馥清远,可在甬道上搭设花洞、花篱、花廊等,也可作为建筑物的基础种植或隐蔽材料。北方也可盆栽造景,如扎"拍子",或作庭院陈设。

35. 紫藤

学名:*Wisteria sinensis*

别名:藤萝、朱藤。

科属:豆科,紫藤属。

产地和分布:原产于我国。现各地均可栽培。

习性:有很强的气候适应能力,在我国大部分地区均能露地越冬。喜光、稍耐阴,要求土壤肥沃、疏松、深厚,但也能在瘠薄土壤中正常生长。耐干旱和水湿。主根深长,侧根稀少,对城市环境适应性强,花穗多在去年短枝和长枝下部腋芽上分化。

繁殖与栽培要点:可采用播种、扦插、压条、分株繁殖。采种后晾干贮藏,翌年春天,先浸种12小时,然后开沟点播,三年后出圃。扦插多于秋季将每株上长枝条埋于土深30 cm处的纵沟中,春季取出,剪成20 cm长的插条,沾生根粉等激素和泥浆,然后插于沙床中,2个月即可生根。分株多于发芽前进行,挖掘时要保证根系完好,否则不易成活。

紫藤主根长,侧根稀少,在移植过程中要尽量减少根系伤害,并用利刃对根系修剪。春秋移植成活率较高,一般不用带土移植,为促进其枝繁花盛,栽植前需多施基肥改良土壤。前几年要及时施肥灌水,促进生长成型。紫藤多以攀缘栽植为主,因枝粗叶茂,花多干重,故在定植前或未攀缘前根据园林设计要求做成坚实的棚架,植株在棚架南侧定植。成棚前,通常种植多株,施肥灌水促使生长,以利将棚全部遮盖。多年生长后出现过密时,要移植或间伐调整,以利单株粗壮,形态美观。栽植成灌木状的紫藤由于其攀缘特性而生长出很多长枝,虽然在生长季给人以撩人的感觉,但在种植灌丛形状时须加以修剪。紫藤由于花芽分化特点,着重于藤冠上部的短枝和长枝下部成花。因此,修剪可分几个阶段进行,棚架式紫藤休眠期修剪主要是调整藤式,使其生长走向固定,适当疏枝以利营养空间的利用,并删除一些无花枝。花后,若不观赏荚果,应及时摘除、剪掉,并调整新枝的走向,抹去不需要的萌芽。灌丛式紫藤距行人较近,故修剪要注意观赏效果,休眠期修剪,首先要调整树形,疏除不要的大侧枝和细长无花枝条,以利春季开花时,枝条不杂乱,花开满树。花后修剪可采用对头年枝条的强修剪,抹去过多萌芽来适当降低高度,保障灌丛形体和当年生长足量壮枝。秋后花芽分化前对枝条适当进行短截和疏剪,以利保留长枝下部芽分化成花芽。盆栽紫藤的栽植首先要挖桩形好的紫藤老桩,老桩要行重剪,伤口愈合能力弱,须用塑料薄膜进行包扎。上盆后在蔽荫处养护,待新枝长出后进行适当修整绑扎,形成所需树形。每年通过修剪保持形态和花量,生长时期适时追施稀释液肥,及时灌水。秋后落叶,及时修剪,上冻前移入冷室。

园林观赏用途:春季先叶开花,穗大花美,且顺风飘香,枝多叶茂,观赏庇荫均有很好的效果,是园林绿化中优良的棚架花廊植物和坡面绿化植物。也可制成盆景供室内外装饰。

36. 络石

学名:*Trachelospermum jasminoides*

别名:万字茉莉、白花藤、羊角藤。

科属:夹竹桃科,络石属。

产地和分布:原产于我国黄河流域以南地区。现各地均有栽培。

习性:喜温暖湿润气候,忌暑热,不耐寒冷,喜光耐阴,在黄河以北不能露地越冬。对土壤要求不严,一般肥力的沙壤土上均能生长。

繁殖与栽培要点:生产上以扦插、压条繁殖为主。扦插多于夏、秋季进行,剪取10~15cm长,2~3个节间的插穗,剪去下部叶片,保留上部一对或1片叶,密插于沙床上,喷雾保湿,约30天左右即发根,秋后可移植。压条于2—3月或5—6月进行,春季压一年生枝,夏季压当年生枝,一枝可多段进行,于生长季每隔 50 cm 将藤茎压土一处,约 1 个月左右即可生根,分段剪下,一茎得数株,壮枝、老枝压条叶密花量大,嫩枝叶少花稀。

对土壤要求不严,管理较粗放。露地栽植,要增施有机肥,增进枝条生长,并针对其攀缘能力加以引导,发挥垂直绿化的效果。盆栽培养土以疏松透气的肥沃土壤为好,盆土不宜过于积水,以湿润即可。用于平面和立体栽植绿化的,可任枝条自然生长,适当协调,减少修剪,而针对盆栽的桩景和植株需通过摘心、抹芽、修剪、盘扎,使枝叶扶疏有致,形体紧凑,避免出现蓬乱的现象。此花生长健壮,少病虫危害,故除加强肥水管理外,养护较粗放。

园林观赏用途:叶色浓绿,四季常青,夏季花白繁茂,芳香清幽,在园林上多用作枯树、假山、岩石、院墙的垂直绿化,形态优雅,且有较强的耐阴性,可用于林下地被植物。北方地区作温室栽培观赏。

37. 爬山虎

学名:*Parthenocissus tricuspidata*

别名:地锦、爬墙虎。

科属:葡萄科,爬山虎属。

产地和分布:原产于我国。现在各地园林上多用于垂直绿化。

习性:适应性极强,抗寒耐热,喜光耐阴。对土壤要求不严,生长快,攀附能力极强。

繁殖与栽培要点:播种、扦插、压条均可繁殖。浆果有 1~4 粒种子,秋季成熟后堆沤,浸水搓洗即获干净种子,随采随播,或沙藏越冬春播。多用营养钵点播育苗,成苗后出圃定植。扦插可用一年生枝条剪成插穗,每穗保留 2~3 芽,春季发芽前进行扦插较易成活。压条多将匍匐生长于地上的藤条在叶芽处培土,1 个月即可发根。

爬山虎虽然适应性强,但对肥力要求较高,在肥水充足的地方栽植,生长迅速,枝叶茂密,藤蔓覆盖,遮阴及观赏效果要高得多。因此栽植时,要给土壤多施有机肥,改土换土,并每年施一二次肥,保持植株旺盛生长量和最佳的绿荫观赏效果。每年在休眠期和生长期,不时通过修剪对藤蔓分布进行调整,休眠期通过疏剪,去除弱枝,调整藤蔓的密度,短截枝条的上部生长较弱的部分,剪口处留壮芽,既有利于翌年生长枝条健壮,又可避免冬季落叶后很多枝条下垂纷乱。

园林观赏用途:爬山虎为生长迅速、形态优美的攀缘植物,吸盘、攀缘能力极强,垂直绿化效果好,枝叶繁茂,入秋叶变红色。多用于墙壁、假山、围墙等垂直绿化,或利用模具种植塑形造景,能够收到良好的绿化、美化效果。在夏季覆盖房屋墙壁,可起到降温作用。

38. 叶子花

学名：*Bougainvillea spectabilis*

别名：九重葛、三角梅、毛宝巾、肋杜鹃。

科属：紫茉莉科，叶子花属。

产地和分布：原产于巴西。在我国，南方可作为绿地花卉、攀缘植物种植，北方作为盆栽花卉应用。

习性：喜温暖湿润气候，不耐寒，属短日照植物，在长日照的条件下不能进行花芽分化，性喜光，不耐阴。南方地区可露地越冬，北方则作为温室花卉盆栽培养。对土壤要求不严，但盆栽以松软肥沃土壤为宜，喜大水、大肥，极不耐旱，生长期水分供应不足，易出现落叶。

繁殖与栽培要点：以扦插、压条进行繁殖，以扦插为主。室外扦插，夏季成活率高，温室可在1～3月扦插，取充实成熟枝条，插入沙床，室温25～30℃，20～30天生根，40天分盆，第二年入冬即可见花。

栽培土可直接用腐叶土或腐叶土与牛粪混合腐熟后掺沙配制成的培养土，因其生长迅速，每年需翻盆换土。露天栽培可养成灌木状，也可放养成棚架形。盆栽以灌木形为主，栽培中可用摘心或花后进行短剪以保持灌木形态。生长期新枝生长很快，易造成树形不美、枝条繁乱，应及时清理整形，及时短截或疏剪过密的内膛枝、枯枝、老枝、病枝，促生更多的苗壮枝条，以保证开花繁盛。无论室内室外养护，均要放置在阳光充足的地方，夏季花期均要及时浇水，花后适当减少浇水量。生长期每周追肥1次。10月上旬移入高温温室越冬，可一直开花不断，室温不能低于10～12℃，以减少落叶。如欲使国庆节开花，可提前60天进行短日照处理，每天8小时光照。

园林观赏用途：色彩鲜艳，花形独特，且花量大、花期长。在华南地区庭院栽植可用于花架、拱门或高墙覆盖，形成立体花卉，盛花时期形成一片艳丽。北方作为盆花主要供冬季观花，也布置夏、秋花坛，可作为节日布置花坛的中心花卉。也可作切花用。

39. 扶芳藤

学名：*Euonymus fortunei*

别名：爬行卫矛

科属：卫矛科，卫矛属。

产地和分布：原产于我国。现分布于我国的黄河流域以南各地。

习性：暖温带树种，较耐寒，适应性强，喜阴湿环境，常匍匐于林缘岩石上。若生长在干燥瘠薄之处则叶肉增厚，色黄绿，气根增多。

繁殖与栽培要点：采用播种、扦插、分株繁殖。播种：种子采后即播或湿沙贮藏后春播。可地播或盆播,播种前将苗床或盆土浸透,将种子压入土中,覆土0.5～1.0 cm。扦插:容易成活,生长季均可进行。分株:匍匐茎接地易生根,修剪地上部,挖掘根部移栽即可。

生长容易,栽培管理粗放。

园林观赏用途:为优良木本地被植物。适于阴湿小环境,水边、林下岩石边缘可种植。

40. 观赏竹类

竹类是禾本科、竹亚科的多年生常绿木本植物,种类极多,长成矮小丛生灌木状或高大乔木状,可在园林中应用品种极多。常见的有:刚竹属,包括毛竹、紫竹、淡竹、斑竹、金竹、罗汉竹及箬竹、方竹、凤尾竹、佛肚竹等。

观赏竹类为须根系,无主根。茎绿色、淡绿色及紫色等,表面光滑,内部中空,节部膨大呈两轮状。叶生小枝顶,每叶簇具2～6片小叶,披针形。总状花序顶生或侧生。多年生的竹类,一生绝大部分时间为营养生长阶段,开花结实后枯死,即完成一个生活周期。果实为坚果,种子活力为1个月。

产地和分布:多产于我国中部和南部地区,长江及珠江流域最多。

习性:耐寒差、喜光,耐阴,在温暖湿润的气候下生长良好。在疏松肥沃酸性土壤中生长良好。耐干旱,怕涝,不耐碱。

繁殖与栽培要点:竹类种子繁殖和扦插繁殖困难,多采用分株繁殖。春季发新叶前,取老竹株地下茎,立即栽植或分苗后沾上泥浆,用湿草严密包好或带土团运出。南方多在2—3月或秋分前挖出地下茎,2～3节一段,埋入10 cm宽的纵沟内,沟距60～100 cm,浇透水后覆土踏实,经过一年培养即可出圃。

盆栽竹类盆口要大,利于地下茎横伸,盆土以中性和微酸的腐殖质土为最好。早春分盆换土,每年夏季追肥2～4次。北方夏季适当遮阴,或人工增加空气湿度,室内摆放15～20天轮换1次。越冬温度不低于5℃,控制浇水,停止施肥,一般一周浇1次水即可。

园林观赏用途:常作庭院装饰,盆栽可在厅室摆设,制作盆景供人观赏。在公园中常成片种植,是较好的美化、绿化环境材料。

附录

花卉生产与应用技术实训

实训一 花卉的识别

一、实训目的

了解常见花卉的种类,熟悉并掌握 120 种花卉的形态特征、生态习性,掌握繁育方法、栽培要点、观赏性状及应用范围。

二、实训内容

1. 识别常见露地花卉 50 种。
2. 识别常见温室花卉 70 种。

三、材料及用具

1. 材料:一二年生草花、宿根花卉、球根花卉、木本花卉等;观叶花卉、观花花卉、观果花卉、观芽花卉、观根茎花卉等;鲜切花、盆花等。
2. 工具:铅笔、笔记本、相机、钢卷尺、直尺、卡尺。

四、实训地点

北京各大街道、植物园、公园绿地、花卉市场、花卉生产企业等。

五、实训时间

1. 建议学时:8 学时。
2. 实习时段:4 月中旬、4 月下旬、"五一"劳动节、6 月中下旬、9 月中旬、"十一"国庆节、元旦、春节前一周等。

六、实训分组及活动方式

由教师现场讲解,指导学生学习;学生自主调查、课外查询参考资料进行复习。

1. 教师每年4月26日左右到北京植物园现场教学,讲解早春二年生花卉的名称、科属、识别要点、生态习性、繁殖方法、栽培要点和园林应用方式。每年6月20日左右到北京植物园现场教学,讲解宿根花卉的名称、科属、识别要点、生态习性、繁殖方法、栽培要点和园林应用方式。学生分组复习并拍照,写出花卉的名称、科属、识别要点、生态习性、繁殖方法、栽培要点和园林应用方式。

2. 教师每年在"十一"国庆节前2～3天到天安门广场现场教学,讲解天安门花坛制作过程,应用的花卉种类,每种花卉的名称、科属、识别要点、生态习性、繁殖方法、栽培要点和园林应用方式。学生分组复习并拍照,写出花卉的名称、科属、识别要点、生态习性、繁殖方法、栽培要点和园林应用方式。

3. 学生分组进行课外活动,并利用"五一"劳动节、"十一"国庆节、元旦和春节前一周的时间,对北京各主要街道、植物园、公园、绿地等进行花卉种类应用调查,通过查阅资料写出花卉的名称、科属、识别要点、生态习性、繁殖方法、栽培要点和园林应用方式。并自主选择3～5个花坛调查花卉应用种类、规格、数量,并评价花卉栽培管理和应用形式的优劣。

4. 学生分组进行课外活动,并利用元旦和春节前一周的时间,对北京各主要花卉市场、花卉生产企业等进行花卉种类调查,通过查阅资料写出花卉的名称、科属、识别要点、生态习性、繁殖方法、栽培要点和园林应用方式。并自主选择3～5个花卉市场摊位,评价调查花卉种类、规格、价格等,并评价花卉栽培管理和摊位布置形式的优劣。

七、作业

将120种花卉按花名、科属、生态习性和观赏用途列表记录。格式见下表。

中文名	学　名	形态特征	生态习性	观赏部位	园林应用

参考植物材料:

美女樱、一串红、花烟草、鸡冠花、翠菊、金盏菊、矮牵牛、三色堇、雏菊、虞美人、风信子、四季海棠、非洲凤仙、万寿菊、藿香蓟、福禄考、郁金香、黑心菊、天竺葵、白晶菊、彩叶草、一叶兰、广东万年青、龟背竹、春羽、豆瓣绿、菊花、绿萝、红掌、一品红、凤梨、蝴蝶兰、大花蕙兰、西洋杜鹃、仙客来、丽格海棠、竹芋、巴西铁、马拉巴栗、萱草、芍药、牡丹、鸢尾、蜀葵、八宝景天、芝麻花、大丽花、美人蕉、玉簪、玉兰、月季、蔷薇、迎春、连翘、紫薇、木槿、紫丁香、紫叶李、红叶碧桃、紫叶小檗、贴梗海棠、菊花、百合、香石竹、唐菖蒲、非洲菊、勿忘我、马蹄莲、紫罗兰、鹤望兰等。

实训二　花卉栽培设施的构造及其环境调控

一、实训目的

了解日光温室、现代化温室和大棚的分类及结构与性能；掌握日光温室、现代化温室和塑料大棚的基本构造和在花卉生产中的应用技术；掌握日光温室、现代化温室和塑料大棚内花卉生长发育的特点、各类环境因子的特点以及设施内各种环境因子的调控措施。

二、实训内容

1. 现代化温室、日光温室和塑料大棚的基本类型及结构。
2. 日光温室的温、光、水、肥、气的设备和使用方法。
3. 现代化温室的温、光、水、肥、气的设备和使用方法。

三、材料及用具

现代化温室、日光温室、塑料大棚、人工气象站或者照度计、温度表、湿度表、钢卷尺、直尺、卡尺、铅笔、记录本等。

四、实训地点

校园内现代化温室、日光温室、塑料大棚；或者花卉生产企业的现代化温室、日光温室和塑料大棚。

五、实训时间

1. 建议学时：4学时。
2. 实习时段：全年均可，北京地区最好安排在冬季或者早春。

六、实训分组及活动方式

教师现场讲解,指导学生学习,学生进行记录。

1. 由教师现场讲解现代化温室、日光温室和塑料大棚的基本类型及结构;日光温室的温、光、水、肥、气的设备和使用方法;现代化温室的温、光、水、肥、气的设备和使用方法。

2. 教师演示并指导学生对现代化温室和日光温室内各种环境调控设备,包括通风窗口的使用、利用卷帘机覆盖和掀起保温被、遮阴网、灌溉系统、喷雾系统、排风扇、水帘、保温幕、双层膜之间充气等使用方法和效果。

3. 学生分组利用钢卷尺、直尺、卡尺实地测量并记录现代化温室、日光温室、塑料大棚的长度、宽度、高度、骨架弧度、直径等各种技术参数,利用照度计、温度表和湿度表测定并记录现代化温室、日光温室、塑料大棚内不同位置的光照强度、温度和湿度。

4. 学生观察并记录现代化温室、日光温室和塑料大棚内栽培的花卉种类、布局及摆放位置。记录温室内栽培床的长度、宽度、床间距等。

七、作业

1. 比较现代化温室、日光温室和塑料大棚在构造上的差别。
2. 比较现代化温室、日光温室和塑料大棚内各种环境因子的差异及各自的调控方法。
3. 总结现代化温室、日光温室和塑料大棚各适合的花卉栽培种类。

实训三 花卉栽培基质配制及消毒

一、实训目的

认识各种栽培基质;掌握各种栽培基质的特点;掌握不同花卉及同一种花卉在不同生产时期栽培基质的配制方法;掌握常见栽培基质的消毒方法。

二、实训内容

1. 播种用栽培基质的配制。
2. 移植用栽培基质的配制。
3. 定植用栽培基质的配制。

4. 培养土消毒方法。

三、材料及用具

1. 材料：观叶花卉、观花花卉、球根花卉、仙人掌及肉质多浆植物、兰科花卉。
2. 工具：各种栽培基质（园田土、沙土、腐叶土、草炭、蛭石、珍珠岩、水苔）、铁锹、消毒药剂、喷雾器、筛等。

四、实训地点

实践教学基地。

五、实训时间

1. 建议学时：4学时。
2. 实训时段：温室内全年均可。

六、实训分组及活动方式

教师现场讲解示范，学生按5～6人一组，分组进行操作。

1. 教师现场讲解，明确栽培基质是花卉生长发育的立地条件。栽培基质不仅具有固定支持花卉的作用，还担负着供给花卉水分、养分和空气的任务。一般花卉生产中优良的栽培基质应该具有疏松肥沃、富含腐殖质、保水保肥、通气透水、酸碱度合适的特点。单一的栽培基质很难同时具备上述特点，因此需要根据花卉的种类和生长发育时期，将两种或者几种栽培基质按照一定的比例进行配制。但是由于花卉种类不同、栽培养护水平不等的诸多原因，没有统一的栽培基质配方，需要根据实际经验进行适当调整。

2. 教师现场讲解，介绍园田土、沙土、草炭、蛭石、珍珠岩、水苔的优点和缺点，指导学生进行识别。

3. 配制不同类型的栽培基质

（1）播种栽培基质：将园田土、沙土、腐叶土或者草炭按照3∶2∶5的体积比进行混合配制。

（2）实生苗栽培基质：将沙土、园田土、腐叶土按照2∶3∶5的体积比进行配制。

（3）扦插基质：单独用沙土、蛭石或草炭。

（4）扦插苗栽培基质：将沙土、园田土、腐叶土按照2∶4∶4的体积比进行配制。

（5）球根花卉栽培基质：将园田土、腐叶土或草炭、干牛粪、沙土按照4∶2∶1∶2的体积比进行混合配制，也可再添加2份骨粉。

(6)木本花卉栽培基质:将园田土、沙土和腐叶土按照 5∶1∶4 的体积比进行混合配制。

(7)仙人掌和肉质多浆植物栽培基质:将园田土、粗沙、草木灰按照 1∶1∶1 的体积比进行混合配制,也可再添加 1 份骨粉。

(8)兰科花卉栽培基质:单独用水苔即可。

4. 栽培基质消毒。栽培基质在按照比例配制好后,需要对其进行消毒处理。一般消毒的方法有三种:日光消毒、加热消毒和药物消毒。日光消毒是在干净的地面上,将配制好的栽培基质摊晒成一层,在烈日下暴晒数日,利用阳光中的紫外线将栽培基质中大部分的有害病菌和虫卵等消灭。这种方法操作简单,虽然消毒不严格,但是栽培基质中的一些有益微生物能够存留下来,有利于花卉生长发育。加热消毒是利用人工加热的方法,例如高温蒸汽、高压加热或者炒土等,使栽培基质在 80℃ 温度条件下保持 20~30 分钟,即可将其中大部分的有害病原菌、虫卵等消灭。如果加热时间太长或者温度过高,则会导致栽培基质中存在的有益微生物死亡,反而不利于花卉的生长发育。药物消毒是利用化学药剂,例如硫黄粉、40% 的福尔马林溶液或者 0.5% 的高锰酸钾溶液的杀菌作用,将其与栽培基质混匀后覆盖一层塑料薄膜,2~3 天后再掀开薄膜,待气味消失后即可用于花卉栽培。或者利用广谱性杀菌剂,例如甲基托布津、多菌灵等按照一定的比例稀释后,均匀喷洒在栽培基质中,放置 5 天左右再用清水喷过后即可用于花卉栽培。

七、作业

1. 如何根据不同花卉种类配制适宜的栽培基质?
2. 常用的培养土消毒方法有哪些?

实训四　花卉种子识别及质量评价

一、实训目的

熟悉各类花卉种子的形态特点;识别一些常见花卉种类的种子;掌握通过测定种子纯净度、千粒重和发芽率,评价花卉种子质量的方法。

二、实训内容

1. 观察各种花卉种子的粒径大小、形状、色泽、质地、附属物等。
2. 测定各种花卉种子的纯净度。

3. 测定各种花卉种子的千粒重。
4. 测定各种花卉种子的发芽率。
5. 根据种子形态、千粒重和发芽率评价花卉种子的优劣。

三、材料及用具

1. 材料：雏菊、向日葵、银叶菊、瓜叶菊、虞美人、蒲包花、金鱼草、凤仙花、紫茉莉、一串红、鸡冠花、金鱼草、四季秋海棠、金莲花、牵牛花、牡丹、紫罗兰、三色堇等花卉的种子。

2. 工具：直尺、卡尺、20 倍手持放大镜、镊子、称量纸、天平、9 cm 培养皿、滤纸、蒸馏水、恒温培养箱、记号笔、铅笔、笔记本。

四、实训地点

综合实验室。

五、实训时间

1. 建议学时：4 学时。
2. 实训时段：全年均可，建议在春播或秋播花卉之前识别。

六、实训分组及活动方式

学生按 2 人一组，教师讲解后分组进行。具体方法如下：
1. 观察各种花卉种子的形态特征。
（1）大小：按照花卉种子粒径大小分类（以种子的长轴为准）
大粒种子：粒径大于 5.0 mm；
中粒种子：粒径介于 2.0～5.0 mm 之间；
小粒种子：粒径介于 1.0～2.0 mm 之间；
微粒种子：粒径小于 1.0 mm。
（2）形状：观察各种花卉种子的形状，如圆形、披针形、线形、肾形、椭圆形、卵形、地雷形、舟形等。
（3）色泽：观察种子的颜色，如黑色、灰色、黄褐色、灰白色、淡绿色等，是否有光泽。
（4）附属物：观察种子表面是否有附属物以及附属物的类型，如纤毛、钩刺、瘤、翅等。
（5）质感：观察种皮的质感，如种皮呈膜质、纸质、革质、木质等。种皮的坚硬度。

2. 测定各类花卉种子的纯净度。根据种子的大小,利用天平称出种子 2 份,每份 50 g 左右(W_0)。仔细挑除混杂在种子中的杂质后,再进行称重(W_1)。$W_1/W_0 \times 100\%$ 即为每份种子的纯净度,取 2 份种子纯净度的平均值即为试验种子的纯净度。

3. 测定各类花卉种子的千粒重。将已经挑除杂物的种子平铺在试验台上,利用四分法抽取种子样本,直到样本种子数有大约 1 000 粒时,数出 1 000 粒该种花卉的种子进行称重,即为该花卉种子的千粒重。

4. 测定各类花卉种子的发芽率。取上述挑除杂物的种子 3 份,每份包含种子 100 粒。在培养皿中放置湿润的滤纸,将种子整齐摆放在滤纸上,置于 25℃恒温箱中进行培养。每天检查滤纸的湿润度,及时补充水分。48 小时后每天记录种子的发芽粒数,根据各类花卉种子萌发特性测定 5~10 天。根据测定的结果计算种子的发芽率。

种子的发芽率=发芽种子数/种子总数×100%

5. 根据种子的纯净度、千粒重和发芽率评价种子的优劣。一般种子纯净度高,品种纯正,品质有保证;发育充实、颗粒饱满,种子千粒重大;种子发芽率高,种子活力强。

七、作业

将观测结果填入下表。

种类	大小	形状	色泽	附属物	质地	纯净度	千粒重	发芽率	评价

实训五 一、二年生花卉播种育苗技术

一、实训目的

了解一、二年生花卉种子播前处理方法;了解穴盘种类;掌握一、二年生花卉地播和盆播技术。

二、实训内容

1. 露地育苗：整地做畦、制作苗床、播种方法及播种后的管理。
2. 穴盘育苗：选择育苗容器，配制培养土、填装，播种方法及播种后管理。

三、材料及用具

1. 材料：一、二年生花卉种子（大粒、中粒、小粒、微粒）。
2. 工具：镊子、铁锹、花铲、喷壶、耙子、细筛、镇压板、塑料薄膜、竹竿、大盆、穴盘（96孔、128孔、288孔）、瓦盆、水桶、标签、铅笔、草炭、园田土、沙等。

四、实训地点

实践教学基地。

五、实训时间

1. 建议学时：6学时。
2. 实训时段：5月中旬播种一年生花卉，10月中旬播种二年生花卉。

六、实训分组及活动方式

学生按5~6人一组，教师讲解后分组进行。具体方法如下：

1. 配制营养土：不同的花卉种类需要的营养土是有差别的。大粒种子按照园田土、沙和草炭4：1：5的体积比进行混合配制，中粒种子按照4：2：4的体积比进行混合配制，小粒和微粒种子按照2：3：5的体积比进行混合配制。利用药物消毒法对栽培基质进行消毒。播种前用细喷头喷适量水，并搅拌均匀。判断栽培基质含水量的原则是用手握起成团，松手放下能散开，但以不沾手为宜。

2. 露地播种

（1）准备苗床：清理杂物后整地做畦，翻耕土壤，深度为20~25 cm为宜。耙碎土块，保持苗床表面土壤无大的土块，均匀平整。根据花卉生态习性和当地降雨情况，选择苗床类型，一般高畦适用于需水量少的花卉，或者降雨量大的地区；低畦适用于需水量大的花卉种类，或者降雨量少的地区。也可选择平畦。一般苗床宽度为1.2 m左右，苗床间距为0.3~0.5 m，长度视当地栽培习惯或者地块情况而定。

（2）净种：利用风选、水选、筛选或人工挑选等方法去除种子中的混杂物，获得纯净而饱满的种子。

(3)种子消毒:播种前利用温汤浸种、化学药剂浸种等方法对种子消毒。

(4)播种:根据种子萌发习性,确定是否需要提前催芽处理。播种时确定合适的株行距,并估算种子的播种量。一般大粒种子适合点播,每穴放置2~3粒种子;中粒种子适合条播,按一定行距开浅沟后,立即将种子均匀撒在沟底,并覆土;小粒和微粒种子宜撒播,为播种均匀,通常混合一定量的细沙或分次撒播。

(5)覆土镇压:明确播种的花卉种子是喜光种子还是嫌光种子。一般嫌光种子播种后宜立即覆土。大粒种子覆土深度为种子粒径的2~3倍;中小粒种子覆土深度以盖住种子为宜。覆土后立即镇压,使种子与营养土紧密结合,以有利于种子萌发。对于喜光种子,则可在播种后不覆土,直接用镇压板镇压。

(6)覆盖:为了保持基质湿润,提高地温,促使种子萌发,经常在苗床上搭建小拱棚或者覆膜,待幼苗长出后再撤去覆盖物。

(7)保湿管理:播种后经常检查营养土的水分,待土壤干燥时需要及时用细孔喷壶或者喷雾器补水,夏季阳光强烈时可支撑遮阳网,进行保护。

(8)间苗:幼苗长出地面后,需要间苗以增大幼苗生长空间,避免苗细苗弱,引发病虫害。一般苗出齐后就可进行第1次间苗,待幼苗长到第3~4片真叶时,进行第2次间苗,并结合补苗。

(9)定植:根据园林应用的方式和应用地情况,选择合适的时间定植。起苗前检查土壤的湿润程度,保证起苗时不伤根或者少伤根,并尽快进行定植,以减少定植后缓苗时间。定植后浇足水,注意后期进行中耕、除草、灌溉、施肥等管理。

3. 容器播种:容器播种与露地播种程序相同,只是露地播种需要准备苗床,而容器播种需要准备适当的育苗容器。可用于育苗的容器有瓦盆、平盘、穴盘、育苗钵、纸杯等。瓦盆、平盘可用于大粒种子、中粒种子和小粒、微粒种子,与露地播种相似,大粒种子点播、中粒种子可条播,小粒、微粒种子可撒播。穴盘、育苗钵、纸杯等适合人工播种大粒、中粒种子,一般用镊子夹住种子,植入3~5 cm深的穴中,每穴植入1粒。点播结束后,用细喷头喷水,穴盘底孔刚刚有水渗出为宜,或将穴盘放入水槽中浸水,穴孔上部见到水渍为宜。将盘取出移入温度18~25℃、相对湿度80%~90%的条件下催芽。穴盘、育苗钵、纸杯等也可用于机械播种小粒种子,点播结束后可用细喷头喷水。处理方法与中粒种子相同,催芽条件也相同,小粒种子穴盘表面加盖一层牛皮纸。其他环节与露地播种方法相同。

七、作业

举例说明一、二年生花卉播种技术。

实训六　分株育苗技术

一、实训目的

了解花卉分株繁殖的类型；掌握花卉分株育苗过程及关键技术。

二、实训内容

1. 识别不同花卉分株繁殖类型和不同种类花卉分生繁殖时期。
2. 分生方法及分生后栽培处理工作。

三、材料及用具

1. 材料：萱草、芦荟、百合、吊兰、美人蕉。
2. 工具：铁锹、花铲、枝剪、基肥、营养土。

四、实训地点

实践教学基地。

五、实训时间

1. 建议学时：4学时。
2. 实训时段：根据花卉种类选择在春季或秋季。

六、实训分组及活动方式

学生按5～6人一组，教师讲解后分组进行。具体方法如下：
1. 识别花卉分株繁殖的类型
(1)分株：宿根花卉在根际或根茎处发生萌蘖，例如萱草、玉簪、禾本科草坪草等。
(2)走茎：从叶丛中抽生出来的变态茎，具有叶、节和不定根，例如吊兰、虎耳草等。
(3)根茎：地下茎变态为根状，具有芽和节，节间可以产生不定根，如美人蕉等。
(4)鳞茎：地下茎极度短缩，鳞片之间可产生腋芽，鳞茎盘上产生不定根，例如百合。
(5)吸芽：在根际或者叶腋处自然发生的短缩、肥厚呈莲座状的短枝，吸芽下部可自然生根,例如百合、景天类、芦荟等。

2. 花卉分株繁殖技术要点

(1)分株繁殖的时间:一般春花类花卉秋季分生,秋花类花卉春季分生。

(2)母株选择:选取生长势强、株丛茂密、无病虫害的健壮母株。

(3)脱盆或从地里挖掘苗株:根据母株分生繁殖的类型,进行正确剪切,去掉老叶、黄叶,剪去老根、腐烂根系,并对株丛进行分级整理。

(4)上盆或者定植:选择合适的栽培容器,填装合适的基质,注意栽植深度适宜,保证根系舒展并埋在土里。

(5)浇水:上盆浇水后先在遮阴处放置一段时间,有利于缓苗。

(6)后期栽培养护:创造合适的光照和温度条件,进行正常的肥水管理,及时防治病虫害。

七、作业

举例说明分株繁殖的意义及技术要点。

实训七 扦插育苗技术

一、实训目的

掌握花卉扦插育苗过程及关键技术。

二、实训内容

1. 了解花卉扦插繁殖的类型。
2. 花卉扦插插穗的选择方法。
3. 扦插方法及扦插后管理工作。

三、材料及用具

1. 材料:月季、橡皮树、虎尾兰、太阳花、鸭跖草、彩叶草、菊花等。
2. 工具:枝剪、扦插基质、喷壶、塑料薄膜、遮阴网等。

四、实训地点

实践教学基地。

五、实训时间

1. 本建议学时:4学时。
2. 实训时段:全年均可。

六、实训分组及活动方式

学生按5~6人一组,教师讲解后分组进行。具体方法如下:

1. 识别扦插的主要类型

(1)叶插:适于在叶脉、叶柄、叶缘等处能产生不定根和不定芽的草本植物,例如蟆叶秋海棠、长寿花、玉树、虎尾兰等。可分为全叶插和片叶插两种类型。一般在生长期进行。

(2)茎插:分为嫩枝扦插、半嫩枝扦插、硬枝扦插等。嫩枝扦插主要适用于常绿灌木当年生枝条扦插;半嫩枝扦插主要适用于常绿木本花卉在生长期的扦插;硬枝扦插适用于落叶灌木生长期结束后结合修剪进行扦插。此外还有草本花卉的茎扦插、仙人掌多浆植物的肉质茎扦插等。

(3)根插:适用于根际宜发生新梢的花卉。

2. 花卉扦插繁殖技术要点(以茎插为例)

(1)扦插时间:根据花卉种类、生长发育规律和当地气候而定。大多数花卉可在生长期进行扦插。有一些落叶木本花卉,由于休眠后枝条中积累了更多的营养,因此在休眠期扦插效果最好。

(2)插穗的选择与处理:选择生长势强、叶芽饱满、枝条充实、节间较短的枝条作为插穗。插穗一般长8~10 cm,常带3~4个饱满芽,适当去掉一部分叶片以减少蒸腾。一般根据生根难易程度,对插穗进行一定的处理,以促进生根。可以对插穗进行环剥、黄化处理、带踵扦插或蘸取一定浓度的生根粉。

(3)扦插基质:可选择河沙、蛭石或草炭。

(4)扦插技术:将插穗插入扦插基质中,并及时浇水。

(5)扦插后管理:创造适宜生根的温度,适当遮阴,经常喷水,保持较高的基质湿度和空气湿度。

(6)定植:生根后逐渐增加光照,并在适当的时期进行分苗定植。

(7)定植后管理:定植后根据花卉的生态习性,进行正常的肥水管理、病虫害防治等。

七、作业

1. 举例说明花卉扦插繁殖的过程和技术要点。
2. 调查生根速度和扦插成活率。

实训八　仙人掌类嫁接技术

一、实训目的

了解花卉嫁接的原理；掌握仙人掌类花卉髓心嫁接技术。

二、实训内容

1. 花卉嫁接的原理：在嫁接时，使砧木与接穗伤面的形成层靠近并扎紧，由于植物受伤后具有愈合的能力，因此随着形成层细胞的增生，二者愈合为维管组织连接在一起的整体。
2. 仙人掌类花卉嫁接技术：平接法和插接法。

三、材料及用具

1. 材料：仙人掌、三棱箭、仙人球、蟹爪兰。
2. 工具：枝剪、嫁接刀、细绳、塑料袋等。

四、实训地点

实践教学基地。

五、实训时间

1. 建议学时：2学时。
2. 实训时段：春末夏初。

六、实训分组及活动方式

学生按5～6人一组，教师讲解后分组进行。具体做法如下：
1. 教师介绍花卉嫁接成活的原理：嫁接是利用植物受伤后具有愈伤的机能来进

行的。嫁接时,砧木和接穗的两个受伤面的形成层靠近并紧靠在一起,过一段时间会由于细胞增生,而使彼此愈合成为维管组织连接在一起,形成一个新的个体。通常影响嫁接成活的因素有:接穗和砧木之间的亲和力,一般二者之间的亲缘关系越近,亲和力越高,则嫁接成活率越高;其次是嫁接的技术和嫁接后的管理。嫁接时接穗的选取、接穗和砧木的伤口处理、二者之间形成层匹配程度等。

2. 仙人掌类嫁接技术:砧木为三棱箭、仙人掌,接穗为蟹爪兰、仙人球。

(1)平接法:将三棱箭留根茎 10~20 cm 处平截,将几个棱角斜削去除,将仙人球下部平切一刀,切面与砧木切口大小相近,髓心对齐平放在砧木上,用细绳绑紧固定,勿从上浇水。

(2)插接法:选仙人掌为砧木,上端切平,顺髓心向下切 1.5 cm。选蟹爪兰作为接穗削出一楔形平面 1.5 cm 长,插入砧木切口中,用细绳扎紧,上部套袋防水。

七、作业

如何提高嫁接成活率?

实训九　盆花栽培技术

一、实训目的

掌握盆栽花卉生产技术。

二、实训内容

1. 温室花卉分类。
2. 温室花卉栽培养护管理流程及关键技术。

三、材料及用具

1. 材料:温室盆栽花卉仙客来、红掌、广东万年青、丽格海棠、大岩桐。
2. 工具:花盆、花铲、剪刀等。

四、实训地点

实践教学基地。

五、实训时间

1. 建议学时:4学时。
2. 实训时段:每年6月中旬和11月中旬各1次。

六、实训分组及活动方式

学生按5～6人一组,教师讲解后分组进行。具体方法如下:
1. 教师介绍温室花卉分类
(1)一、二年生花卉:瓜叶菊、蒲包花等。
(2)宿根花卉:天竺葵、广东万年青等。
(3)球根花卉:仙客来、朱顶红等。
(4)蕨类植物:鸟巢蕨、肾蕨等。
(5)兰科花卉:蝴蝶兰、大花蕙兰等。
(6)食虫植物:猪笼草、捕蝇草等。
(7)凤梨科植物:凤梨花、水塔花等。
(8)棕榈科植物:鱼尾葵、散尾葵等。
(9)肉质多浆植物:昙花、蟹爪兰等。
(10)水生植物:睡莲、王莲等。
(11)花木类:一品红、叶子花等。

2. 温室花卉生产流程及关键技术要点:苗木来源,主要是繁殖的幼苗或苗木、多年栽植的花卉长期生长根系充满了原来的花盆或者原来的盆土使用时间过长、理化性质下降等需要重新更换营养土或更新根系的花卉。

(1)选盆:根据苗木的规格选择合适大小的花盆。栽植生产用盆要通气性强的类型,如陶制盆、木盆等;即将上市销售的花盆选择美观的花盆,例如紫砂盆、瓷盆等。

(2)花盆垫底与装盆:利用碎瓦片或者纱网垫在花盆的底部,按照粗砂砾、粗培养土、混合土、细培养土的顺序装盆,并使盆土表面与盆沿保持2～3 cm距离,留足浇水的空间。

(3)起苗并整理:将目标花卉小心地从原来的栽培基质中取出,去除枯叶、黄叶、老根、腐烂根等。

(4)栽种:将整理好的花卉植入花盆中,并用手轻轻按压,使之与盆土紧密接触。

(5)摆放与浇水:将花盆放置在遮阴的环境中,并充分浇水,使之尽快缓苗。

(6)盆花摆放:将进入正常生长发育的盆花根据各自的生态习性进行摆放。喜光花卉放在阳光充足外,而耐阴盆花放置在半阴处或者喜光花卉的北面。

(7)转盆:为了防止由于光线不均匀性分布,花卉的趋光性导致植株向一个方向倾斜,破坏株型,一般在每隔30天左右转1次盆。

(8)松盆:由于花盆中栽培基质有限,不断浇水后很容易表土板结,影响通透性,因此需要定期用竹片、小铁耙等进行疏松盆土,从而恢复盆土的通透性。

(9)施肥:一般在上盆或者换盆的同时,在栽培基质中混入有机肥作为基肥,在不同的生长发育阶段施用不同养分含量的追肥。

(10)浇水:根据不同花卉种类的生长发育规律,合理浇水。一般兰科花卉、凤梨类花卉和蕨类植物需水量要大,而宿根花卉、仙人掌和多浆植物需水量较少。对于同一种花卉,营养生长期需水量较多,而生殖生长期需水量较少,休眠期需水量更少。只有合理的水分管理,才能使花卉健康生长。

(11)整形修剪:经常用的方法有捆扎、做弯、搭架等。修剪技术包括回缩、长放、更新枝条等。一般休眠期修剪强度较生长期修剪强度大。

(12)病虫害防治:本着预防为主的原则,注意检查,早发现早防治。

七、作业

举例说明温室盆栽花卉栽培养护流程及技术要点。

实训十　水仙雕刻及水养技术

一、实训目的

掌握水仙雕刻技术和水养技术。

二、实训内容

1. 水仙造型雕刻。
2. 水仙水养。

三、材料及用具

1. 材料:30桩水仙球。
2. 工具:水仙雕刻刀、无纺棉、水仙水养盆。

四、实训地点

综合实验室。

五、实训时间

1. 建议学时:6学时。
2. 实训时段:冬季小学期。

六、实训分组及活动方式

每人1个水仙球,雕刻成作品,教师点评,学生自主水养栽培。

1. 水仙雕刻造型

(1)选择水仙球茎的规格:一般选择40～30桩(4～5枝花的花头),花头周径在22 cm以上较合适,外观形态要球形扁圆、坚实,鳞茎皮纵向距离宽,中膜紧张,色泽明亮,棕褐色,叶芽扁平面宽,顶端钝,鳞茎盘宽阔,肥厚。

(2)雕刻手法:根据水仙球的外部形态,充分发挥想象,设计雕刻的造型,例如螃蟹、花篮、大象等多种造型。

①剥除鳞茎皮膜、整理根泥。先将水仙鳞茎的干鳞皮膜、包泥、枯根以及主芽顶端的干圈剥离干净。

②雕花苞。即雕出花叶苞,左手持水仙球,选择芽向内弯曲者为鳞茎正面,芽向上、根向下拿好,动刀时右手食指贴在雕刻刀面,在鳞茎盘上方约0.5～1.0 cm处,从左向右刻画一圈,深约1 cm,向上推撕,削去鳞片,直到花叶苞露出为止。注意不要伤着花苞。

③削叶缘。把叶芽暴露后,首先是切开叶苞片,然后把直立的叶缘削去1/5～2/5即可。删削时注意基部要多削一些,叶尖少削些,使叶片长后弯曲呈最佳状态,因为花苞在叶芽基间,削叶缘至近基间时,用手在水仙球背间向前稍用力,施加压力,使花苞和叶片松开,叶片向前,便于从上向下削叶缘,注意避免碰坏花苞。

④削花梗。用左手在水仙球背间稍用力向前压,使花苞和花梗与叶片分离,然后从上向下削去1/4～1/5花梗,花梗生长便会弯曲,如人们喜欢直立花莛,则不必削花梗。

⑤戳刺花心。在花莛基部正中用刀尖或针自上往下,点刺入深约0.5 cm,以抑制花莛向上生长。

2. 水仙的水养技术

(1)把鳞茎用刀造型后,放入清水浸泡12～36小时,使它充分吸水,浸泡出黏液,然后把伤口处洗净,放入水仙盆内。

(2)把洗净的水仙球伤口处盖上纱布或脱脂棉花,放置在向阳温暖处(可仰置或正置),以促发根和长叶。

(3)每天早上换新鲜水,每天晚上倒掉盆中水。每天放在阳光下进行光合作用,晴天放水日晒,雨天、雪天盆中无水或少量水,这样可积累较多养料,防止叶片徒长。

(4)在水养过程中,往往叶片会发干、发黄,每天可进行1~2次植株喷水,增加湿度,叶片直立时要随时进行切削叶缘,花梗抽出开放花朵后,盆中每天保持新鲜水,并放在阴凉处,以延长花期。

七、作业

练习雕刻水仙鳞茎。水养后与未刻水仙进行比较分析,并绘制出水仙鳞茎结构示意图。

参 考 文 献

[1] 王莲英等.花卉学.北京:中国林业出版社,1988.
[2] 舒海波,贺超兴,王怀松,张志斌.园艺作物限根栽培技术研究进展.农业科技通讯,2009,4:85-88.
[3] 戴思兰.园林植物遗传学.北京:中国林业出版社,2005.
[4] 姚银安,孙海燕,王永志,徐刚.成花素的发现(Ⅱ)——成花素的本质即成花调控分子机制.安徽农业科学,2009,**37**(3):941-942,960.
[5] 孙国锋.郁金香5℃球、9℃球揭秘(上).中国花卉盆景,2000,(3):14.
[6] 孙国锋.郁金香5℃球、9℃球揭秘(下).中国花卉盆景,2000,(4):12.
[7] 俞晓艳,张光弟,崔新琴,刘晓琴.光温调控及氯化钠处理对千屈菜种子萌发的影响.北方园艺,2009(10):80-82.
[8] 梁峰,蔺银鼎.光照强度对彩叶植物元宝枫叶色表达的影响.山西农业大学学报(自然科学版),2009,**29**(1):41-45.
[9] 李红秋,刘石军.光强度和光照时间对色叶树种叶色变化的影响.植物研究,1998,**18**(2):194-205.
[10] 简令成,卢存福,邓江明,李积宏,LI Paul H.木本植物休眠的诱导因子及其细胞Ca^{2+}水平的调节作用.应用与环境生物学报,2004,**10**(1):1-6.
[11] 谷颐.消除室内装修化学污染的常见花卉种类及作用.长春大学学报,2009,**19**(1):78-81.
[12] 姬君兆,黄玲燕.花卉栽培学讲义.北京:中国林业出版社,1993.
[13] 贾稀等.庭院花卉栽培学.北京:中国农业出版社,1998.
[14] 冯天哲,于述等.新编养花大全.北京:中国农业出版社,1993.
[15] 刘克锋,韩劲.土壤肥料学.北京:中国建筑工业出版社,1995.
[16] 黄勇,李富成等.名贵花卉的繁育与栽培技术.济南:山东科学技术出版社,1997.
[17] 黄智明,黄佩环.常见花卉栽培.广州:广东科学技术出版社,1996.
[18] 张穆舒,黄光光.盆栽新潮花卉.北京:经济日报出版社,1997.
[19] 李少球.新潮花卉.广州:广东科学技术出版社,1995.
[20] 杜莹秋.宿根花卉的栽培与应用.北京:中国林业出版社,1989.
[21] 邢禹贤.无土栽培原理与技术.北京:中国农业出版社,1997.
[22] 冯天哲等.室内常绿花卉栽培与装饰.北京:科学普及出版社,1997.
[23] 龙雅宜,董保华等.家庭养花与花文化.北京:中国水利水电出版社,1997.
[24] 虞佩珍等.园林花卉.北京市园林局,1997.
[25] 王宏志.中国南方花卉.北京:金盾出版社,1998.
[26] 黄智明.珍奇花卉栽培.广州:广东科学技术出版社,1995.

[27] 薛聪贤.木本花卉195种.北京:百通集团北京科学技术出版社,2001.
[28] 毛龙生.观赏树木栽培大全.北京:中国农业出版社,2001.
[29] 王意成等.名贵花卉鉴赏与养护.南京:江苏科学技术出版社,2002.
[30] 孟庆武,刘金.现代花卉.北京:中国青年出版社,2003.
[31] 纪殿荣,冯耕田.观花观果植物图鉴.北京:农村读物出版社,2003.
[32] 吴亚芹等.园林植物栽培养护.北京:化学工业出版社,2005.
[33] 吴亚芹等.花卉生产栽培技术.北京:化学工业出版社,2005.
[34] 张克中等.花卉学.北京:气象出版社,2006.
[35] 张树宝.花卉生产技术(第二版).重庆:重庆大学出版社,2008.
[36] 罗镪.花卉生产技术.北京:高等教育出版社,2005.